面向“十三五”应用型本科规划教材

计算机组成原理与系统结构

主　编　朱世宇

副主编　张　峤　孙令翠

　　　　孟　宓　何春虎

北京交通大学出版社

·北京·

内 容 简 介

本书针对应用型高等院校学生的特点，以偏向软件开发的设计思想为主线，按照“循序渐进、逐步深入、重在实践”的原则，用独特的思维精选能够更好地体现计算机组成原理与系统结构思想的内容，用通俗的语言、恰到好处的仿真实验，帮助读者洞悉计算机屏幕背后的世界。

全书共分 7 章。第 1 章从计算机发展出发，讲解计算机的硬件、软件及系统结构，并对仿真实验环境进行介绍；第 2～3 章介绍计算机运算的相关内容，包括计算机运算基础——布尔代数和逻辑电路，计算机运算方法，计算机运算部件的功能、设计思想及实现措施；第 4 章介绍计算机存储器与存储系统，包括各种存储器和存储器扩展策略；第 5～7 章介绍指令系统、中央处理器和输入输出系统，重点介绍指令格式、各种寻址方式，CPU 的结构与功能、控制器的工作流程、各种控制方式的控制原理和实现，以及各种 I/O 方式的特点和应用。

本书可作为应用型高等院校计算机科学系、电子工程系、电子与计算机工程系的教学用书，也可作为其他科技人员的参考书。

图书在版编目（CIP）数据

计算机组成原理与系统结构 / 朱世宇主编. —北京：北京交通大学出版社，2020.7
面向“十三五”应用型本科规划教材
ISBN 978-7-5121-4208-4

Ⅰ. ① 计… Ⅱ. ① 朱… Ⅲ. ① 计算机组成原理–高等学校–教材 ② 计算机体系结构–高等学校–教材 Ⅳ. ① TP30

中国版本图书馆 CIP 数据核字（2020）第 089685 号

计算机组成原理与系统结构
JISUANJI ZUCHENG YUANLI YU XITONG JIEGOU

责任编辑：陈跃琴
出版发行：北京交通大学出版社 电话：010–51686414 http://www.bjtup.com.cn
地 址：北京市海淀区高梁桥斜街 44 号 邮编：100044
印 刷 者：北京鑫海金澳胶印有限公司
经 销：全国新华书店
开 本：185 mm×260 mm 印张：13.25 字数：328 千字
版 印 次：2020 年 7 月第 1 版 2020 年 7 月第 1 次印刷
印 数：1～2 500 册 定价：48.00 元

本书如有质量问题，请向北京交通大学出版社质监组反映。对您的意见和批评，我们表示欢迎和感谢。
投诉电话：010-51686043，51686008；传真：010-62225406；E-mail：press@bjtu.edu.cn。

前　言

21 世纪是科学和技术奇迹频出的时代。计算机已经做到了人们期望它做到的一切，甚至更多。生物工程解开了细胞的秘密，使科学家能够合成 10 年前无法想象的新药。纳米技术让人们有机会窥探微观世界，将计算机革命与原子工程结合在一起创造出的纳米机器人，也许有一天能够植入人体，修复人体内部的创伤。普适计算带来了手机、MP3 播放器和数码相机，使人们彼此之间能够通过 Internet 保持联系。计算机是几乎所有现代技术的核心。本书将阐述计算机是如何工作的。

从 20 世纪 50 年代起大学就开始教授这门被称为计算的学科了。一开始，大型机主导了计算，这个学科包括对计算机本身、控制计算机的操作系统、语言和它们的编译器、数据库以及商业计算等的研究。此后，计算的发展呈指数增长，到现在已包含多个不同的领域，任何一所大学都不可能开设一门完全覆盖这些领域的课程。人们不得不将注意力集中在计算的基本要素上。计算这一学科的核心在于机器本身——计算机。当然，作为一个理论概念，计算可以脱离计算机而独立存在。实际上，在 20 世纪三四十年代计算机革命开始之前，人们已经进行了相当多的关于计算机的科学理论基础的研究工作。然而，计算在过去 40 年里的发展方式与微处理器的崛起紧密联系在一起。如果人们无法拥有价格非常便宜的计算机，Internet 也无法按照它已有的轨迹取得成功。

由于计算机本身对计算的发展及其发展方向产生了巨大影响，在计算的课程体系中包含一门有关计算机如何工作的课程是非常合理的。大学里计算机科学或计算机工程方向的培养方案中都会有这样一门课程。实际上，专业和课程的认证机构都将计算机体系结构作为一项核心要求。比如，计算机体系结构就是 IEEE 计算机协会和 ACM 联合发布的计算学科课程体系的中心内容。

介绍计算机具体体现与实现的课程有各种各样的名字。有人将它们叫作硬件课，有人将它们叫作计算机体系结构，还有人把它们叫作计算机组成（以及它们之间的各种组合）。本书用计算机组成原理与系统结构表示这门研究计算机设计方法和运行方式的课程。

尽管绝大多数学生永远不会设计一台新的计算机，但今天的学生却需要比他们的前辈更全面地了解计算机。虽然学生们不必是合格的汇编语言程序员，但他们一定要理解总线、接口、Cache 和指令系统是如何决定计算机性能的。而且，理解计算机组成与系统结构会使学生能够更好地学习计算机科学的其他领域。例如，指令系统的知识就能使学生更好地理解编译器的运行机制。

写作这本书的动机源于我在重庆工程学院讲授计算机课程的经历。我没有按照传统方式授课，而是讲授了那些能够最好地体现计算机组成与系统结构思想的内容。在这门课程里，我讲授了一些强调计算机科学整体概念的主题，对学生的操作系统和C语言课程均有不小的帮助。这门课非常成功，特别是在激发学生的学习动力方面。

任何编写计算机体系结构教材的人必须知道这门课会在 3 个不同的系讲授：电子工程（EE），电子与计算机工程（ECE），计算机科学（CS）。这些系有自己的文化，也会从各自的角度看待计算机体系结构。电子工程系和电子与计算机工程系会关注电子学以及计算机的每个部件是如何工作的。面向这两个系的教材会将重点放在门、接口、信号和计算机组成上。而计算机科学系的学生大都没有足够的电子学知识背景，因此很难对那些强调电路设计的教材感兴趣。实际上，计算机科学系更强调底层的处理器体系结构与高层的计算机科学抽象之间的关系。

尽管要写出一本能够同时满足电子工程系、电子与计算机工程系和计算机科学系的教材几乎是不可能的，但本书进行了有效的折中，它为电子工程系和电子与计算机工程系学生提供了足够的门级和部件级的知识，而这些内容也没有高深到使计算机科学系的学生望而却步的程度。由于本书覆盖了计算机体系结构的基础内容、核心知识以及高级主题，内容丰富，篇幅很大，所以它适用于计算机体系结构相关的不同课程裁剪使用。综合考虑国内高校计算机组成与结构系列课程的教学目标和课程设置，本书针对应用型本科高等院校学生的特点，以偏向软件开发设计思想为主线，按照“循序渐进、逐步深入、重在实践”的原则，加入大量仿真实验来帮助读者学习。

全书共分 7 章，主要内容如下。

第 1 章介绍计算机发展、计算机的硬件组成、计算机软件、计算机系统的层次结构，并在实训部分介绍了 Multisim 模拟电路仿真软件。

第 2 章介绍布尔代数与逻辑电路，主要内容包括布尔代数基本逻辑运算、逻辑函数及其简化，以及硬件电路如何实现逻辑运算，使读者对计算器和控制器的概念有所了解，并在最后进行基本门的电路仿真实验。

第 3 章介绍运算方法和运算部件，主要内容包括数据的表示方法和转换、数的定点表示和浮点表示、定点数的运算、运算器的结构，并在最后进行运算器仿真实验，使读者掌握信息编码的概念与处理技术。

第 4 章介绍存储器与系统，主要内容包括存储系统概述、主存储器、半导体存储器的容量扩展、高速缓冲存储器、虚拟存储器、辅助存储器，并在最后进行译码器仿真实验，使读者了解存储器的基本工作原理、各类存储器的特性及使用。

第 5 章介绍指令系统，主要内容包括指令的组成、寻址方式、指令的格式设计、复杂指令集和精简指令集，使读者对计算机指令和寻址有所了解。

第 6 章介绍中央处理器，包括计算机的工作过程、CPU 的功能和基本结构、控制器的组成与功能、时序系统与控制方式、数据通路、微程序控制器等，最后在实训部分用 Multisim 搭建并仿真 51 单片机最小系统。

第 7 章介绍输入输出系统，主要内容包括 I/O 接口的功能和基本结构、I/O 方式（程序查询方式、程序中断方式、DMA 方式、通道控制与外围处理机方式），重点介绍了中断方式；并且介绍了总线的基本概念、总线分类、总线仲裁和操作。最后在实训部分进行单片机查询和中断方式仿真实验，使读者对计算机输入输出系统的基本概念、数据传送方式及总线有一个全面了解。

本书主要由朱世宇、张峤、孙令翠、孟宓、何春虎编写，参加编写、校对工作的还有罗玉平、龚玲琼、刘新越、冷金霞，他们帮助增添或改进了书中内容并提供了有价值的反馈。在此表示感谢。特别是罗玉平，在撰写本书时，做了大量的工作，对改进本书提供了宝贵意见。

由于编者水平有限，书中疏漏之处在所难免，敬请读者指正。

编　者

2020 年 3 月

目　录

第 1 章　计算机系统概论

本章主要介绍计算机发展、计算机的硬件组成、计算机系统的层次结构和系统结构的发展，目的是使读者对计算机组成和系统结构的概念有所了解，为后续的学习奠定基础。

学习目的

① 掌握冯·诺依曼计算机模型的思想、冯氏计算机的硬件组成和基本功能。
② 掌握计算机系统的层次结构，从软件、硬件两方面描述。
③ 掌握电子计算机的发展历程。
④ 掌握计算机性能指标：CPU 时钟周期，主频，CPU，CPU 执行时间；MIPS，MFLOPS。
⑤ 了解计算机的工作过程。

1.1　计算机发展

计算机的发明和发展是 20 世纪人类最伟大的科学技术成就之一，也是现代科学技术发展水平的重要标志。

电子数字计算机（electronic digital computer），通常简称为计算机（computer），是按照一系列指令来对数据进行处理的机器，是一种能够接收信息、存储信息，并按照存储在其内部的程序对输入的信息进行加工、处理，得到人们所期望的结果，并把处理结果输出的高度自动化的电子设备。

1. 第一台电子数字计算机问世

1945 年，美国数学家冯·诺依曼博士发表《电子计算工具逻辑设计》论文，提出二进制表达方式和存储程序控制计算机的构想。1946 年，美国宾夕法尼亚大学研制成功世界上第一台电子数字计算机——ENIAC 机（electronic numerical integrator and computer），如图 1-1 所示。这台机器用了 18 000 多个电子管，占地面积 170 m^2，总重量达 30 t，耗电功率约 140 kW，每秒能做 5 000 次加减运算。以今天的眼光来看，这台计算机耗费巨大又不完善，但它却是科学史上一次划时代的创新，奠定了现代电子数字计算机的基础。

最初，ENIAC 的结构设计不够灵活，每一次重新编程都必须重新连线（rewiring）。此后，

ENIAC 的开发人员认识到这一缺陷，提出了一种灵活、合理得多的设计，这就是著名的存储程序体系结构（stored-program architecture）。在存储程序体系结构中，给计算机一个指令序列（程序），计算机会存储它们，并在未来的某个时间里，从计算机存储器中读出，依照程序给定的顺序执行它们。现代计算机区别于其他机器的主要特征，就在于这种可编程能力。

图 1-1　世界上第一台电子数字计算机（ENIAC 机）

2. 计算机的发展历程

自从 ENIAC 计算机问世以来，从使用器件的角度来说，计算机的发展大致经历了 5 代的变化，如表 1-1 所示。

表 1-1　计算机的发展史

	时间	电子器件	运算速度/IPS	典型应用
第一代	1946—1957	电子管	几千至几万	数据处理机
第二代	1958—1964	晶体管	几万至几十万	工业控制机
第三代	1965—1970	小规模/中规模集成电路	几十万至几百万	小型计算机
第四代	1971—1985	大规模/超大规模集成电路	几百万至几千万	微型计算机
第五代	1986 年至今	甚大规模集成电路	几亿至上百亿	单片计算机

第一代计算机（从 1946 年到 1957 年），使用电子管（vacuum tube）作为电子器件，使用机器语言与符号语言编制程序。计算机运算速度只有每秒几千次至几万次，体积庞大，存储容量小，成本很高，可靠性较低，主要用于科学计算。在此期间，形成了计算机的基本体系结构，确定了程序设计的基本方法，“数据处理机”开始得到应用。

第二代计算机（从 1958 年到 1964 年），使用晶体管（transistor）作为电子器件，开始使用计算机高级语言。计算机运算速度提高到每秒几万次至几十万次，体积缩小，存储容量扩大，成本降低，可靠性提高，不仅用于科学计算，还用于数据处理和事务处理，并逐渐用于工业控制。在此期间，“工业控制机”开始得到应用。

第三代计算机（从 1965 年到 1970 年），使用小规模集成电路（small-scale integrated circuit）与中规模集成电路（medium-scale integrated circuit，MSI）作为电子器件，而操作系统的出现使计算机的功能越来越强，应用范围越来越广。计算机运算速度进一步提高到每秒几十万次至几百万次，体积进一步减小，成本进一步下降，可靠性进一步提高，为计算机的小型化、微型化提供了良好的条件。在此期间，计算机不仅用于科学计算，还用于文字处理、企业管理和自动控制等领域，出现了管理信息系统（management information system，MIS），形成了机种多样化、生产系列化、使用系统化的特点，“小型计算机”开始出现。

第四代计算机（从 1971 年到 1985 年），使用大规模集成电路（large-scale integrated circuit，LSI）与超大规模集成电路（very-large-scale integrated circuit，VLSI）作为电子器件。计算机运算速度大大提高，达到每秒几百万次至几千万次，体积大大缩小，成本大大降低，可靠性大大提高。在此期间计算机在办公自动化、数据库管理、图像识别、语音识别和专家系统等众多领域大显身手，由几片大规模集成电路组成的微型计算机开始出现，并进入家庭。

第五代计算机（从 1986 年开始），采用甚大规模集成电路（ultra-large-scale integrated circuit，ULSI）作为电子器件，运算速度高达每秒几亿次至上百亿次。由一片甚大规模集成电路实现的“单片计算机”开始出现。

总体而言，电子管计算机在整个 20 世纪 50 年代居于统治地位。到了 20 世纪 60 年代，由于更小、更快、更便宜、能耗更低、更可靠的晶体管允许计算机生产以空前的商业规模进行，因此晶体管计算机逐渐取而代之。到了 20 世纪 70 年代，集成电路技术的采用和其后微处理器的产生，导致计算机在尺寸、速度、价格和可靠性上有了一次新的飞跃。到了 20 世纪 80 年代，计算机的尺寸已经变得足够小，价格便宜，能够取代诸如洗衣机等家用电器中的简单机械控制装置。与此同时，计算机也被个人广泛使用，成为现在无处不在的个人计算机。自从 20 世纪 90 年代以来，随着互联网的普及与成长，个人计算机变得与电视、电话一样普及，几乎所有的现代电子设备都会包含某种形式的计算机。

1.2　计算机硬件

计算机硬件是组成计算机的所有电子器件和机电装置的总称，是构成计算机的物质基础，是计算机系统的核心。

目前大多数计算机都是根据冯·诺依曼体系结构的思想来设计的，其主要特点是使用二进制数和存储程序，其基本思想是：事先设计好用于描述计算机工作过程的程序，并与数据一样采用二进制形式存储在存储器中，计算机在工作时自动、高速地从存储器中按顺序逐条取出程序指令并加以执行。简而言之，冯·诺依曼体系结构计算机的设计思想就是存储程序并按地址顺序执行。

在计算机存储器里把程序及其操作数据一同存储的思想，是冯·诺依曼体系结构（或称存储程序体系结构）的关键所在。在某些情况下，计算机也可以把程序存储在与其操作数据分开的存储器中，这被称为哈佛体系结构（Harvard architecture），源自 Harvard Mark I 计算机。现代的冯·诺依曼计算机在设计中展示出了某些哈佛体系结构的特性，如高速缓存（cache）。

冯·诺依曼计算机体系结构的计算机具有共同的基本配置，即具有五大部件：控制器、运算器、存储器、输入设备和输出设备，这些部件用总线相互连接。冯·诺依曼计算机体系结构如图 1-2 所示。

其中，控制器和运算器合称为中央处理器（central processing unit，CPU）。早期的 CPU 由许多分立元件组成，但是自从 20 世纪 70 年代中期以来，CPU 通常被制作在单片集成电路上，称为微处理器（microprocessor）。CPU 和存储器通常组装在一个机箱内，合称为主机。除去主机以外的硬件装置称为外围设备。

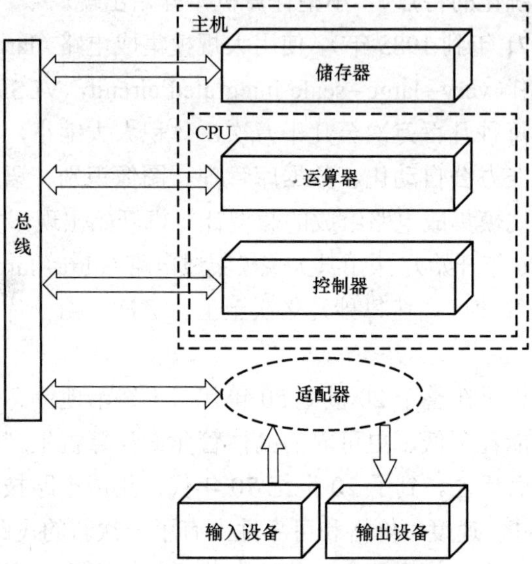

图 1-2　冯·诺依曼计算机体系结构

计算机系统工作时，输入设备将程序与数据存入存储器，运行时，控制器从存储器中逐条取出指令，将其解释成为控制命令，去控制各部件的动作。数据在运算器中加工处理，处理后的结果通过输出设备输出。计算机五大部件协调工作示意如图 1-3 所示。

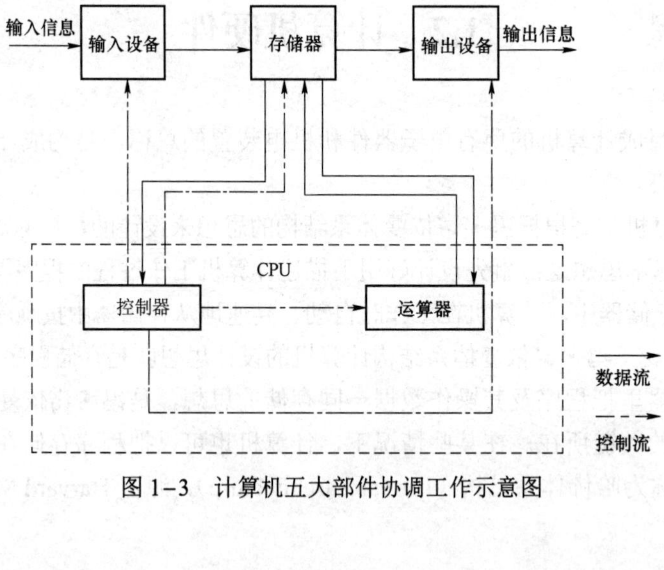

图 1-3　计算机五大部件协调工作示意图

1.2.1　控制器

控制器是计算机的管理机构和指挥中心，它按照预先确定的操作步骤，协调控制计算机各部件有条不紊地自动工作。

控制器工作的实质就是解释程序，它每次从存储器中读取一条指令，经过分析译码，产生系列操纵计算机其他部分工作的控制信号（操作命令），发向各个部件，控制各部件动作，使整个机器连续、有条不紊地运行。高级计算机中的控制器可以改变某些指令的顺序，以改善性能。

对所有 CPU 而言，一个共同的关键部件是程序计数器（program counter，PC），它是一个特殊的寄存器，记录着将要读取的下一条指令在存储器中的位置。

1. 控制器的基本工作流程

控制器的基本工作流程如下（注意：这是一种简化描述，根据 CPU 的类型不同，某些步骤可以并发执行或以不同的顺序执行）：

① 从程序计数器所指示的存储单元中读取下一条指令代码；

② 把指令代码译码为一系列命令或信号，发向各个不同的功能部件；

③ 递增程序计数器，以指向下一条指令；

④ 根据指令需要，从存储器（或输入设备）读取数据，所需数据的存储位置通常保存在指令代码中；

⑤ 把读取的数据提供给运算器或寄存器；

⑥ 如果指令需要由运算器（或专门硬件）来完成，则命令运算器执行所请求的操作；

⑦ 把来自运算器的计算结果写回到存储器、寄存器或输出设备；

⑧ 返回第①步。

2. 控制器的基本任务

控制器的基本任务，就是按照程序所排的指令序列，从存储器取出一条指令（简称取指）放到控制器中，对该指令进行译码分析，然后根据指令性质，执行这条指令，进行相应的操作。接着，再取指、译码、执行……，依此类推。

通常把取指令的时间称为取指周期，而把执行指令的时间称为执行周期。因此，控制器反复交替地处在取指周期与执行周期之中。

每取出一条指令，控制器中的程序计数器就加 1，从而为取下一条指令做好准备。正因为如此，指令在存储器中必须顺序存放。

3. 指令和数据

计算机中有两股信息在流动：一股是控制信息，即操作命令，其发源地是控制器，它分散流向各个部件；另一股是数据信息，它受控制信息的控制，从一个部件流向另一个部件，边流动边加工处理。

在读存储器时，由于冯·诺依曼计算机的指令和数据全部以二进制形式存放在存储器中，似乎难以分清哪些是指令，哪些是数据。然而，控制器却完全可以进行区分：一般来讲，取指周期中从存储器读出的信息流是指令流，它由存储器流向控制器；而执行周期中从存储器读出的信息流是数据流，它由存储器流向运算器。

显然，某些指令执行过程中需要两次访问存储器，一次是取指令，另一次是取数据。

1.2.2 运算器

运算器是一个用于信息加工的部件，用于对数据进行算术运算和逻辑运算。

运算器通常由算术逻辑单元（arithmetic logic unit，ALU）和一系列寄存器组成，如图 1-4 所示。其中，ALU 是具体完成算术与逻辑运算的单元，是运算器的核心，由加法器和其他逻辑运算单元组成。寄存器用于存放参与运算的操作数。累加器是一种特殊的寄存器，除了存放操作数之外，还用于存放中间结果和最后结果。

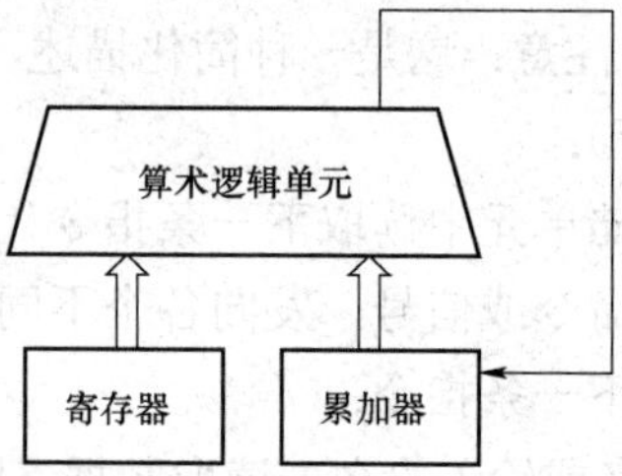

图 1-4 运算器结构示意图

特定 ALU 所支持的算术运算，可能仅局限于加法和减法，也可能包括乘法、除法，甚至三角函数和平方根。有些 ALU 仅支持整数，而有些 ALU 则可以使用浮点数来表示有限精度的实数。但是，能够执行最简单运算任务的任何计算机，都可以通过编程，把复杂的运算分解成运算器可以执行的简单步骤。所以，任何计算机都可以通过编程来执行任何的算术运算，如果其 ALU 不能从硬件上直接支持，则该运算将用软件方式实现，但需要花费较多的时间。

逻辑运算包括与（AND）、或（OR）、异或（XOR）、非（NOT）等布尔运算，对于创建复杂的条件语句和处理布尔逻辑而言都是有用的。

ALU 还可以比较数值，并根据比较结果（如是否相等、大于或小于）来返回一个布尔值：真（TRUE）或假（FALSE）。

超标量（superscalar）计算机包含多个 ALU，可以同时处理多条指令。图形处理器和具有单指令流多数据流（single instruction multiple data，SIMD）和多指令流多数据流（multiple instruction multiple data，MIMD）特性的计算机，通常提供可以执行矢量和矩阵运算的 ALU。

1.2.3 存储器

1. 存储器的作用

存储器的主要功能是存放程序和数据。程序是计算机操作的依据，数据是计算机操作的对象。不管是程序还是数据，在存储器中都是用二进制数的形式来表示的，统称为信息。向存储器存入或从存储器取出信息，都称为访问存储器。

存储器是由可以存放和读取数值的一系列单元所组成的，每个存储单元都有一个编号，称为“地址”。向存储器中存数或者从存储器中取数，都要按给定的地址来寻找所选择的存储单元。存放在存储器中的信息可以表示任何东西，如文字、数值，甚至计算机指令，都可以用同样的方式存放到存储器中去。

2. 存储器的容量

由于计算机仅使用 0 和 1 两个二进制数字，所以使用位（bit，简写成 b）作为数字计算机的最小信息单位，包含 1 位二进制信息（0 或 1）。当 CPU 向存储器送入或从存储器取出信息时，不能存取单个的位，而是使用字节、字等较大的信息单位。一个字节（byte，简写成 B）由 8 位二进制信息组成，而一个字（word）则表示计算机一次所能处理的一组二进制数，它由一个以上的字节所组成。通常把组成一个字的二进制位数称为字长，例如微型计算机的字长可以少至 8 位，多至 32 位，甚至达到 64 位。

存储器中所有存储单元的总数，称为存储器的存储容量，通常用单位 KB（kilobyte，千字节）、MB（megabyte，兆字节）、GB（gigabyte，吉字节）表示，如 64 KB、128 MB、256 GB。度量存储器容量的各级单位之间的关系为：1 KB=1 024 B，1 MB=1 024 KB，1 GB=1 024 MB。存储容量越大，计算机所能存储记忆的信息就越多。

3. 存储器的分类

存储器是计算机中存储信息的部件，按照存储器在计算机中的作用，可分为主存储器寄存器、闪速存储器、高速缓冲存储器、辅助存储器等几种类型，它们均可完成数据的存取工作，但性能及其在计算机中的作用差别很大。

1）主存储器

计算机主存储器（main memory，简称主存）通常采用半导体存储器，有两种主要类型：随机存取存储器（random access memory，RAM）和只读存储器（read only memory，ROM）。RAM 可以按 CPU 命令进行读和写，而 ROM 则事先加载了固化的数据和软件，CPU 只能从中读取数据。一般情况下，当计算机电源关闭时，RAM 的内容被消除，而 ROM 则会保留其数据。

ROM 通常用来存储计算机的初始启动指令。在个人计算机（personal computer，PC）中，通常包含一个固化在 ROM 中、称为 BIOS 的专用程序，当计算机开机或复位时，该程序负责把计算机操作系统从硬盘加载到 RAM 中。在没有硬盘的嵌入式计算机中，执行任务所需的全部软件都可以存储在 ROM 中。存储在 ROM 中的软件经常被称为固件（firmware），因为它从作用上看更像硬件。

2）寄存器

CPU 内部包含一组称为寄存器（register）的特殊存储单元，其读写速度比主存区域快得多。寄存器的数量因 CPU 而异，CPU 中有二到一百多个寄存器。

寄存器通常被用于存放使用最为频繁的数据项，以避免每次需要数据时都访问主存。由于主存比 ALU 和控制器来得慢，减少主存访问需求可以大大加快计算机的速度。

3）闪速存储器

闪速存储器（flash memory，简称闪存）可以像 ROM 一样在关机时保留数据，但又像 RAM 一样可被重写，从而模糊了 ROM 和 RAM 之间的界限。但闪存通常比常规的 ROM 和 RAM 慢得多，所以局限于不需要高速的应用场合。

4）高速缓冲存储器

在现代计算机中，存在一个或多个比寄存器慢但比主存快的高速缓冲存储器（cache，简称高速缓存），它位于 CPU 和主存储器之间，规模较小但速度很快，能够很好地解决 CPU 和主存之间的速度匹配问题。

通常，计算机能够自动地把需要频繁访问的数据移入高速缓存，而无须任何人工干预。当需要读写数据时，CPU 首先访问高速缓存，只有当高速缓存中不包含所需要的数据时，CPU 才去访问主存。

5）辅助存储器

半导体存储器的存储容量毕竟有限，因此，计算机中又配备了存储容量更大的磁盘存储器和光盘存储器，称为外存储器（简称外存）或辅助存储器（简称辅存）。相对而言，半导体存储器称为内存储器（简称内存）。

辅助存储器主要用于存放当前不在运行的程序和未被用到的数据，其特点是存储容量大、成本低，并可脱机保存信息。常见的辅助存储器有软盘存储器、硬盘存储器、光盘存储器等。

1.2.4 输入输出设备

计算机的输入输出（I/O）设备是计算机从外部世界接收信息并反馈结果的手段，统称为 I/O 设备或外围设备（peripheral device，简称外设）。各种人机交互操作、程序和数据的输入、计算结果或中间结果的输出、被控对象的检测和控制等，都必须通过 I/O 设备才能实现。

在一台典型的个人计算机上，I/O 设备包括键盘和鼠标等输入设备，以及显示器和打印机等输出设备。

1. 输入设备

输入设备用于原始数据和程序的输入，能将人们熟悉的信息形式转换成计算机能接受并识别的二进制信息形式。

理想的计算机输入设备应该是“会看”和“会听”的，即能够把人们用文字或语言所表达的问题直接送到计算机内部进行处理。目前常用的输入设备是键盘、鼠标、扫描仪等，以及用于文字识别、图像识别、语音识别的设备。

2. 输出设备

输出设备将计算机输出的处理结果信息转换成人类或其他设备能够接收和识别的信息形式（如字符、文字、图形、图像和声音等）。

理想的输出设备应该是“会写”和“会讲”的。“会写”已经做到，如目前广为使用的激光打印机、绘图仪、CRT/LCD 显示器等，这些设备不仅能输出文字信息，而且还能画出图形。至于“会讲”，指的是输出语言的设备，目前已有初级的语音合成产品问世。

3. 适配器

I/O 设备有高速的，也有低速的，有机电结构的，也有全电子式的。由于种类繁多且速度各异，因而它们通常不是直接地同高速工作的主机相连接，而是通过适配器（adapter）与主机相连接。

适配器的作用相当于一个转换器，它可以保证 I/O 设备按照计算机系统所要求的形式发送或接收信息。

一个典型的计算机系统具有各种类型的 I/O 设备，因而具有各种类型的适配器。适配器使得被连接的 I/O 设备通过总线与主机进行联系，以使主机和 I/O 设备并行协调地工作。

1.3 计算机软件

计算机软件是程序的有序集合，而程序则是指令的有序集合。

在大多数计算机中，每一条指令都被分配了一个唯一的编号（称为操作码），以机器指令代码的形式存储。

因为计算机存储器能够存储数字，所以它也能存储指令代码。因此，整个程序（指令序列）可以表示成一系列的数字，从而可以像数据那样被计算机所处理。

1.3.1 软件系统

一台计算机中全部程序的集合，统称为这台计算机的软件系统。

事实上，利用计算机进行计算、控制或做其他工作时，需要有各种用途的程序。因此，凡是用于一台计算机的各种程序，统称为这台计算机的程序或软件系统。

计算机软件按其功能可分为系统软件和应用软件两大类。

1. 系统软件

系统软件用于实现计算机系统的管理、调度、监视和服务等功能，其目的是方便用户，提高计算机使用效率，发挥和扩充计算机的功能及用途。系统软件一般包括以下 6 类。

① 计算机管理系统。在计算机系统中，管理，控制其高效运行的管理系统是其核心的组成部分。

② 语言处理程序。将用汇编语言或高级语言编制的源程序，翻译成机器可以直接识别的目的程序（机器语言程序）。不同语言的源程序，对应有不同的语言处理程序。语言处理程序有汇编程序、编译程序、解释程序 3 种。

③ 操作系统。操作系统的作用是控制和管理计算机的各种资源、自动调度用户作业程序、处理各种中断，是用户与计算机的接口。

④ 服务性程序。服务性程序又称为工具软件，一般包括诊断程序、调试程序等。

⑤ 数据库管理系统。数据库是一种由计算机软、硬件资源组成的系统，能够有组织、动态地存储大量的相关数据，方便多用户访问。数据库和数据库管理软件一起，组成了数据库管理系统。

⑥ 计算机网络软件。计算机网络软件是为计算机网络而配置的系统软件，负责对网络资源进行组织和管理，实现相互之间的通信。计算机网络软件包括网络操作系统和数据通信处理程序等，前者用于协调网络中各机器的操作系统，实现网络资源的管理；后者用于网络内通信，实现网络操作。

2. 应用软件

应用软件是用户为解决某种应用问题而编制的程序，如工程设计程序、数据处理程序、自动控制程序、企业管理程序、情报检索程序、科学计算程序等。

随着计算机的广泛应用，应用软件的种类越来越多。

总之，软件系统是在硬件系统的基础上，为有效使用计算机而配置的。

1.3.2 程序设计语言

1. 机器语言

在早期的计算机中，人们直接用机器语言（机器指令代码）来编写程序。这种用机器语言书写的程序，计算机完全可以“识别”并执行，所以又叫作目标程序。

但是，用机器语言编写程序是一件非常烦琐的工作，需要耗费大量的人力和时间，而且容易出错，出错后寻找错误也相当费事，这种情况大大限制了计算机的使用。

2. 汇编语言

尽管目前仍然有可能像早期计算机那样，使用机器语言来编写计算机程序，但在实际工作中，这却是极其单调乏味的，尤其对于复杂程序而言。

为了方便编写程序、提高机器使用效率，人们想出了一种办法，用一些约定的文字、符号和数字按规定的格式来表示各种不同的指令，每条基本指令都被指定了一个表示其功能又便于记忆的短的名字，称为指令助记符（如 ADD、SUB、MULT，JUMP 等），然后再用这些指令助记符表示的指令来编写程序，这就是所谓的汇编语言（assembly language）。

把用汇编语言编写的程序转换为计算机可以理解的、用机器语言表示的目标程序，通常由被称为汇编程序（assembler）的计算机程序来完成。

机器语言和汇编语言通常被归为低级编程语言，它们对于特定类型的计算机而言是唯一的，也就是说，一台 ARM 体系结构的计算机（如 PDA），无法理解一台 Pentium 计算机的机器语言。

3. 算法语言

1）算法语言的优势

相对于用机器语言编写程序，使用汇编语言编写程序的确是前进了一步，但汇编语言仍然是一种低级语言，和数学语言的差异很大，并且仍然面向一台具体的机器。由于不同计算机的指令系统不同，所以人们使用计算机时必须先花很多时间来熟悉这台计算机的指令系统，然后再用其汇编语言来编写程序，因此还是很不方便，节省的人力、时间也很有限，用汇编语言编写较长的程序仍然是困难且易于出错的。

为了进一步实现程序自动化，便于程序交流，使不熟悉具体计算机的人也能很方便地使用计算机，人们又创造了各种接近于数学语言的算法语言。

所谓算法语言，是指按实际需要规定好的一套基本符号，以及由这套基本符号构成程序的规则。算法语言比较接近数学语言，它直观通用，与具体机器无关，只要稍加学习就能掌握，便于推广和使用。有影响的算法语言包括 BASIC、FORTRAN、C、C++、Java 等。

2）算法语言源程序的执行

大多数复杂的程序采用抽象的算法语言来编写，能够更便利地表达计算机程序员的设计思想，从而帮助减少程序错误。

用算法语言编写的程序称为源程序（source program），这种源程序是不能由机器直接识别和执行的，必须给计算机配备一个既懂算法语言又懂机器语言的“翻译”，才能把源程序转换为机器语言。

通常采用下面两种方法：编译执行，解释执行。

① 编译执行。给计算机配置一套编译程序（compiler），把用算法语言编写的源程序翻译成目标程序，然后在运行系统中执行目标程序，得出计算结果。编译程序及其运行系统合称为编译系统。由于算法语言比汇编语言更为抽象，因此可以使用不同的编译器，把相同的算法语言源程序翻译成许多不同类型计算机的机器语言目标程序。

② 解释执行。使源程序通过所谓的解释程序（interpreter）进行解释执行，即逐个解释并立即执行源程序的语句。它不是编译出目标程序后再执行，而是逐一解释语句并立即执行。

1.3.3　操作系统

操作系统是随着硬件和软件不断发展而逐渐形成的一套软件系统，用来管理计算机资源（如中央处理器、存储器、I/O 设备和各种编译程序、应用程序），自动调度用户的作业程序，从而使得多个用户能有效地共用一套计算机系统。操作系统的出现，使计算机的使用效率成倍提高，并且为用户提供了方便的使用手段和令人满意的服务质量。

根据不同使用环境的要求，操作系统目前大致可分为批处理操作系统、分时操作系统、网络操作系统、实时操作系统等多种。

个人计算机中广泛使用微软公司的 Windows 操作系统。

1.3.4　数据库

计算机在信息处理、情报检索及各种管理系统中的各类应用，要求大量处理某些数据，建立和检索大量的表格。可以把这些数据和表格可以按一定的规律组织起来，形成数据库（database，DB），使得处理和检索数据更为方便迅速。

所谓数据库就是实现有组织、动态地存储大量相关数据，方便多用户访问的计算机软、硬件资源所组成的系统。数据库和数据库管理软件一起组成了数据库管理系统（database management system，DBMS)。数据库管理系统有各种类型，目前许多计算机，包括微型计算机，都配有数据库管理系统，如微型计算机中普遍采用的 Access 系统。

1.4 计算机系统结构

1.4.1 计算机系统的层次结构

现代计算机系统是由硬件、固件和软件组成的一个十分复杂的整体。为了对这个系统进行描述、分析、设计和使用，人们从不同的角度提出了观察计算机的观点和方法。其中常用的一种是 5 级高级语言级的划分方法，就是从语言的角度出发，把计算机系统按功能划分成 5 个层次级别，每一级以一种不同的语言为特征，每一级都能进行程序设计。计算机系统的层次结构示意图如图 1–5 所示。

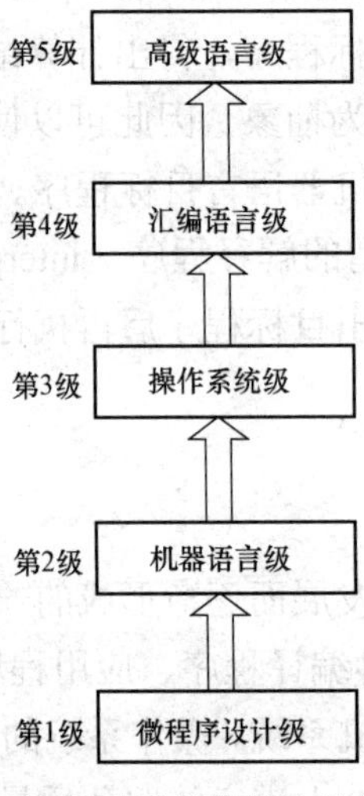

图 1–5 计算机系统的层次结构示意图

第 1 级是微程序设计级，属于硬件级，由机器硬件直接执行微指令，是计算机系统最底层的硬件系统，这一级也可直接用组合逻辑和时序逻辑电路实现。

第 2 级是机器语言级，也属于硬件级，由微程序解释机器指令系统。这一级控制硬件系统的操作。

第 3 级是操作系统级，属于软、硬件混合级，由操作系统程序实现。这一级统一管理和调度计算机系统中的软、硬件资源，支撑其他系统软件和应用软件，使计算机能够自动运行，发挥高效特性。

第 4 级是汇编语言级，属于软件级，由汇编程序支持和执行。这一级给程序设计人员提供了汇编语言这种符号形式语言，以减少程序编写的复杂性。

第 5 级是高级语言级，也属于软件级，由各种高级语言编译程序支持和执行。这一级是面向用户的，为方便用户编写应用程序而设置。

除第 1 级外，其他各级都得到其下各级的支持，同时也得到运行在其下面各级的程序的支持。第 1 级到第 3 级程序所采用的语言，基本上是二进制语言，机器执行和解释比较容易。第 4、5 两级程序所采用的语言是符号语言，用英文字母和符号来表示程序，因而便于大多数不了解硬件的人使用计算机。表 1–2 对计算机系统中 5 个层次级别的特点进行了总结。

各层次之间关系紧密，上层是下层功能的扩展，下层是上层的基础，这是计算机系统层次结构的一个特点。

表 1–2　计算机系统中 5 个层次级别的特点

层级	层级名称	实现方式	软硬件层级	语言
1	微程序设计级	由机器硬件直接执行微指令	硬件级	二进制语言
2	机器语言级	由微程序解释机器指令系统		
3	操作系统级	由操作系统程序实现	混合级	
4	汇编语言级	由汇编程序支持和执行	软件级	符号语言
5	高级语言级	由各种高级语言编译程序支持和执行		

1.4.2　计算机系统结构的发展

1. 器件对系统结构的影响

器件是推动计算机系统结构不断发展的最活跃因素。如果不是器件可靠性有了数量级的提高，就无法采用流水线技术；如果没有高速廉价的半导体存储芯片，高速缓存和虚拟存储系统就无法实现。

摩尔定律指出，集成电路芯片上所集成的晶体管的数目每 18 个月就翻一番。晶体管的密度大约以每年 35%的速度增长，差不多每 4 年翻一番。芯片尺寸增长速度较慢且较难预测，每年为 10%～20%。其综合效果是，每个芯片上的晶体管数目以每年 40%～55%的速度增加。现在器件速度的增长变慢了，半导体 RAM 容量每年增长约 40%，每两年翻一番。1990 年以前，磁盘密度每年大约增长 30%，每 3 年翻一番。在此之后，增长速度提高到每年 60%，特别是 1996 年达到了 100%。从 2004 年开始又回落到每年 30%。磁盘每比特的成本约比 DRAM 的 1%～2%。CPU 的主频服从摩尔定律，每 18 个月就翻一番，目前已经达到 3.2 GHz，这使得越来越多的功能可以在一块芯片上实现，而且芯片的性价比越来越高，高性能、低价格 CPU 芯片的出现使得大规模并行处理系统的实现成为可能。

2. 软件对系统结构的影响

随着计算机技术应用范围的不断扩大，各行各业已经积累了大量成熟的系统软件和应用软件。当新的计算机系统出现时，人们总是希望能在新的系统上使用原有的软件，这就要求软件具有可移植性，即一个软件可以不经过修改或者经过少量修改就可以从一台计算机移植到另外一台计算机上去运行，这种情况称为两台计算机的软件兼容。实现可移植性的方法有以下 3 种。

1）统一高级语言

高级语言是面向问题的，与计算机系统结构无关。如果实现移植的软件是采用高级语言编写的，并且两台计算机上都能运行同一个高级语言编写的程序，那么用这种高级语言编写的软件就可以不加修改地从一台计算机移植到另外一台计算机。

2）采用系列机思想

系列机是指由同一厂家生产的具有相同系统结构，但采取了不同的组成和实现的技术方案，形成了同型号的多种机型（把不同厂家生产的具有相同体系结构的计算机称为兼容机，它的思想与系列机是一致的）。例如，IBM370 系列机有 115、125、135、145、158、168 等系列从低速到高速的不同型号，它们具有相同的指令系统，但是低速机器上指令采用顺序执行方式，而高速机器上则采用重叠、流水和其他并行处理方式。从低档机到高档机，它们的数据通路宽度分别是 8 位、16 位和 32 位；但是从计算机程序员来看，它们都具有 32 位字长，它们的属性是相同的，因此按这种属性编制的程序都可以不加修改地通用于各档计算机。系列机较好地解决了软件要求与硬件、器件及成本之间的矛盾，达到了软件兼容的目的。设计系列机的关键是首先对软硬件分工进行充分考虑，在软硬件界面上确定好一种系统结构，之后软件设计者按此设计软件，硬件设计者根据机器速度性能、价格的不同，选择不同的器件，用不同的硬件技术和组成实现技术研制并提供不同档次的计算机。

3）模拟/仿真方法

系列机只能在具有相同系统结构的计算机之间实现软件移植。为了使软件能在不同系统结构的计算机上实现移植，可以通过在一种系统结构上实现另外一种系统结构来实现。从指令系统的角度来看，就是要在一种机器的系统结构上实现另外一种机器的指令系统，一般可以通过模拟或者仿真的方法来实现。

模拟是指用软件的方法在一台计算机上（宿主机）通过解释的方法实现另外一台计算机（虚拟机）的指令系统。通常在宿主机上，将虚拟机的每一条指令用一段宿主机的程序来解释执行。为了使虚拟机的应用软件能在宿主机上运行，除了模拟虚拟机的指令系统外，还模拟虚拟机的存储体系、I/O 系统、操作系统等。

由于模拟是采用纯软件解释执行的方法，因此运行速度、实时性差，只适用于移植运行时间短、使用次数少，而且在时间关系上没有约束和限制的软件。

如果宿主机本身采用微程序控制，且采用宿主机的一段微程序去解释执行虚拟机的一条指令，这就是仿真方式。仿真的运行速度比较快，但是只能在系统结构差距不大的计算机之间使用；另外，仿真方式中，同样需要仿真虚拟机的存储系统、I/O 系统、操作系统等。通常将仿真和模拟的方式结合使用，让频繁使用且容易仿真的机器指令采用仿真，以提高速度；让很少使用，对速度要求不高的难以仿真的指令采用模拟实现。

3. 应用对系统结构的影响

不同的应用对计算机系统结构的设计提出了不同的要求，对于一些特殊领域，目前已有的通用计算机满足不了其要求，需要专门设计针对这些领域的高性能的系统结构。例如，数值计算领域要求系统结构中有较高精度的浮点运算装置，图形系统需要大量的定点运算，人工智能需要很大的存储容量。为了满足这些特定领域的超高速计算性能的要求，往往需要探索和采用新的系统结构；而这些超级计算机中所采用的一些技术，如高速缓存、虚拟存储系统、I/O处理机、浮点运算协处理器以及各种并行处理技术，后来都逐渐应用到小型和微型通用计算机中。

1.4.3　计算机系统主要评价指标

1. 机器字长

机器字长是指计算机进行一次整数运算所能处理的二进制数据的位数（整数运算即定点数运算）。机器字长也就是运算器进行定点数运算的字长，通常也是 CPU 内部数据通路的宽度。即字长越长，数的表示范围也越大，精度也越高。机器的字长也会影响机器的运算速度。倘若 CPU 字长较短，又要运算位数较多的数据，那么需要经过两次或多次的运算才能完成，这样势必影响整机的运行速度。微型计算机的机器字长已经从 4 位、8 位、16 位发展到 32 位，并正进入 64 位的时代。

机器字长与主存储器字长通常是相同的，但也可以不同。不同的情况下，一般是主存储器字长小于机器字长，如机器字长是 32 位，主存储器字长可以是 32 位，也可以是 16 位，当然，两者都会影响 CPU 的工作效率。

机器字长对硬件的造价也有较大的影响。它将直接影响加法器（或 ALU）、数据总线以及存储字长的位数。所以机器字长的确不能单从精度和数的表示范围来考虑。

2. 存储容量

存储容量是指存储器可以容纳的二进制信息量，用存储器中存储地址寄存器（memory address register，MAR）的编址数与存储字位数的乘积表示。

主存储器容量可以以字为单位，也可以以字节为单位。在以字节为单位时，约定以 8 位二进制代码为一个字节（byte，缩写为 B）。主存储器容量变化范围是较大的，同一台机器能配置的容量大小也有一个允许的变化范围。

习惯上，将 1 024 B 表示为 1 KB，将 1 024 KB 表示为 1 MB，将 1 024 MB 表示为 1 GB，将 1 024 GB 表示为 1 TB。存储容量的单位如表 1–3 所示。

表 1–3　存储容量的单位

单位	单位之间的关系	位数
KB	1 KB = 1 024 B	2^{10}
MB	1 MB = 1 024 KB	2^{20}
GB	1 GB = 1 024 MB	2^{30}
TB	1 TB = 1 024 GB	2^{40}

3. 运算速度

运算速度是衡量计算机性能的一项重要指标。通常所说的计算机运算速度（平均运算速度）是指单位时间内所能执行的指令条数，一般用“百万条指令每秒”（million instructions per second，MIPS）来描述。微机一般采用主频来描述运算速度，主频越高，运算速度就越快。

知识拓展

1946 年诞生的 ENIAC，每秒只能进行 300 次各种运算或 5 000 次加法，是名副其实的计算用的机器。此后的 50 多年，计算机技术水平发生着日新月异的变化，运算速度越来越快，每秒运算已经跨越了亿次、万亿次级。2002 年 NEC 公司为日本地球模拟中心建造的一台“地球模拟器”每秒能进行的浮点运算次数接近 36 万亿次，堪称超级运算的冠军。

由于计算机内各类指令的执行时间是不同的，而且各类指令的使用频度也各不相同，所以计算机的运算速度与许多因素有关，对运算速度的衡量有不同的方法。为了确切地描述计算机的运算速度，一般采用“等效指令速度描述法”。根据不同类型指令在使用过程中出现的频繁程度，乘以不同的系数，求得统计平均值，这时所指的运算速度是平均运算速度。

1.5 模拟电路仿真软件 Multisim

本书在虚拟仿真平台上完成实验，通过大量仿真实验加深对计算机组成原理知识的实践和理解。本书使用的模拟电路仿真软件为 Multisim，本节学习如何使用该仿真软件。

1. Multisim 介绍

Multisim 是美国国家仪器（NI）有限公司推出的以 Windows 为基础的仿真工具，来源于加拿大图像交互技术公司，后被美国国家仪器公司收购，软件更名为 NI Multisim，适用于板级的模拟/数字电路板的设计工作。

Multisim 是一套原理图输入和仿真程序，用于原理图输入和仿真，并为 PCB 布线等做好准备步骤。Multisim 还具备 A/D 混合仿真的功能。

2. 界面布局

双击 Multisim 的快捷方式图标，屏幕上即出现其启动标示图案，自检并计时完成后，即打开其基本工作界面，即主窗口。使用 Multisim 进行电路设计和仿真分析的所有操作，都是在其基本界面的主窗口中进行的。主窗口在界面上直接或间接地列出了所有的操作菜单、各种工具栏，方便用户使用各种元器件和虚拟仪器，主窗口布局如图 1-6 所示。因此，了解主窗口上各种操作命令、工具栏、元器件库栏及虚拟仪器的功能和操作方法，是使用 Multisim 进行实验的前提。掌握并熟练地运用这些操作，是进行电路设计和仿真分析的基本技能。由于学校大多使用教育版软件，所以下面的介绍以教育版为准，其他版本略有差异，但出入不大。

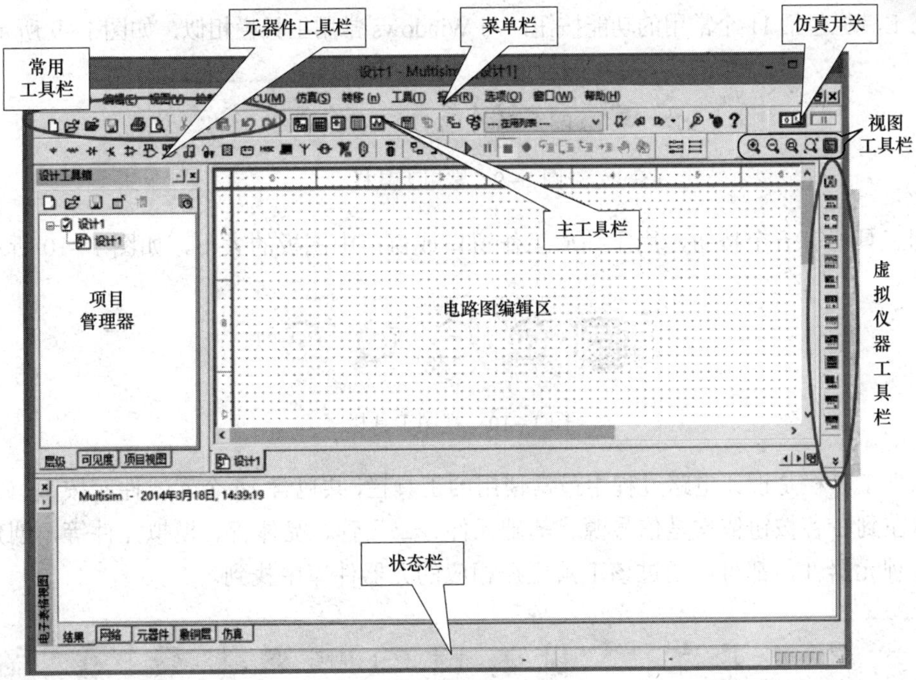

图 1–6　主窗口布局

Multisim 的菜单栏与所有的 Windows 应用程序类似，提供了几乎所用的功能命令，共 11 个主菜单。每个主菜单都有下拉菜单，单击主菜单可打开下拉菜单，从中选择各种命令，以便进行元器件处置、电路连接、仪器调用和仿真分析等。有些下拉菜单中含有右侧带有黑三角的菜单项，当鼠标指针移至该项时，还会打开子菜单。主菜单自左至右依次为：文件（File）菜单、编辑（Edit）菜单、视图（View）菜单、绘制（Place）菜单、MCU（M）菜单、仿真（Simulate）菜单、转移（Transfer）菜单、工具（Tools）菜单、报告（Reports）菜单、选项（Options）菜单、窗口（Window）菜单、帮助（Help）菜单，如图 1–7 所示。

图 1–7　菜单栏

Multisim 有多种工具栏，分别是主工具栏、常用工具栏、视图工具栏、元器件工具栏和虚拟仪器工具栏，其主要功能就是电路图创建和仿真分析。工具栏中的按钮是专为电路设计过程中的某种特定功能而设定的。主工具栏是电路设计过程中常用的，如图 1–8 所示，从左至右各工具按钮分别是：设计工具箱、电子表格检视窗、SPICE 网表查看器、虚拟实验板、图形记录仪、后处理器、母电路图、元器件编辑、数据库管理器、现用元器件列表、电气规则检测、创建 Ultiboard 注释文件、修改 Ultiboard 注释文件、查找范例、NI 网站和帮助。

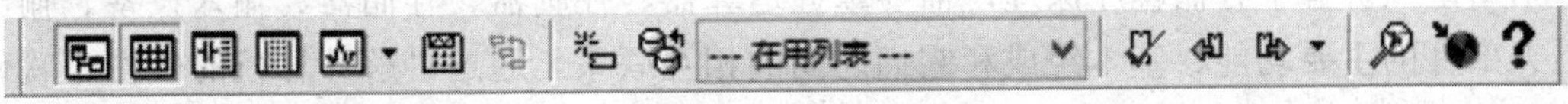

图 1–8　主工具栏

常用工具栏包括 11 个常用的功能按钮，与 Windows 常用工具栏相似，如图 1-9 所示。

图 1-9　常用工具栏

视图工具栏有五个按钮，用于缩放工作窗口或窗口中图板的大小，如图 1-10 所示。

图 1-10　视图工具栏

元器件工具栏是设计电路过程中最常使用的工具栏，共包含 16 个元器件库按钮，如图 1-11 所示。从左到右各按钮依次是信号源、基础元件、二极管、晶体管、模拟元件等，创建电路时使用的各种元器件，都可以通过该工具栏在相应的元器件库中找到。

图 1-11　元器件工具栏

Multisim 提供多个虚拟仪器进行仿真测量，包括数字万用表、函数发生器、功率表、双通道示波器、四通道示波器、波特图仪、频率计、字信号发生器、逻辑分析仪、逻辑转换器、IV 分析仪、失真度仪、频谱分析仪、网络分析仪、Agilent 信号发生器、Agilent 万用表、Agilent 示波器等。虚拟仪器工具栏如图 1-12 所示。

图 1-12　虚拟仪器工具栏

本 章 小 结

本章简单介绍了电子数字计算机的发展历史及发展趋势，以冯・诺依曼计算机为基础介绍了组成计算机的几大部件及评价标准，同时讲解了计算机系统的层次结构，指出计算机的评价指标。

本章重点讲解了存储程序原理，需要掌握运算器、控制器、存储器、输入设备、输出设备五大部件的主要功能、基本组成和它们之间的相互联系。通过讲解计算机的硬件、软件和系统结构，初步建立一个整机概念。后面各章将围绕冯・诺依曼计算机五大部件分别做详细介绍。

习题 1

一、基础题

1. 综合选择题

（1）到目前为止，使用最为广泛的计算机形态是（　　）。

A. 超级计算机　B. 个人计算机　C. 嵌入式计算机　D. 服务器

（2）世界上第一台通用电子数字计算机 ENIAC 使用（　　）作为电子器件。

A. 晶体管　B. 电子管

C. 大规模集成电路　D. 超大规模集成电路

（3）1958 年开始出现的第二代计算机，使用（　　）作为电子器件。

A. 晶体管　B. 电子管

C. 大规模集成电路　D. 超大规模集成电路

（4）冯·诺依曼计算机体系结构的主要特点是（　　）。

A. 硬连线　B. 使用二进制数

C. 存储程序　D. 存储数据

（5）冯·诺依曼计算机的设计思想是（　　）。

A. 存储数据并按地址顺序执行　B. 存储程序并按地址逆序执行

C. 存储程序并按地址顺序执行　D. 存储程序并乱序执行

（6）（　　）不属于冯·诺依曼体系结构计算机的五大部件。

A. 输入设备　B. 输出设备　C. 寄存器　D. 缓冲器

（7）适配器的作用是保证（　　）用计算机系统特性所要求的形式发送或接收信息。

A. I/O 设备　B. 控制器　C. 寄存器　D. 存储器

（8）在计算机系统的层次结构中，属于硬件级的是（　　）。

A. 微程序设计级　B. 高级语言级　C. 汇编语言级　D. 机器语言级

（9）在计算机系统的层次结构中采用符号语言的是（　　）。

A. 高级语言级　B. 操作系统级　C. 汇编语言级　D. 机器语言级

（10）具有相同（　　）的计算机，可以采用不同的（　　）。

A. 计算机组成，计算机系统结构　B. 计算机实现，计算机系统结构

C. 计算机系统结构，计算机组成　D. 计算机实现，计算机组成

（11）一种（　　）可以采用多种不同的（　　）。

A. 计算机组成，计算机系统结构　B. 计算机组成，计算机实现

C. 计算机实现，计算机系统结构　D. 计算机实现，计算机组成

（12）1966 年，Flynn 从计算机体系结构的并行性能出发，按照（　　）的不同组织方式，把计算机系统的结构分为 SISD、SIMD、MISD 和 MIMD 四类。

A. 地址流　　B. 控制流　　C. 指令流　　D. 数据流

2. 综合应用题

（1）数字计算机如何分类？分类的依据是什么？

（2）冯·诺依曼计算机的主要设计思想是什么？ 它包括哪些主要组成部分？

（3）指令和数据均存放在主存中，计算机如何区分它们？

（4）在 SISD、MIMD 缩写术语中，S、M、I、D 字母代表什么含义？

二、提高题

（1）【2009 年计算机联考真题】冯·诺依曼计算机中指令和数据均以二进制形式存放在存储器中，CPU 区分它们的依据是（　　）。

A. 指令操作码的译码结果　　B. 指令和数据的寻址方式

C. 指令周期的不同阶段　　D. 指令和数据所在的存储单元

（2）【2010 年计算机联考真题】下列选项中，能缩短程序执行时间的措施是（　　）。

Ⅰ. 提高 CPU 的时钟频率　Ⅱ. 优化数据通路结构　Ⅲ. 对程序进行编译优化

A. 仅Ⅰ和Ⅱ　　B. 仅Ⅰ和Ⅲ　　C. 仅Ⅱ和Ⅲ　　D. Ⅰ、Ⅰ、Ⅲ

（3）【2011 年计算机联考真题】下列选项中，描述浮点数操作速度指标的是（　　）。

A. MIPS　　B. CPI　　C. IPC　　D. MFLOPS

第 2 章　布尔代数与逻辑电路

本章主要介绍逻辑运算以及硬件电路如何实现逻辑运算，目的是让读者对计算机里计算器和控制器的工作有所了解，也为后续数字运算方法的学习奠定基础。

学习目的

① 了解布尔代数、门和它们之间的关系。
② 掌握如何用基本门组合成电路。
③ 会用布尔表达式、真值表和逻辑框图描述门电路的行为。
④ 了解门的构造。

2.1　布尔代数基本逻辑运算

逻辑运算是数字符号化的逻辑推演法，包括联合、相交、相减。逻辑运算是由布尔用数学方法研究逻辑问题时成功地建立的逻辑演算，因此逻辑运算又称布尔运算。在逻辑运算中，用“=”表示判断，把推理看成等式的变换，用于判断事情是“成立”还是“不成立”。由于在计算机中进行的是二进制运算，逻辑判断的结果只有两个值——0 或 1。其中，“1”表示逻辑结果是成立的，“0”表示逻辑结果是不成立的。

知识链接

乔治·布尔（如图 2–1 所示）是皮匠的儿子，由于家境贫寒，布尔不得不在协助父母养家的同时为自己能受教育而奋斗。尽管他考虑过以牧师为业，但最终还是决定从教，1835 年他开办了自己的学校，1847 年出版了《逻辑的数学分析》，最终成了 19 世纪最重要的数学家之一。由于乔治·布尔在符号逻辑运算方面做出了特殊的贡献，所以很多计算机语言中将逻辑运算称为布尔运算，将运算结果称为布尔值。

图 2–1　乔治·布尔

20 世纪 30 年代，逻辑代数在电路系统上获得应用。随着电子技术与计算机的发展，出现了各种复杂的大系统，但它们的变换规律依然遵循布尔所揭示的规律。逻辑运算通常用来测试真假值，在计算机程序中最常见到的逻辑运算就是循环的处理，用来判断是否该离开循环或继续执行循环内的指令。

逻辑运算符把各个运算的变量（或常量）连接起来组成一个逻辑表达式。逻辑运算符有 3 个：与（AND）、或（OR）、非（NOT）。在 BASIC 和 Pascal 等语言中可以在程序中直接用 AND、OR、NOT 作为逻辑运算符。C 语言不能在程序中直接用 AND、OR、NOT 作为逻辑运算符，而是用其他符号代替，逻辑与（&&）、逻辑或（||）、逻辑非（ ! ）。在位运算里，还有位与（&）、位或（|）、异或（xor）等运算。

2.1.1 “与”逻辑

决定一个事件产生的所有条件都同时具备时，这件事就发生；否则，这件事就不发生。这种逻辑关系称作“与”逻辑。其逻辑运算符用“&&”或“ • ”表示。

“与”逻辑相当于生活中说的“并且”，就是两个条件都同时成立的情况下“与”逻辑的运算结果才为“真”，可以用如图 2-2 所示的串联电路图表述其运算规则。图中，*A*、*B* 两个开关同时闭合时电路才接通，任何一个开关断开，电路都会断开。

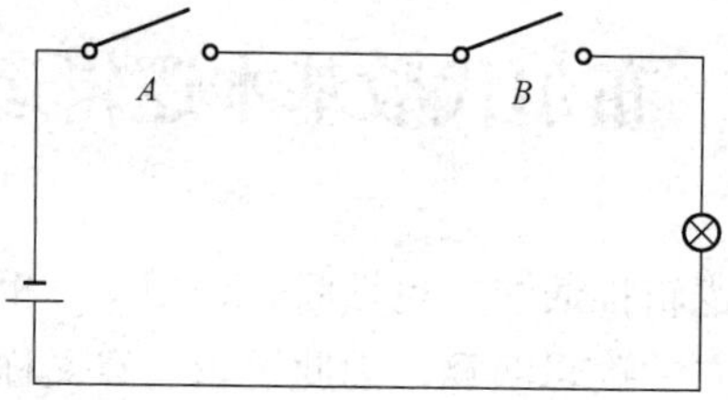

图 2-2 “与”逻辑的运算规则

真值表是表征逻辑输入与输出之间可能状态的表格，通常以“1”表示真，“0”表示假。两个数据对象（*A*、*B*）之间的“与”逻辑真值表，如表 2-1 所示。

表 2-1 “与”逻辑的真值表

A	*B*	$X=A \cdot B$
0	0	0
0	1	0
1	0	0
1	1	1

2.1.2 “或”逻辑

在决定一个事件发生的条件中，只要有一个或一个以上的条件具备，这件事就一定发生，否则就不发生。这种逻辑关系称作“或”逻辑。其逻辑运算符用“||”或“+”表示。

“或”逻辑相当于生活中说的“任意一个”，两个条件中只要有一个成立，“或”逻辑的运算结果就为“真”。可以用如图 2–3 所示的并联电路图表述其运算规则。图中，*A*、*B* 两个开关中任何一个闭合，电路都能接通。

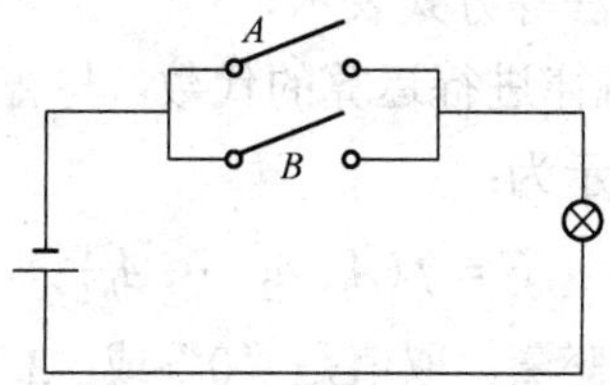

图 2–3 “或”逻辑的运算规则

“或”逻辑的真值表如表 2–2 所示。

表 2–2 “或”逻辑的真值表

A	*B*	*X*=*A*+*B*
0	0	0
0	1	1
1	0	1
1	1	1

2.1.3 “非”逻辑

若逻辑输出与输入相反，则称这种逻辑关系为“非”逻辑，其逻辑运算符用“!”或在字母上面加非符号（¯）表示。

“非”逻辑相当于生活中说的“反向”，如果原来的逻辑为“真”，运算结果即为“假”；如果原来的逻辑为“假”，运算结果为“真”。

“非”逻辑的真值表如表 2–3 所示。

表 2–3 “非”逻辑的真值表

A	$X=\overline{A}$
0	1
1	0

2.2 逻辑函数及其化简

2.2.1 逻辑函数

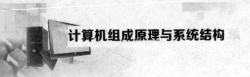

逻辑函数，是一类返回值为逻辑值“1”或逻辑值“0”的函数。逻辑函数可以用布尔代数法、真值表法、逻辑图法和卡诺图法等方式表示。

① 布尔代数法。按一定逻辑规律进行运算的代数。与普通代数不同，布尔代数中的变量是二元值的逻辑变量。布尔表达式表示为：

$$F = f(A_1, A_2, \cdots, A_n)$$

其中：A_1，A_2，…，A_n为输入逻辑变量，取值是“0”或“1”；F为输出逻辑变量，取值是“0”或“1”；F称为A_1，A_2，…，A_n的输出逻辑函数。

② 真值表法。采用一种表格来表示逻辑函数的运算关系，其中输入部分列出输入逻辑变量的所有可能组合，输出部分给出相应的输出逻辑变量值。

③ 逻辑图法。采用规定的图形符号，来构成逻辑函数运算关系的网络图形。

④ 卡诺图法。卡诺图是一种几何图形，可以用来表示和简化逻辑函数表达式。

2.2.2 布尔表达式化简

布尔代数的运算律（operational rule of Boolean algebra）是布尔代数的基本运算法则，布尔代数中的变量代表一种状态或概念，数值“1”或“0”并不是表示变量在数值上的差别，而是代表状态与概念存在与否的符号。布尔代数主要运算法则有交换律、结合律、分配律、恒等律、重叠律、德摩根律等，如表 2-4 所示。

表 2-4 布尔代数运算法则

属性	与	或
交换律	$AB = BA$	$A + B = B + A$
结合律	$(AB)C = A(BC)$	$(A+B)+C = A+(B+C)$
分配律	$A(B+C) = AB + AC$	$A + BC = (A+B)(A+C)$
恒等律	$A \bullet 1 = A$	$A + 0 = A$
重叠律	$A \bullet \overline{A} = 0$	$A + \overline{A} = 1$
德摩根律	$\overline{A \bullet B} = \overline{A} + \overline{B}$	$\overline{A + B} = \overline{A} \bullet \overline{B}$

布尔表达式的最简形式表示，乘积项最少，并且每个乘积项中的变量也最少，示例如图 2-4

所示。可以利用布尔表达式的定律对布尔表达式化简。化简的标准可简单看作加号最少、乘号最少，化简的结果可能并不唯一。

$$
\begin{aligned}
Y &= \overline{A}B\overline{E} + \overline{A}B + A\overline{C} + A\overline{C}E + B\overline{C} + B\overline{C}D \\
&= \overline{A}B + A\overline{C} + B\overline{C} \\
&= \overline{A}B + A\overline{C}
\end{aligned}
$$

图 2-4　最简“与或”表达式

1. 并项法

利用重叠率，将两项合并为一项，并消去一个变量，如图 2-5 所示。

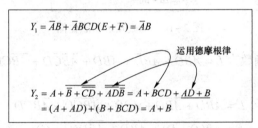

$$
\begin{aligned}
Y_1 &= ABC + \overline{A}BC + B\overline{C} = (A+\overline{A})BC + B\overline{C} \\
&= BC + B\overline{C} = B(C+\overline{C}) = B
\end{aligned}
$$

（a）运用分配律

$$
\begin{aligned}
Y_2 &= ABC + A\overline{B} + A\overline{C} = ABC + A(\overline{B}+\overline{C}) \\
&= ABC + A\overline{BC} = A(BC + \overline{BC}) = A
\end{aligned}
$$

（b）运用德摩根律

图 2-5　并项法化简示例

2. 吸收法

利用公式 $A + AB = A$，消去多余的项，如图 2-6 所示。

$$
Y_1 = \overline{A}B + \overline{A}BCD(E+F) = \overline{A}B
$$

运用德摩根律

$$
\begin{aligned}
Y_2 &= A + \overline{\overline{B} + \overline{\overline{CD}}} + \overline{\overline{AD}\,\overline{\overline{B}}} = A + BCD + AD + B \\
&= (A + AD) + (B + BCD) = A + B
\end{aligned}
$$

图 2-6　吸收法化简示例

3. 消去法

利用公式 $A + \overline{A}B = A + B$，消去多余的变量，如图 2-7 所示。

$$
\begin{aligned}
Y_1 &= AB + \overline{A}C + \overline{B}C \\
&= AB + (\overline{A} + \overline{B})C \\
&= AB + \cancel{\overline{AB}}C \\
&= AB + C
\end{aligned}
$$

$$
\begin{aligned}
Y_2 &= A\overline{B} + C + \overline{A}\overline{C}D + B\overline{C}D \\
&= A\overline{B} + C + \cancel{\overline{C}}(\overline{A} + B)D \\
&= A\overline{B} + C + (\overline{A} + B)D \\
&= A\overline{B} + C + \cancel{\overline{A\overline{B}}}D \\
&= A\overline{B} + C + D
\end{aligned}
$$

图 2-7　消去法化简示例

4. 配项法

① 利用公式 $A = A(B + \overline{B})$，为某一项配上其所缺的变量，以便用其他方法进行化简，如图 2-8 所示。

$$
\begin{aligned}
Y &= A\bar{B} + B\bar{C} + \bar{B}C + \bar{A}B \\
&= A\bar{B} + B\bar{C} + \underline{(A+\bar{A})}\bar{B}C + \bar{A}B\underline{(C+\bar{C})} \\
&= A\bar{B} + B\bar{C} + A\bar{B}C + \bar{A}\bar{B}C + \bar{A}BC + \bar{A}B\bar{C} \\
&= A\bar{B}(1+C) + B\bar{C}(1+\bar{A}) + \bar{A}C(\bar{B}+B) \\
&= A\bar{B} + B\bar{C} + \bar{A}C
\end{aligned}
$$

图 2-8　利用公式 $A = A(B+\bar{B})$ 配项化简

② 利用公式 $A+A=A$，为某项配上其所能合并的项，如图 2-9 所示。

$$
\begin{aligned}
Y &= ABC + AB\bar{C} + A\bar{B}C + \bar{A}BC \\
&= (ABC + AB\bar{C}) + \underline{(ABC + A\bar{B}C)} + \underline{(ABC + \bar{A}BC)} \\
&= AB + AC + BC
\end{aligned}
$$

图 2-9　利用公式 $A+A=A$ 配项化简

5. 消去冗余项法

利用公式 $\bar{A}B + AC + BC = \bar{A}B + AC$，将冗余项 BC 消去，如图 2-10 所示。

$$
\begin{aligned}
Y_1 &= A\bar{B} + AC + ADE + \bar{C}D \\
&= A\bar{B} + (AC + \bar{C}D + \cancel{ADE}) \\
&= A\bar{B} + AC + \bar{C}D
\end{aligned}
$$

$$
\begin{aligned}
Y_2 &= AB + \bar{B}C + \cancel{AC(DE+FG)} \\
&= AB + \bar{B}C
\end{aligned}
$$

图 2-10　消去冗余项法化简

[**例 2-1**] 已知逻辑函数为 $L = AB\bar{D} + \bar{A}\bar{B}\bar{D} + ABD + \bar{A}\bar{B}\bar{C}D + \bar{A}\bar{B}CD$，把它化为最简形式。

解：

$$
\begin{aligned}
L &= AB\bar{D} + \bar{A}\bar{B}\bar{D} + ABD + \bar{A}\bar{B}\bar{C}D + \bar{A}\bar{B}CD \\
&= AB(\bar{D}+D) + \bar{A}\bar{B}\bar{D} + \bar{A}\bar{B}D(\bar{C}+C) \\
&= AB + \bar{A}\bar{B}\bar{D} + \bar{A}\bar{B}D \\
&= AB + \bar{A}\bar{B}(D+\bar{D}) \\
&= AB + \bar{A}\bar{B}
\end{aligned}
$$

[**例 2-2**] 化简逻辑函数：

$$L = AD + A\bar{D} + AB + \bar{A}C + BD + A\bar{B}EF + \bar{B}EF$$

解：

$$
\begin{aligned}
L &= A + AB + \bar{A}C + BD + A\bar{B}EF + \bar{B}EF && \text{（利用 } A+\bar{A}=1\text{）} \\
&= A + \bar{A}C + BD + \bar{B}EF && \text{（利用 } A+AB=A\text{）} \\
&= A + C + BD + \bar{B}EF && \text{（利用 } A+\bar{A}B=A+B\text{）}
\end{aligned}
$$

[**例 2-3**] 化简逻辑函数：

$$L = AB + A\bar{C} + \bar{B}C + \bar{C}B + \bar{B}D + \bar{D}B + ADE(F+G)$$

解：

$$L = A\overline{\bar{B}C} + \bar{B}C + \bar{C}B + \bar{B}D + \bar{D}B + ADE(F+G) \qquad \text{（利用反演律）}$$

$= A+\overline{B}C+\overline{C}B+\overline{B}D+\overline{D}B+ADE(F+G)$　　（利用 $A+\overline{A}B=A+B$）

$= A+\overline{B}C+\overline{C}B+\overline{B}D+\overline{D}B$　　（利用 $A+AB=A$）

$= A+\overline{B}C(D+\overline{D})+\overline{C}B+\overline{B}D+\overline{D}B(C+\overline{C})$　　（配项法）

$= A+\overline{B}CD+\overline{B}C\overline{D}+\overline{C}B+\overline{B}D+\overline{D}BC+\overline{D}B\overline{C}$

$= A+\overline{B}C\overline{D}+\overline{C}B+\overline{B}D+\overline{D}BC$　　（利用 $A+AB=A$）

$= A+C\overline{D}(\overline{B}+D)+\overline{C}B+\overline{B}D$

$= A+C\overline{D}+\overline{C}B+\overline{B}D$　　（利用 $A+\overline{A}=1$）

2.3　基本逻辑电路

2.3.1　门电路

逻辑电路是指完成逻辑运算的电路。这种电路，一般有若干个输入端和一个或几个输出端，当输入信号之间满足某一特定逻辑关系时，电路就开通，有输出；否则，电路就关闭，无输出。所以，这种电路又叫逻辑门电路，简称门电路。由于只分高、低电平，所以抗干扰能力强，精度和保密性佳，广泛应用于计算机、数字控制、通信、自动化和仪表等方面。

常见的门电路如图 2-11 所示。

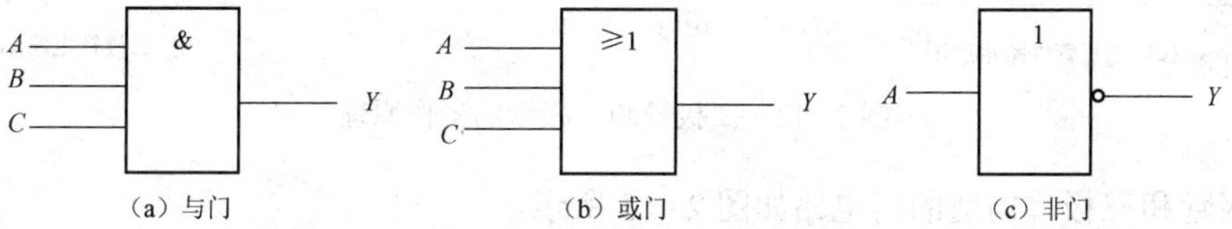

图 2-11　门电路

门电路是最基本的电子元件，每个门都执行一种逻辑运算，接收一个或多个输入值，生成一个输出值。每个输入和输出值只能是 0（对应 0～2 V 的低电压信号）或 1（对应 2～5 V 的高电压信号），门的类型和输入值决定了输出值。

简单的逻辑电路通常是由门电路构成的，也可以用三极管来制作。例如，一个 NPN 三极管的集电极和另一个 NPN 三极管的发射极连接，这就可以看作是一个简单的与门电路，即：当两个三极管的基极都接高电平的时候，电路导通，而只要有一个不接高电平，电路就不导通。

逻辑电路分组合逻辑电路和时序逻辑电路，二者均由逻辑门电路组成。前者由最基本的“与门”电路、“或门”电路和“非门”电路组成，其输出值仅依赖于其输入变量的当前值，与输入变量的过去值无关，即不具记忆和存储功能；后者也由上述基本逻辑门电路组成，但存在反馈回路，它的输出值不仅依赖于输入变量的当前值，也依赖于输入变量的过去值。

组合逻辑电路的分析方法是根据所给的逻辑电路，写出其输入与输出之间的逻辑关系（逻辑函数表达式或真值表），从而判定该电路的逻辑功能。一般是先对给定的逻辑电路，按逻辑门的连接方法，逐一写出相应的逻辑表达式，然后写出输出函数表达式，但这样写出的逻辑函数表达式可能不是最简的，所以还应该利用布尔代数运算法则进行简化。再根据逻辑函数的表达式写出它的真值表，最后根据真值表分析出函数的逻辑功能。

2.3.2 门的构造

1. 基本门

门电路是由电子元器件及其电路连接来实现的，构造门就是用二极管或三极管的组合来建立输入值和输出值之间的映射。二极管和三极管的工作原理如图 2-12 所示。

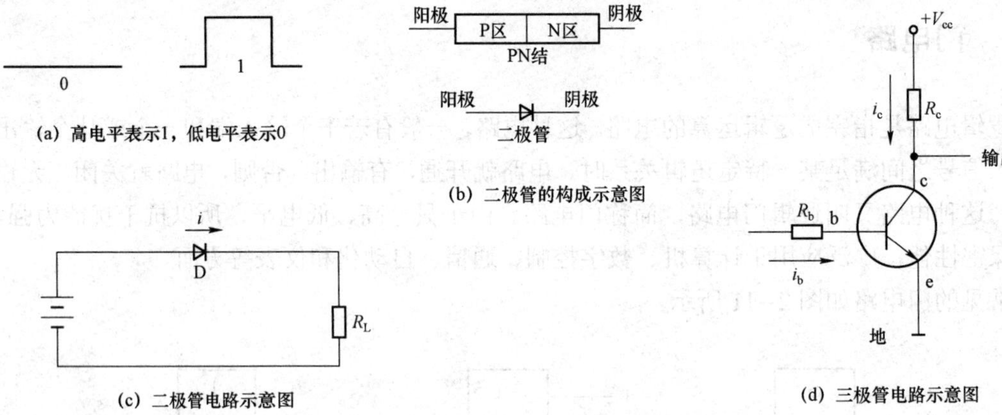

图 2-12　二极管和三极管的工作原理

用二极管和三极管构造的门电路如图 2-13 所示。

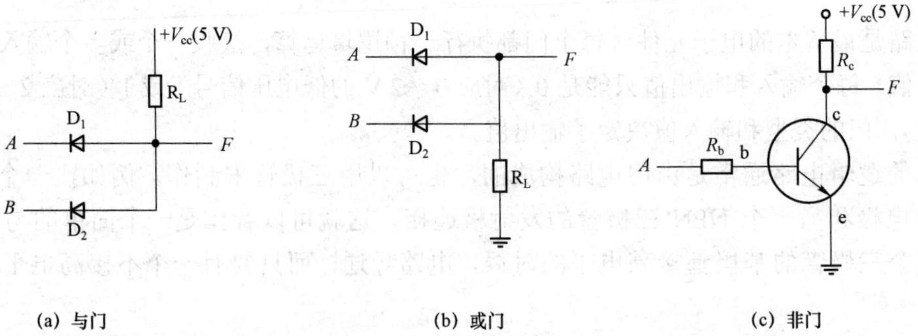

图 2-13　用二极管和三极管构造的门电路

与门的运算规则表示为：只有两个输入都为 1 时输出才为 1；当输入中有一个不为 1 时，输出就为 0。其真值表、表达式和符号如图 2-14 所示。

A	B	X
0	0	0
0	1	0
1	0	0
1	1	1

（a）真值表

$$X = A \cdot B$$

（b）表达式

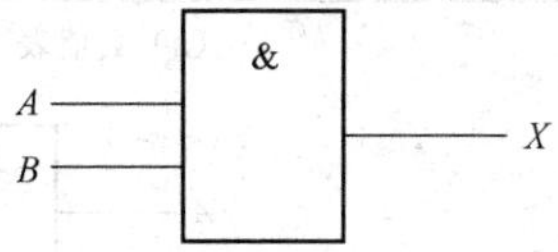

（c）符号

图 2–14　与门

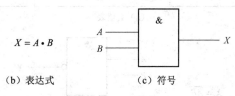

或门的运算规则表示为：如果两个输入值都是 0，那么输出是 0；否则输出是 1。其真值表、表达式和符号如图 2–15 所示。

A	B	X
0	0	0
0	1	1
1	0	1
1	1	1

（a）真值表

$$X = A + B$$

（b）表达式

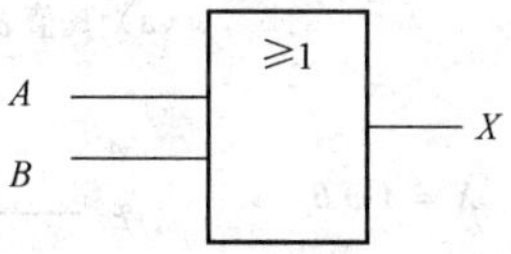

（c）符号

图 2–15　或门

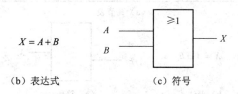

如果非门的输入值是 0，那么输出值是 1；如果输入值是 1，则输出值是 0。其真值表、表达式和符号如图 2–16 所示。

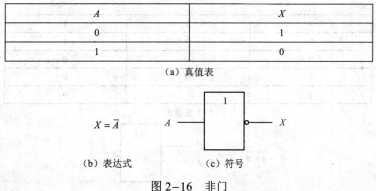

A	X
0	1
1	0

（a）真值表

$$X = \overline{A}$$

（b）表达式

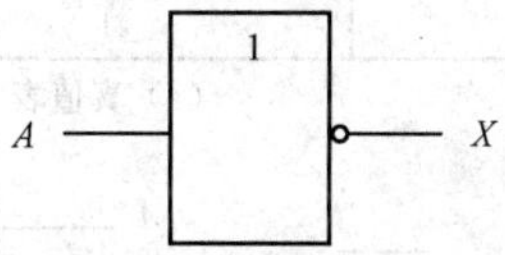

（c）符号

图 2–16　非门

与非门由与门和非门构成，让与门的结果经过一个逆变器（非门），得到的输出和与非门的输出一样。其真值表、表达式和符号如图 2–17 所示。

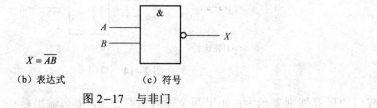

A	*B*	*X*
0	0	1
0	1	1
1	0	1
1	1	0

（a）真值表

$X=\overline{AB}$

（b）表达式

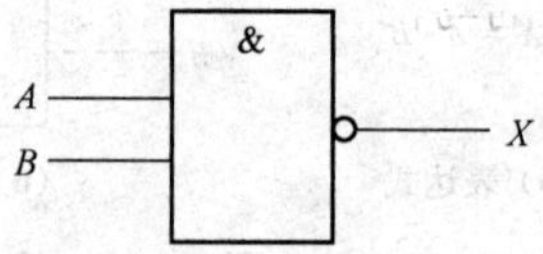

（c）符号

图 2–17　与非门

异或门的两个输入相同时，则输出为 0；否则，输出为 1。其真值表、表达式和符号如图 2–18 所示。

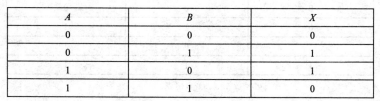

A	*B*	*X*
0	0	0
0	1	1
1	0	1
1	1	0

（a）真值表

$X=A\oplus B$

（b）表达式

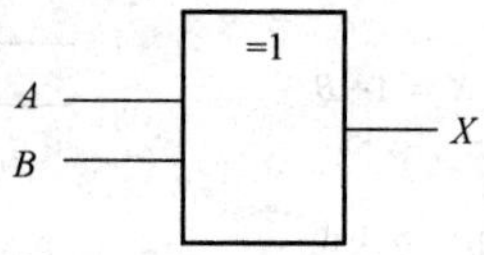

（c）符号

图 2–18　异或门

或非门由或门和非门构成，让或门的结果经过一个逆变器（非门），得到的输出和或非门的输出一样。其真值表、表达式和符号如图 2–19 所示。

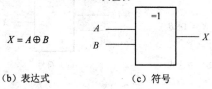

A	*B*	*X*
0	0	1
0	1	0
1	0	0
1	1	0

（a）真值表

$X=\overline{A+B}$

（b）表达式

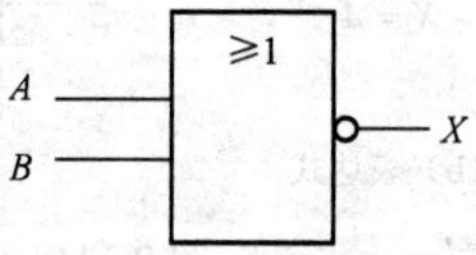

（c）符号

图 2–19　或非门

2. 具有更多输入的门

① 门可以设计为接收 3 个以上输入值。

② 具有三个输入值的与门，只有当三个输入值都是 1 时，才得到值为 1 的输出。

③ 具有三个输入值的或门，任何一个输入值为 1，则输出都是 1。

④ 真值表中的行数：具有三个输入的门，有 $2^3 = 8$ 种输入组合；具有 n 个输入的门，有 2^n 种输入组合。

图 2–20 是具有 3 个输入的与门。

A	B	C	X
0	0	0	0
0	0	1	0
0	1	0	0
0	1	1	0
1	0	0	0
1	0	1	0
1	1	0	0
1	1	1	1

（a）真值表

$X = ABC$

（b）表达式

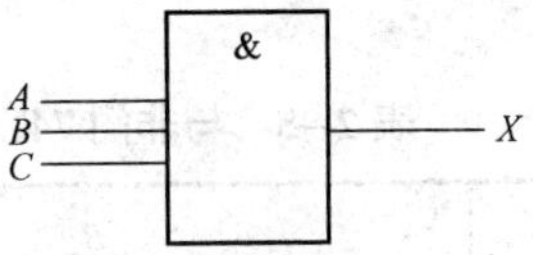

（c）符号

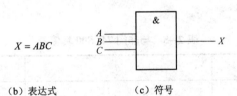

图 2–20　具有 3 个输入的与门

3. 逻辑电路

把一个门的输出作为另一个门的输入，多个门组合起来就构成逻辑电路，示例如图 2–21 所示。

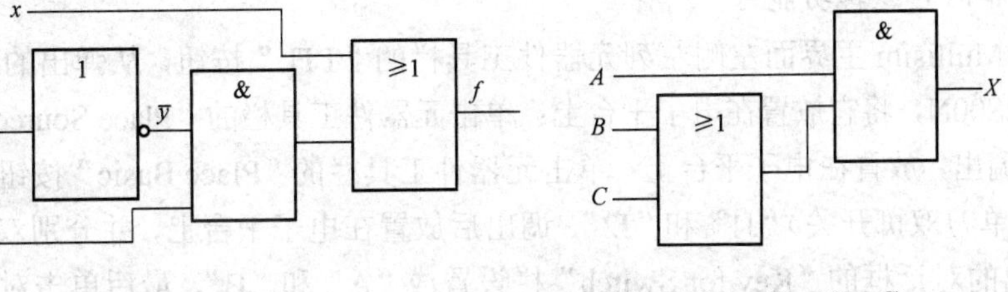

（a）示例一：$f = x + \overline{y}z$　　（b）示例二：$X = A(B+C)$

图 2–21　用门构成逻辑电路

2.4　基本门电路仿真实验

1. 实验目的

① 认识模拟电路仿真软件 Multisim，了解其基本操作，掌握构建仿真电路的基本方法，体会虚拟设备与仿真。

② 学会使用与非门组成其他门电路。

2. 实验要求

通过逻辑电路测试与非门的功能，得到其真值表。

3. 实验原理

与非门 74LS00 实现的是 $Y=(\overline{AB})$ 的功能，真值表如表 2-5 所示。其中，L 为低电平，代表逻辑上的“假”、二进制中的“0”，H 为高电平，代表逻辑上的“真”、二进制中的“1”。

逻辑电路分组合逻辑电路和时序逻辑电路，前者由最基本的与门、或门、非门组成，其输出值仅依赖于输入变量的当前值，与输入变量的过去值无关，即不具备记忆和存储功能。后者也由上述基本逻辑门电路组成，但存在反馈回路，它的输出值不但依赖于输入变量的当前值，也依赖于输入变量的过去值。

表 2-5　与非门 74LS00 真值表

A	B	Y
L	L	H
L	H	H
H	L	H
H	H	L

4. 实验步骤

1）测与非门的逻辑功能

① 单击 Multisim 主界面左侧左列元器件工具栏的“TTL”按钮，从弹出的对话框中选取一个与非门 74LS00N，将它放置在电子平台上；单击元器件工具栏的“Place Source”按钮，将电源 VCC 和地线调出，放置在电子平台上；单击元器件工具栏的“Place Basic”按钮，选择“switch”中的 SPDT（单刀双掷开关）“J1”和“J2”，调出后放置在电子平台上，并分别双击“J1”和“J2”图标，将弹出的对话框的“Key for Switch”栏设置成“A”和“B”，最后单击对话框下方“OK”按钮退出。

② 单击 Multisim 主界面右侧虚拟仪器工具栏“Multimeter”按钮，如图 2-22 左图所示，调出虚拟万用表“XMM1”，放置在电子平台上，如图 2-22 右图所示。

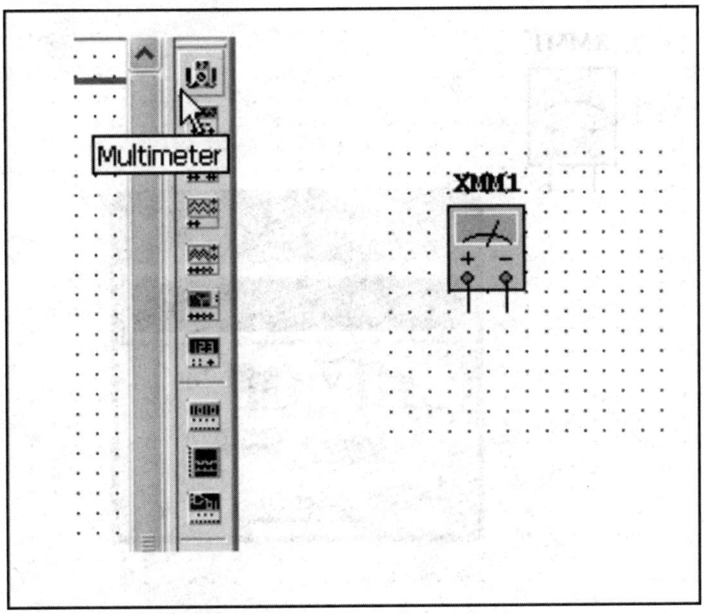

图 2-22　放置虚拟万用表

③ 将所有元件和仪器连成仿真电路，如图 2-23 所示。

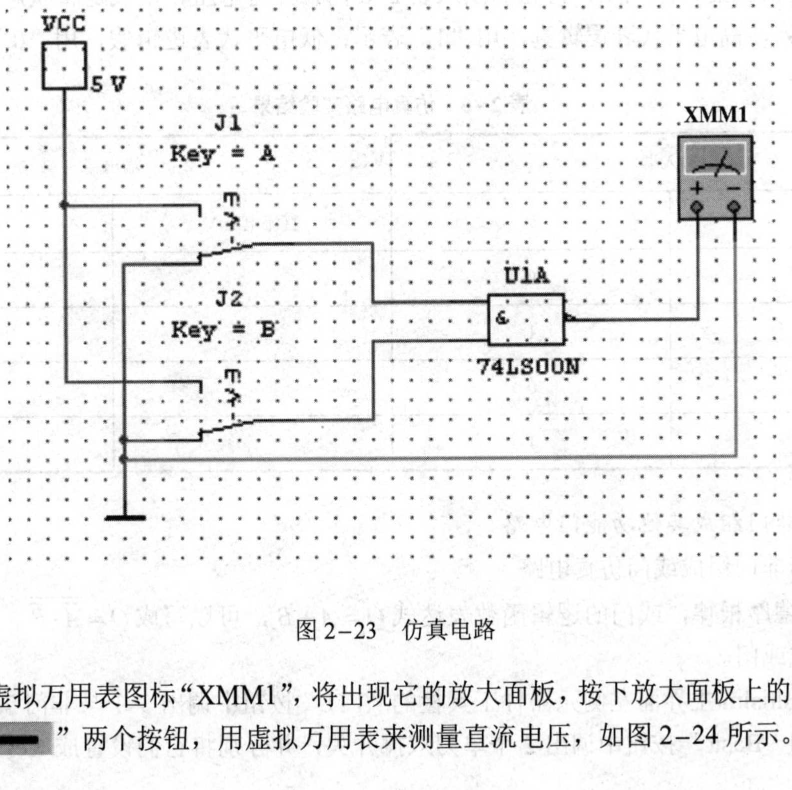

图 2-23　仿真电路

④ 双击虚拟万用表图标“XMM1”，将出现它的放大面板，按下放大面板上的电压“”和直流“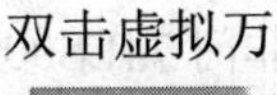”两个按钮，用虚拟万用表来测量直流电压，如图 2-24 所示。

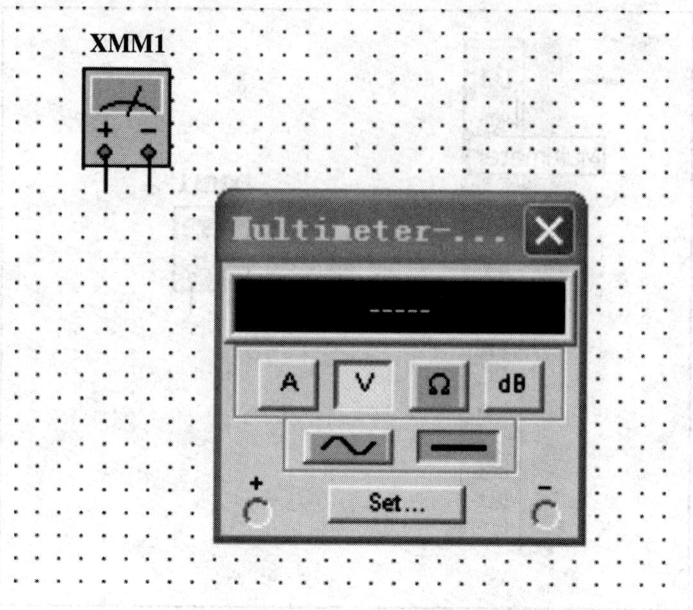

图 2-24　虚拟万用表显示界面

⑤ 打开仿真开关，如表 2-6 所示，分别单击“A”和“B”改变其状态，使与非门的两个输入端为表 2-6 中 4 种情况，其中 0 代表开关断开，1 代表开关接通。从虚拟万用表的放大面板上读出各种情况的直流电压，将它们填入表 2-6 内，并将电压转换成逻辑状态填入表 2-6 的“逻辑状态”列，高电平代表逻辑真，用“1”表示；低电平代表逻辑假，用“0”表示。

表 2-6　仿真电路实验结果

输入端		输出端	
A	B	直流电压/V	逻辑状态
0	0		
0	1		
1	0		
1	1		

2）用与非门组成其他功能门电路

（1）用与非门组成或门仿真电路

① 根据德摩根律，或门的逻辑函数表达式 $Q = A + B$，可以写成 $Q = \overline{\overline{A} \cdot \overline{B}}$，因此可以用三个与非门构成或门。

② 从 Multisim 主界面左侧元器件工具栏的“TTL”按钮中调出 3 个与非门 74LS00N；从元器件工具栏的“Basic”按钮中调出 2 个单刀双掷开关，并分别将它们设置成 Key=A 和 Key=B；

从元器件工具栏的“Source”按钮中调出电源和地线；红色指示灯从 Indicators（显示器件库）中的 Probe 调出。

③ 连成或门仿真电路，如图 2-25 所示。

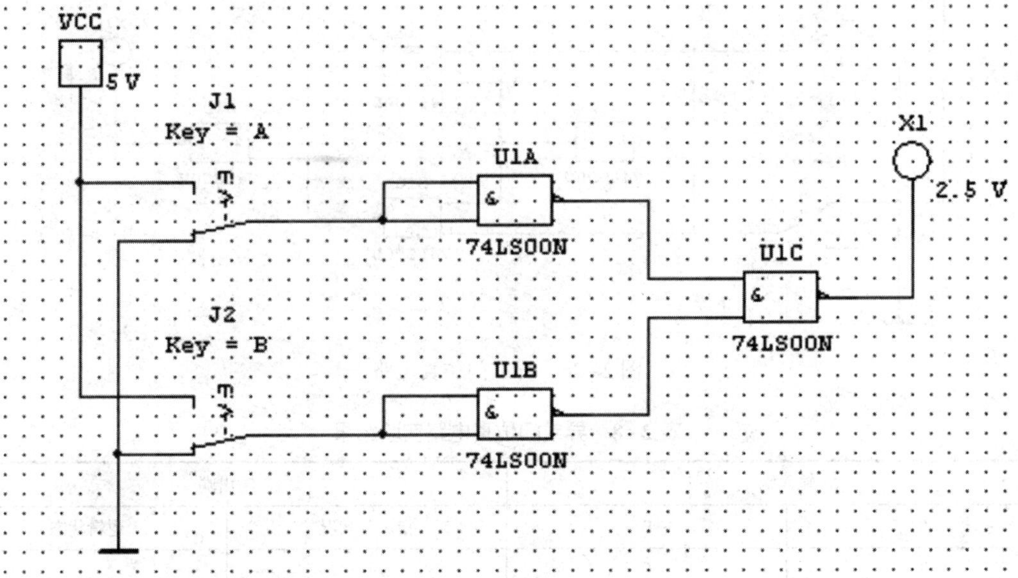

图 2-25　或门仿真电路

④ 打开仿真开关，按表 2-7 要求，分别单击“A”和“B”改变其状态，观察并记录指示灯的发光情况，将结果填入表 2-7 中，并判断实验结果是否与或门真值表相符。说明：指示灯发光代表逻辑状态“真”，不发光代表逻辑状态“假”。

表 2-7　或门仿真电路实验结果

输入端		输出端	
A	B	指示灯状况	逻辑状态
0	0		
0	1		
1	0		
1	1		

（2）用与非门组成异或门仿真电路

① 如图 2-26 所示调出元件并组成异或门仿真电路。

② 打开仿真开关，按表 2-8 要求，分别单击“A”和“B”改变其状态，观察并记录指示灯的发光情况，将结果填入表 2-8 中。

③ 写出图 2-26 中各个与非门输出端的逻辑表达式，并判断实验结果是否与异或门真值表相符。

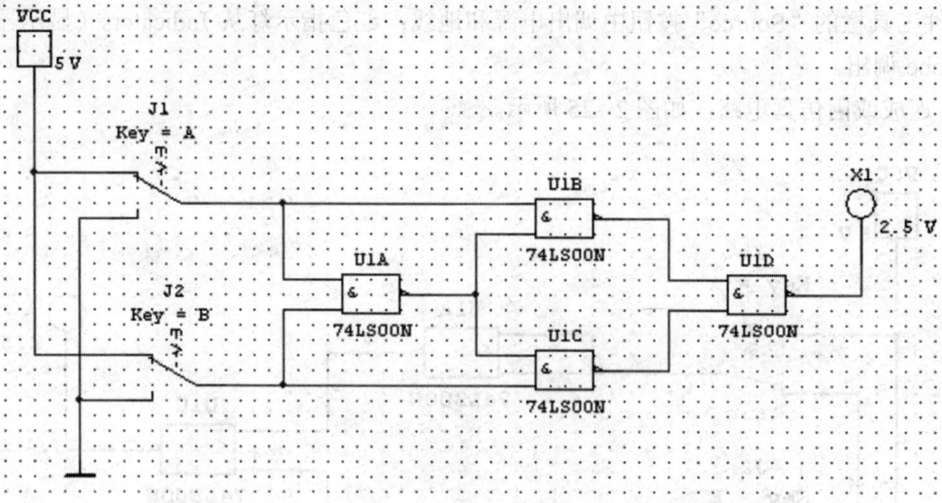

图 2–26　异或门仿真电路

表 2–8　异或门仿真电路实验结果

输入端		输出端	
A	B	指示灯状况	逻辑状态
0	0		
0	1		
1	0		
1	1		

（3）用与非门组成同或门仿真电路

① 如图 2–27 所示调出元件并组成同或门仿真电路。

② 打开仿真开关，按表 2–9 要求，分别单击“A”和“B”改变其状态，观察并记录指示灯的发光情况，将结果填入表 2–9 中。

③ 写出图 2–27 中各个与非门输出端的逻辑表达式，并判断实验结果是否与同或门真值表相符。

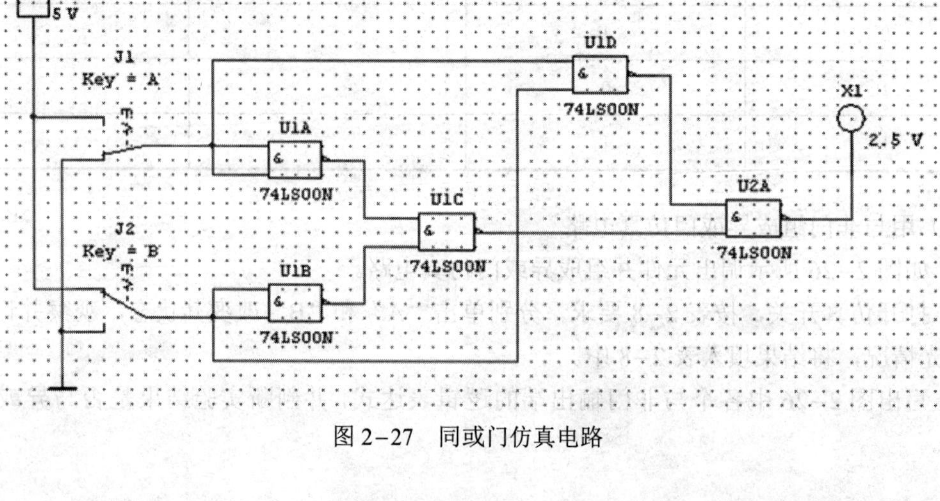

图 2–27　同或门仿真电路

表 2–9　同或门仿真电路实验结果

输入端		输出端	
A	B	指示灯状况	逻辑状态
0	0		
0	1		
1	0		
1	1		

本章小结

本章进行布尔代数与逻辑门电路的概述，讲述布尔代数的几种表现形式，以及如何实现逻辑运算门电路；详细讲解逻辑函数、真值表和逻辑电路这几种逻辑关系的表达形式，以及最基本的逻辑门——与门、或门和非门，并阐述逻辑门电路的组成，逻辑门由电阻、电容、二极管、三极管等分立原件构成。本章还讲述了逻辑门电路的作用。因为高、低电平可以分别代表逻辑上的“真”与“假”或二进制中的“1”和“0”，所以可通过逻辑门组合实现更为复杂的逻辑运算。

通过本章的学习，读者应了解逻辑电路的表达形式、逻辑门电路元件，以及复杂的逻辑运算是如何通过基本门电路实现的；应对计算机中的硬件部件有更清晰的认识，为后面学习存储器原理奠定必要的基础。

习　题　2

一、基础题

1. 化简题

（1）$F = AB + AB(C + D)E$

（2）$F = \overline{A}B\overline{C}D + \overline{A}BCD + AB\overline{C}D + ABCD$

（3）$F = AC + ADE + \overline{C}D$

（4）$F = A\overline{B} + B\overline{C} + \overline{B}C + \overline{A}B$

2. 求证题

（1）$AB + A\overline{B} = A$

（2）$AB + \overline{A}C + BCD = AB + \overline{A}C$

（3）$AB+A\bar{B}+\bar{A}B+\bar{A}\bar{B}=1$

（4）$A\bar{B}+B+BC=A+B$

3. 写出下列函数真值表

（1）$F=AB+C$

（2）$F=AB+\bar{A}\bar{B}$

二、提高题

（1）在登录电子信箱（或“QQ”）的过程中，要有两个条件，一个是输入用户名，另一个是输入与用户名对应的密码，要完成这个登录事件，两个条件体现的逻辑关系为（　　）。

A.“与”关系

B.“或”关系

C.“非”关系

D. 不存在逻辑关系

（2）走廊里有一盏电灯，在走廊两端各有一个开关，我们希望不论哪一个开关接通都能使电灯点亮，那么设计的电路为（　　）。

A.“与”门电路

B.“非”门电路

C.“或”门电路

D. 上述答案都有可能

（3）请根据图 2-28（a）所列的真值表，从图 2-28（b）四幅图中选出与之相对应的一个门电路（　　）。

A	B	Y
0	0	1
0	1	1
1	0	1
1	1	0

（a）真值表

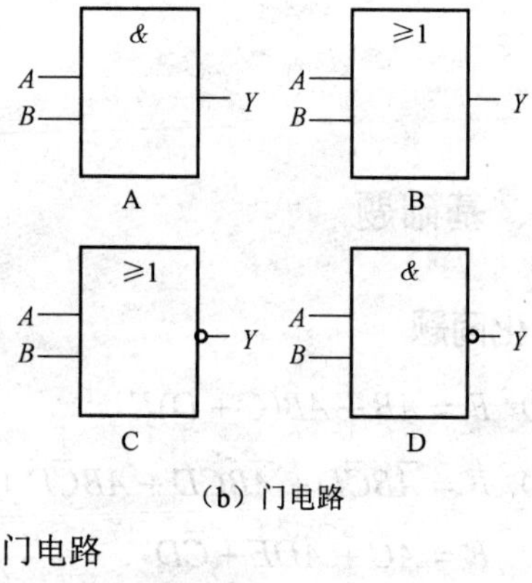

（b）门电路

图 2-28　题（3）真值表与门电路

（4）居民小区里的楼道灯，采用门电路控制，白天的时候，即使拍手发出声音，楼道灯也不亮；但是到了晚上，拍手发出声音后，灯就亮了，并采用延时电路，使之亮一段时间后才熄灭。电路中用声控开关，即听到声音后，开关闭合，则应该使用________门电路控制电灯。

（5）根据下述逻辑函数表达式，画出逻辑电路图。

$$F = AB + \overline{AC}$$

（6）根据如图 2-29 所示的逻辑图，写出真值表。

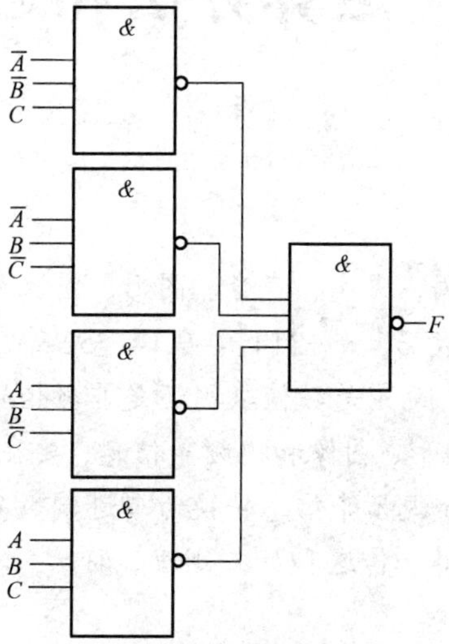

图 2-29　逻辑图

三、思考与实训题

如何用与非门实现 $Y=AB+AC+BC$，尝试创建逻辑测试电路，并记录实验结果，判断实验结果是否与与非门真值表相符。

第 3 章　运算方法和运算部件

计算机的基本功能是对数据、文字、声音、图形、图像和视频等信息进行加工处理，其中数据有两大类：一类是数值数据，如+314、−3.14、52 等，有“量”的概念；另一类是非数值数据，如各种字母和符号，无论是数值数据还是非数值数据，在计算机中都是用二进制数码表示的，而文字、声音、图形、图像和视频等信息，要在计算机中处理，必须先数字化，即把文字、声音、图形、图像和视频等信息转换为二进制数码。在计算机内部，各种信息都必须以数字化编码的形式被存储、传送和加工处理。因此，学习计算机课程，首先必须掌握信息编码的概念与处理技术。

学习目的

① 快速复习数值的表示方法和转换、带符号的二进制数据在计算机中的表示方法及加减法运算，使学生掌握加减法运算的溢出判断方式和定点数、浮点数的表示格式、表示范围等知识。

② 掌握二进制乘法、除法运算的控制流程和控制逻辑框图，了解快速乘法、除法的原理和实现方法。

③ 掌握浮点数加、减运算的基本步骤，了解乘、除运算的基本方法。

④ 掌握定点运算部件的组成，了解浮点运算部件的组成。

⑤ 了解数据校验的原理，初步掌握海明校验、CRC 校验的原理和基本方法。

3.1　数据的表示方法和转换

信息的数字化编码，是指用“0”和“1”这两个最简单的二进制数码，按照一定的组合规则来表示数据、文字、声音、图像、视频等复杂信息，本节主要讨论数据信息在计算机中的表示方法和运算方法。

3.1.1　进位计数制及其相互转换

数值数据是表示数量大小的数据，有多种表示方法，日常生活中一般采用十进制数进行计数和计算，但十进制数难以在计算机内直接存储与运算。在计算机系统中，通常将十进制数作为人机交互的媒介，而将二进制数作为在计算机中存储和运算的形式。

计算机采用二进制的主要原因有以下几点。

① 易于物理实现。这是因为具有两种稳定状态的物理器件很多，如门电路的导通与截止、电压的高与低等，而它们恰好可以对应表示“1”和“0”这两个数码。假如采用十进制，那么就要制造具有 10 种稳定状态的物理电路，而这是非常困难的。

② 运算规则简单。数学推导已经证明，对 R 进制数进行算术求和或求积运算，其运算规则各有 $R(R+1)/2$ 种，如采用十进制，则 R=10，就有 55 种求和或求积的运算规则；而采用二进制，则 R=2，仅有 3 种求和或求积的运算规则，以加法为例：0+0=0，0+1=1（1+0=1），1+1=10，因而可以大大简化运算器等物理器件的设计。

③ 机器可靠性高。由于电压的高和低、电流的有和无等都是一种质的变化，两种物理状态均稳定且分明。因此，二进制码传输的抗干扰能力强，鉴别信息的可靠性高。

④ 逻辑判断方便。采用二进制后，仅有的两个符号“1”和“0”，正好与逻辑命题的两个值“真”和“假”相对应，能够方便地使用逻辑代数这一有力工具来分析和设计计算机的逻辑电路。

但是，用二进制表示一个数，其所使用的位数要比用十进制表示长得多，书写和阅读都不方便，也不容易理解。为了书写和阅读的方便，人们通常使用十六进制来弥补二进制的这一不足。

1. 进位计数制

在人类的生产和生活中，经常要遇到数的表示问题，人们通常采用从低位向高位进位的方式来进行计数，这种表示数据的方法称为进位计数制。讨论进位计数制要涉及两个基本概念：基数（radix）和权（weight）。

1）十进制

在进位计数制中，每个数位所用到的数码符号的个数叫作基数。十进制是人们最熟悉的一种进位计数制，每个数位允许选用 0～9 共 10 个不同数码中的某一个，因此十进制的基数为 10。每个数位计满 10 就向高位进位，即“逢 10 进 1”。

在一个数中，数码在不同的数位上所表示的数值是不同的。每个数码所表示的数值就等于该数码本身乘以一个与它所在数位有关的常数，这个常数叫作权。例如，十进制数 6 543.21，数码 6 所在数位的权为 1 000，这一位所代表的数值即为 6×10^3=6 000；5 所在数位的权为 100，这一位所代表的数值即为 5×10^2=500，依此类推。所以，一个数的数值大小就是它的各位数码按权相加之和，例如：

$$(6\,543.21)_{10}=6\times10^3+5\times10^2+4\times10^1+3\times10^0+2\times10^{-1}+1\times10^{-2}$$

由此可见，任何一个十进制数都可以用一个多项式来表示：

$$(N)_{10}=k_n\times10^n+k_{n-1}10^{n-1}+\cdots+k_0\times10^0+\cdots+k_{-m}\times10^{-m}=\sum_{i=-m}^{n}(k_i\times10^i)$$

式中，k_i 的取值是 0～9 中的一个数码；m 和 n 为正整数。

推而广之，一个基数为 R 的 R 进制数可表示为：

$$(N)_R = k_n \times R^n + k_{n-1}R^{n-1} + \cdots + k_0 \times R^0 + \cdots + k_{-m} \times R^{-m} = \sum_{i=-m}^{n}(k_i \times R^i)$$

式中，R 是第 i 位的权；k_i 取值可以是 0，1，…，$R-1$ 共 R 个数码中的任意一个；R 进制数的进位原则是“逢 R 进 1”。

2）二进制

二进制是一种最简单的进位计数制，它只有两个不同的数码：“0”和“1”，即基数为 2，逢 2 进 1。任意数位的权是 2^i。

因此，任何一个二进制数都可表示为：

$$(N)_2 = \sum_{i=-m}^{n}(k_i \times 2^i)$$

3）十六进制

十六进制数的基数为 16，逢 16 进 1，每个数位可取 0，1，…，9，A，B，…，F 共 16 个不同的数码和符号中的任意一个，其中 A～F 分别表示十进制数值 10～15。

任何一个十六进制数表示为：

$$(N)_{16} = \sum_{i=-m}^{n}(k_i \times 16^i)$$

既然有不同的进位计数制，那么在给出一个数的同时，就必须指明它是哪种进制的数。例如，$(1010)_2$、$(1010)_{10}$、$(1010)_{16}$ 所代表的数值完全不同，如果不用下标加以标注，就会产生歧义。除了用下标区分之外，还可以用后缀字母来表示不同的数制，后缀“B”表示该数是二进制（binary）数，后缀“H”表示该数是十六进制（hexadecimal）数，而后缀“D”表示该数是十进制（decimal）数。十进制数在书写时可以省略后缀“D”，其他进制数在书写时一般不能省略后缀。例如，有 3 个数分别为 375D、101B 和 AFEH，从后缀字母就可以知道它们分别是十进制数、二进制数和十六进制数。

大多数计算机都采用十六进制数来描述计算机中的指令和数据的。表 3−1 给出了三种常用进位计数制的对应关系。

表 3−1　三种常用进位计数制的对应关系

十进制	二进制	十六进制	十进制	二进制	十六进制
0	0000	0	8	1000	8
1	0001	1	9	1001	9
2	0010	2	10	1010	A
3	0011	3	11	1011	B
4	0100	4	12	1100	C
5	0101	5	13	1101	D
6	0110	6	14	1110	E
7	0111	7	15	1111	F

2. 各种进制数之间的转换

1）二进制数转换为十六进制数

将一个二进制数转换成十六进制数的方法是将二进制数的整数部分和小数部分分别进行转换，即以小数点为界，整数部分从小数点开始往左数，每 4 位分成一组，当最左边的数不足 4 位时，可根据需要在数的最左边添加若干个“0”以补足 4 位；对于小数部分，从小数点开始往右数，每 4 位分成一组，当最右边的数不足 4 位时，可根据需要在数的最右边添加若干个“0”以补足 4 位，最终使二进制数的总的位数是 4 的倍数，然后用相应的十六进制数取而代之。例如：

111011.1010011011B=00111011.101001101100B=3B.A6CH

2）任意进制数转换为十进制数

将任意进制数的各位数码与它们的权值相乘，再把乘积相加，就得到了与其对应的十进制数。这种方法称为按权展开相加法。例如：

$$(11\,011.1)_2=1\times2^4+1\times2^3+0\times2^2+1\times2^1+1\times2^0+1\times2^{-1}=(27.5)_{10}=27.5$$

3）十进制数转换为任意进制数

一个十进制数转换为任意进制数，常采用基数乘除法。用这种转换方法对十进制数的整数部分和小数部分分别进行处理，对于整数部分用除基取余法；对于小数部分用乘基取整法，最后将整数部分与小数部分的转换结果拼接起来。

① 除基取余法（整数部分的转换）。整数部分除基取余，最先取得的余数为数的最低位，最后取得的余数为数的最高位（即除基取余，先余为低，后余为高），商为 0 时结束。

② 乘基取整法（小数部分的转换）。小数部分乘基取整，最先取得的整数为数的最高位，最后取得的整数为数的最低位（即乘基取整，先整为高，后整为低），乘积为 0（或满足精度要求）时结束。

[例 3–1] 将十进制数 123.687 5 转换成二进制数。

解：整数部分：

除基	取余	
2|1 2 3	1	最低位
2|6 1	1	
2|3 0	0	
2|1 5	1	
2|7	1	
2|3	1	
2|1	1	最高位
0		

故整数部分 $123=(1111011)_2$

小数部分：

乘基　　　　　　　取整

```
   0.6875
×       2
―――――――――
   1.3750      1      最高位
× 0.3750              最低位
        2
―――――――――
   0.7500      0
×       2
―――――――――
   1.5000      1
   0.5000
×       2
―――――――――
   1.0000      1
   0
×       2
―――――――――
   0.0000
```

故小数部分 $0.6875=(0.1011)_2$

所以，$123.6875=(1111011.1011)_2$

3.1.2　计算机中的数

1. 机器数

一个数在计算机中的二进制表示形式叫作这个数的机器数。机器数是带符号的，通常用一个数的最高位存放符号，正数为 0，负数为 1。例如，十进制数为+3，计算机字长为 8 位，转换成二进制数就是 00000011；如果是十进制数中的–3，则对应的二进制数就是 10000011。这里的 00000011 与 10000011 就是机器数。

2. 真值

因为机器数的第一位是符号位，所以机器数的形式值就不等于真正的数值。例如机器数 10000011，其最高位 1 代表的是负号，真正的数值是–3，而不是 3。所以，将带符号位的机器数对应的真正数值称为机器数的真值。

例如：

00000001 的真值为 $(+0000001)_2=(1)_{10}$

10000001 的真值为 $(-0000001)_2=(-1)_{10}$

3. 无符号数

在计算机中，参与运算的数有两大类：无符号数和有符号数。所谓无符号数，即没有符号的数，此时寄存器的每一位均可用来存放数值。因此，n 位无符号数的表示范围为 $0\sim2^n-1$。如 16 位无符号数的表示范围为 $0\sim2^{16}-1$，32 位无符号数的表示范围为 $0\sim2^{32}-1$。

4. 有符号数

所谓有符号数，就是带有正负号的数，在计算机中通常用原码、补码、反码等表示。

1）原码

原码的表示方案非常简单，就是用符号位加上真值的绝对值。符号位为“0”时表示正数，符号位为“1”时表示负数，数值位就是真值的绝对值，因此原码表示又称为带符号的绝对值表示。因为第 1 位是符号位，所以 8 位二进制数的取值范围是[11111111, 01111111]，即[−127, 127]。

设机器字长为 n+1 位，其中最高位为符号位，当 x 为整数时，其原码定义为：

$$[x]_{原}=\begin{cases}x & 0\leqslant x<2^n\\ 2^n-x=2^n+|x| & -2^n<x\leqslant 0\end{cases}$$

当 x 为小数时，其原码定义为：

$$[x]_{原}=\begin{cases}x & 0\leqslant x<1\\ 1-x=1+|x| & -1<x\leqslant 0\end{cases}$$

根据定义，已知真值可求出原码；反之，已知原码也可求真值。转换时，保留数值部分，并根据最高位决定添加正号或负号。

当 $x=0$ 时，不妨设 n 为 4，则有 $[+0]_{原}=00000$，$[-0]_{原}=10000$，可见 $[+0]_{原}\neq[-0]_{原}$，即 0 在原码中有两种表示形式。

原码是人脑最容易理解的编码方案，易于和真值进行相互转换，且在进行乘、除法运算时的规则比较简单；但原码用于加、减法运算时却非常麻烦，需要在先比较两数的符号，决定最终对数值部分进行加法还是减法。例如，当两数相加时，如果同号则相加，如果异号则要相减。当执行减法时，要比较绝对值的大小，用大数减去小数，用绝对值大的数的符号作为最后结果的符号。由于原码的加、减法规则非常复杂，因此计算机中主要采用补码来进行加、减运算。

◎ **提示：** 原码的特点可简单总结为以下几点：

① 原码表示中，最高位是符号位，用“0”代表正数，用“1”代表负数，剩余部分是数的绝对值。

② 原码表示中，“0”有两种表示形式。

③ 原码表示简单，转换方便，适合做乘、除运算，但加、减运算时规则复杂。

2）补码

补码是为方便计算机进行加、减运算而使用的编码方案：正数的补码是其本身，负数的补码是在其原码的基础上符号位不变，其余各位取反，最后再加 1。

以钟表对时为例，设当前标准时间为 4 点，有一钟表指示 9 点，可采用两种方法进行校准：一种是将时钟后退 5 个小时；另一种是将时钟向前拨 7 个小时。可见在这种情况下，加 7 和减 5 对时钟的作用是一致的，即 7 是（−5）对 12 的补。在该例中，称 12 为模，记做 mod 12，称 +7 是 −5 对 12 的补数，用数学公式表示为：

$$-5=+7(\text{mod }12)$$

之所以“9−5”和“9+7（mod 12）”相等，是因为当指针超过 12 之后，将 12 丢弃，重新开始计数，得到 9+7−12=4。与此类似，可知：

$$-4 = +8 \pmod{12}$$
$$-3 = +9 \pmod{12}$$

若以 24 为模，则有：

$$-5 = +19 \pmod{24}$$
$$-7 = +17 \pmod{24}$$

引入模和补数的意义在于，只要确定了“模”，就可以找到一个与负数等价的正数（该负数的补数）。用这个正数代替对应的负数，就可以用加法运算来实现减法运算的功能，使得在计算机中可以用加法器来统一实现加减、法运算，无须设置专门的减法器。

设机器字长为 n+1 位，其中最高位为符号位，当 x 为整数时，其补码定义为：

$$[x]_{补}=\begin{cases}x & 0\leqslant x<2^n\\ 2^{n+1}+x=2^{n+1}-|x| & -2^n\leqslant x<2\end{cases} \pmod{2^{n+1}}$$

当 x 为小数时，其补码定义为：

$$[x]_{补}=\begin{cases}x & 0\leqslant x<1\\ 2+x=2-|x| & -1\leqslant x<0\end{cases} \pmod 2$$

当 x=0 时，不妨设 n 为 4，则有

$$[+0]_{补}=00000$$
$$[-0]_{补}=100000-0=100000=00000 \pmod{2^5}$$

可见，$[+0]=[0]_{补}$，即“0”在补码中的表示形式是唯一的。

值得注意的是，在 x 为小数时的补码定义中，其定义域为$[-1,+1)$。当 $x=-1$ 时，根据小数的补码定义，有 $[x]_{补}=2+(-1.0000)=(10)_2-1.0000=1.0000$。可见，虽然“−1”不属于小数范围，但$[-1]_{补}$是存在的，原因在于补码中的“0”只有一种表示形式，因此它比原码能多表示一个数“−1”。

根据补码的定义，已知真值可求出补码；反之，已知补码也可以求出真值。

引入补码是为了将减法运算统一到加法运算中去，但是在求负数补码的过程中又出现了减法。其解决方案是：求负数的补码，即在其原码的基础上，符号位保持不变，数值位按位取反，末位加 1。

在计算机内部实现时，还可以采用一种简化的通过负数的原码求其补码的方法，即从负数原码的最低位开始，由低向高，在遇到第一个 1 之前，保持各位的 0 不变，第一个 1 也不变，以后的各位按位取反，符号位保持不变，即可得到补码。该方法适合在计算机中使用串行电路予以实现。

◎ **提示**：补码的特点可简单总结为以下几点（以小数为例）：

① 补码表示中，最高位是符号位，用“0”代表正数，用“1”代表负数；

② 补码表示中，“0”有唯一的表示形式；

③ 使用补码进行加、减法时，符号位可以和数值位等同处理，只要结果未超出机器所能表示的数值范围，将其对 2 取模后，所得的结果就是本次加、减法运算的结果，即：

$$[X\pm Y]_{补}=[X]_{补}\pm[Y]_{补} \pmod 2$$

3）移码

除了以上 3 种机器数的编码方式之外，在浮点数的机内表示中，其阶码部分经常采用移码进行表示。这里只要求读者对移码的定义、形式和运算规则有一个基本认识。另一点需要注意的是，移码只用于整数的编码，小数没有移码表示法。

设机器字长为 n+1 位，其中最高位为符号位，其移码定义为：

$$[x]_{移} = 2^n + x \quad -2^n \leqslant x < 2^n$$

将移码和整数补码的定义相比较，可以得到补码和移码之间的对应关系：

$$[x]_{移} = 2^n + x = \begin{cases} 2^n + [x]_{补} & 0 \leqslant x < 2^n \\ (2^{n+1} + x) - 2^n & -2^n \leqslant x < 0 \end{cases}$$

将 $[x]_{补}$ 的符号位取反，即可得到 $[x]_{移}$。

从移码的定义可以看出，移码其实就是在补码上加一个常数 2^n。在数轴上，移码所表示的范围恰好对应于真值在数轴上的范围向轴的正方向移动 2^n 个单元。

由移码的定义还可以看出，移码所能表示的最小真值为 $-2^n = -10\cdots0$(n 个 0)，此时 $[x]_{移} = 2^n - 2^n = 0\cdots0$($n+1$ 个 0)，即最小真值所对应的移码为全 0。利用移码这一特点，当浮点数的阶码用移码表示时，能够简化机器中的判零电路。

当 $x=0$ 时，不妨设 n 为 4，则有 $[+0]_{移} = 10000$，$[-0]_{接} = 10000$，可见 $[+0]_{接} = [-0]_{接}$，即“0”在移码中的表示形式是唯一的。

在计算机中，移码只用来进行加、减法运算，并且需要对运算结果进行修正，修正量为 2^n，即将结果的符号位取反。

◎ **提示**：移码的特点可简单总结为以下几点：

① 移码表示中，最高位是符号位，用“1”代表正数，用“0”代表负数；

② 移码表示中，“0”有唯一的表示形式，且最小真值所对应的移码为全 0。

③ 移码只用于表示整数。

④ 移码只进行加、减法运算，且需要对运算结果进行修正，修正方法为符号位取反。

4）反码

正数的反码表示与原码相同，负数的反码表示为将原码除符号位外的各数值按位取反，即“1”变为“0”、“0”变为“1”。

设机器字长为 n+1 位，其中最高位为符号位，当 x 为整数时，其反码定义为：

$$[x]_{补} = \begin{cases} x & 0 \leqslant x < 2^n \\ (2^{n+1} - 1) + x = (2^{n+1} - 1) - |x| & -2^n \leqslant x < 0 \end{cases} \pmod{2^{n+1} - 1}$$

当为小数时，其反码定义为：

$$[x]_{反} = \begin{cases} x & 0 \leqslant x < 1 \\ (2 - 2^{-n}) + x = (2 - 2^{-n}) - |x| & -1 \leqslant x < 0 \end{cases} \pmod{2 - 2^{-n}}$$

当 x=0 时，不妨设 n 为 4，则有

$[+0]_{反} = 0000$，$[-0]_{反} = 2^5 - 1 + 0 = 11111$，可见 $[+0]_{反} \neq [-0]_{反}$，即“0”在反码中有两种表示形式。

对比负整数的反码与补码的公式：

$$[x]_{反}=2n+1-1+x$$

$$[x]_{补}=2^{n+1}+x$$

可得到结论：

$$[x]_{补}=[x]_{反}+1$$

同理，可得负小数的反码与补码的关系：

$$[x]_{补}=[x]_{反}+2^{-n}$$

以上两个结果也同时说明了之前所得到的结论：求负数的补码，即在原码的基础上，符号位不变，数值位按位取反，末位加 1（对整数而言，是加 1；对小数而言，是加 2^{-n}）。与补码不同，用反码进行两数相加时，所得的结果并不一定是和的反码。运算过程中，若最高位产生了进位，需要将该进位加到结果的最低位，所得结果才正确，这种操作方式称为“循环进位”。

◎ **提示：** 反码的特点可简单总结为以下几点：

① 反码表示中，最高位是符号位，用“0”代表正数，用“1”代表负数；

② 反码表示中，“0”有两种表示形式；

③ 反码的运算中需要考虑循环进位。

在上面所介绍的 4 种表示法中，移码表示法主要用于表示浮点数的阶码。由于补码表示对加、减运算十分方便，因此目前机器中广泛采用补码表示法。在这类机器中，数用补码进行表示、存储和运算；也有些机器，数用原码进行存储和传送，运算时改用补码；还有些机器，在做加、减法时，用补码运算，在做乘、除法时用原码运算。

设机器字长为 $n+1$，其中最高位为符号位，数值位为其他位，则小数的原码、补码、反码表示如表 3-2 所示；整数的无符号数、原码、反码、移码、补码表示如表 3-3 所示。

表 3-2　小数的原码、补码、反码表示

二进制数码	原码	补码	反码
0.00…00	+0	+0/−0	+0
0.00…01	$+2^{-n}$	$+2^{-n}$	$+2^{-n}$
0.00…10	$+2^{-(n-1)}$	$+2^{-(n-1)}$	$+2^{-(n-1)}$
⋮	⋮	⋮	⋮
0.11…11	$+(1-2^{-n})$	$+(1-2^{-n})$	$+(1-2^{-n})$
1.00…00	−0	−1	$-(1-2^{-n})$
1.00…01	-2^{-n}	$+(1-2^{-n})$	$-(1-2^{-(n-1)})$
⋮	⋮	⋮	⋮
1.11…11	$-(1-2^{-n})$	-2^{-n}	−0

表 3–3　整数的无符号数、原码、反码、移码、补码表示

二进制数码	无符号数	原码	反码	移码	补码
00000000	0	+0	+0	-2^n	+0
00000001	1	+1	+1	$-(2^n-1)$	+1
00000010	2	+2	+2	$-(2^n-2)$	+2
⋮	⋮	⋮	⋮	⋮	⋮
01111111	2^n-1	$+(2^n-1)$	$+(2^n-1)$	−1	$+(2^n-1)$
10000000	2^n	−0	$-(2^n-1)$	+0	-2^n
10000001	2^n+1	−1	$-(2^n-2)$	+1	$-(2^{-n}-1)$
⋮	⋮	⋮	⋮	⋮	⋮
11111111	$2^{(n+1)}-1$	$-(2^{-n}-1)$	−0	$+(2^n-1)$	−1

3.1.3　二进制编码

1. BCD 码

二进制数的实现方案简单可靠，因此在计算机内部采用二进制数进行工作，但如果直接使用二进制数进行输入和输出则非常不直观，难以被用户接受。因此，在计算机进行输入输出处理时，一般还是用十进制数来表示，这就要求对十进制数字进行编码，使计算机能够接受并处理这些数据信息。

由于十进制中有 0～9 共 10 个符号，需要使用 $\log_2 10$ 位二进制数进行编码，取整数为 4，因此一般用 4 位二进制数来表示 1 位十进制数。由于 4 位二进制数有 16 种组合，根据从中选出的 10 种组合来表示 0～9 这 10 个符号，可以产生多种方案，如 8421BCD 码、2421 码、余 3 码等。这里介绍使用最普遍的 8421 码，即 BCD 码。

BCD 码（binary–coded decimal），用 4 位二进制数来表示 1 位十进制数中的 0～9 这 10 个数码，是一种二进制的数字编码形式。在该种编码方案中，4 个二进制码位的权值自低向高分别是 1、2、4、8，使用 000，0001，…，1001 对应十进制中的符号 0～9，每个数位内满足二进制规则，而数位之间满足十进制规则。

BCD 码的优点在于直观，而且与数字的 ASCII 码的转换非常方便，但是直接使用 BCD 码进行算术运算要复杂一些，在某些情况下，需要对加法运算的结果进行修正，修正规则是：如果两个 BCD 码数相加之和小于或等于 1001，即十进制的 9，无须修正；如果结果在 10～15 之间，需要主动向高位产生一个进位，本位进行加 6 修正；如果结果在 16～18 之间，会自动向高位产生一个进位，本位仍需进行加 6 修正，读者可自行验证 BCD 码与十进制数、二进制数的关系，示例如表 3–4 所示。

表 3-4 十进制数、二进制数和 BCD 码对照表

十进制数	二进制数	BCD 码	十进制数	二进制数	BCD 码
0	0000	0000	8	1000	1000
1	0001	0001	9	1001	1001
2	0010	0010	10	1010	0001 0000
3	0011	0011	11	1011	0001 0001
4	0100	0100	12	1100	0001 0010
5	0101	0101	13	1101	0001 0011
6	0110	0110	14	1110	0001 0100
7	0111	0111	15	1111	0001 0101

2. ASCII 码

目前计算机中用得最广泛的是 ASCII 码（American standard code for information interchange，美国信息交换标准代码）。ASCII 码是由 128 个字符组成的字符集，其中包括 10 个十进制数码、26 个英文字母（区分大小写）以及其他专用符号和控制符号。使用 7 位二进制数可以给出 128 个编码，表示 128 个不同的字符。其中 95 个编码对应着计算机终端能输入并且显示的 95 个字符，如大小写各 26 个英文字母、0～9 这 10 个数字、通用的运算符和标点符号等（包括空格），打印设备也能打印这 95 个字符。编码值 0～31 及 127 不对应任何一个可以显示或打印的实际字符，通常称为控制字符，被用作控制码，控制计算机某些 I/O 设备的工作特性和某些计算机软件的运行情况。编码值为 127 的是删除控制 DEL 码。ASCII 码规定 8 个二进制位的最高一位为 0，在实际使用中，最高位可以根据需要来存放奇偶校验的结果，称为校验位。表 3-5 列出了 ASCII 码字符编码表。

表 3-5 ASCII 码字符编码表

$b_3b_2b_1b_0$	$b_6b_5b_4$							
	000	001	010	011	100	101	110	111
0000	NUL	DLE	SP	0	@	P	‘	p
0001	SOH	DC1	!	1	A	Q	a	q
0010	STX	DC2	“	2	B	R	b	r
0011	ETX	DC3	#	3	C	S	c	s
0100	EOT	DC4	$	4	D	T	d	t
0101	ENQ	NAK	%	5	E	U	e	u
0110	ACK	SYN	&	6	F	V	f	v
0111	BEL	ETB	/	7	G	W	g	w
1000	BS	CAN	(	8	H	X	h	x
1001	HT	EM	)	9	I	Y	i	y

续表

$b_3b_2b_1b_0$	$b_6b_5b_4$							
	000	001	010	011	100	101	110	111
1010	LF	SUB	*	:	J	Z	j	z
1011	VT	ESC	+	;	K	[	k	{
1100	FF	FS	,	<	L	\	l	l
1101	CR	GS	–	=	M	]	m	}
1110	SO	RS	.	>	N	^	n	~
1111	SI	US	/	?	O	–	o	DEL

观察 ASCII 字符编码表可以发现以下两个基本规律：

① 字符 0～9 的高 3 位编码均为 011，低 4 位编码为 0000～1001，正好是 0～9 的 BCD 码，这有利于 ASCII 码与 BCD 码之间的相互转换；

② 同一英文字母的大小写编码中，差别仅在于第 6 位是 0 还是 1，这也方便了大小写字母之间的编码转换。

在 IBM 计算机中，采用了另一种字符编码，即 EBCDIC 编码。它采用 8 位二进制编码，可以表示 256 个编码状态，但只选用了其中的一部分，0～9 这 10 个数字字符的高 4 位编码为 1111，低 4 位仍为 0000～1001。大、小写英文字母的编码同样满足正常的排序要求，而且有简单的对应关系，易于转换和识别。

3. 中文编码

1）输入码

为了能够使用西文标准键盘将汉字提供给计算机信息处理系统，需要为汉字设计相应的输入编码方法。目前使用的输入码主要有以下 3 类。

① 数字码。常用的是区位码，每个汉字对应一个唯一的数字串，优点是无重码，且输入码与内部码转换方便；缺点是代码难记。

② 拼音码。拼音码是一种以汉语拼音为基础的输入方法，优点是熟悉汉语拼音的用户可以轻松掌握，无须特殊的训练和记忆；缺点是重码率高，需进行同音字选择，影响输入速度。

③ 字形码。字形码是通过分析汉字的字形，将汉字的笔画用字母或数字进行编码，目前最常用的是五笔字形码。

2）国标码

国标码是国家标准汉字编码的简称，其全称是《信息交换用汉字编码字符集　基本集》（GB 2312—1980），是我国在 1980 年颁布的用于汉字信息处理使用的代码依据。国标码依据使用频度把汉字划分为高频字（约 100 个）、常用字（约 3 000 个）、次常用字（约 4 000 个）、罕见字（约 8 000 个）和死字（约 45 000 个）。高频字、常用字和次常用字组成汉字字符集（共 6 763 个）。其中，一级汉字 3 755 个，以汉语拼音为序排列；二级汉字 3 008 个，以偏旁部首为序排列；再加上 682 个图形符号以及西文字母、数字等，在一般情况下已足够使用。国标码规定：一个汉字用两个字节表示，每个字节只使用低 7 位，最高位未做定义。为书写方便，常用 4 位十六进制数来表示一个汉字。

国标码是一种机器内部编码，用于统一不同系统所用的不同编码。通过将不同系统使用的不同编码统一转化成国标码，不同系统之间的汉字信息就可以相互交换。

3）机内码

机内码是计算机内部对汉字进行存储、处理和传输使用的代码，也称为汉字内码。机内码是根据 GB 2312—1980 进行编码的。

在计算机中，一般采用两个字节表示一个汉字。为区分汉字字符和英文字符，规定汉字字符机内码两个字节的最高位均为“1”，避免造成混乱。例如，汉字“文”的国标码为 4E44H（010011100100100），每个字节的最高位变为“1”得到 1100111011000100，即机内码为 CEC4H。

区位码、国标码和机内码之间存在一定的转换规则：将区位码用十六进制表示后，加上 2020H 即可得到国标码，在国标码的基础上加上 8080H 即可得到机内码。

4）字模码

字模码是用点阵表示的汉字字形代码，是汉字的输出形式，又称字形码。

字模码一般采用点阵式编码，即把一个汉字按一定的字形需要写在一定规格的点阵格纸中。根据汉字输出要求的不同，点阵的大小也不同。简易型汉字为 16×16 点阵，提高型汉字为 24×24 点阵、32×32 点阵或更高。点阵中每个点的信息用 1 位二进制码来表示，用 1 表示该位置是黑色，用 0 表示该位置是白色。随着点阵规模的增加，其存储量也在不断提高。例如，一个 16×16 点阵的汉字要占用 32 个字节（256 位），一个 24×24 点阵的汉字要占用 72 个字节（576 位），一个 32×32 点阵的汉字要占用 128 个字节（1 024 位）。因此字模点阵只能用来构成汉字库，而不能用于机内存储。字库中存储了每个汉字的点阵代码，当显示或打印输出时才检索字库，输出字模点阵，得到字形。

3.1.4 数据校验码

计算机系统中的数据，在读写、存取和传送的过程中可能产生错误。为了减少和避免这类错误，一方面是精心设计各种电路，提高计算机硬件的可靠性；另一方面是在数据编码上找出路，即采用某种编码方法，通过少量的附加电路，使之能发现某些错误，甚至能确定出错位置，进而实现自动改错的能力。

通俗地说，校验码就是为保证数据的完整性，用一种指定的算法对原始数据计算出的一个校验值。接收方用同样的算法计算一次校验值，如果和随数据提供的校验值一样，就说明数据是完整的。

目前常用的校验码有 3 种：奇偶校验码、海明校验码、循环冗余校验码。

1. 奇偶校验码

奇偶校验码是一种开销最小、能发现数据代码中一位出错情况的编码，常用于存储器读写检查，或 ASCII 字符传送过程中的检查。

（1）原理

使码距（两个码组对应位上数字的不同位的个数称为码组的距离，简称码距）由 1 增加到 2。

（2）方法

通常为一个字节补充一个二进制位，称为校验位，通过设置校验位的值为 0 或 1，使该字节的 8 位和校验位共 9 位中含有 1 值的个数为奇数或偶数。在使用奇数个“1”的方案进行校验时，称为奇校验；反之，称为偶校验。

（3）结论

① 奇偶校验码只能发现一位或奇位错，且不能确定出错位置。

② 奇偶校验码的码距=2。

2. 海明校验码

此校验方法由 Richard Hamming 于 1950 年提出，目前还被广泛采用。采用此方法，只要增加少数几个校验位，就能检测出二位同时出错，并能为进一步自动纠错提供有效手段，其基本思想是：将有效信息按某种规律分成若干组，每组安排一个校验位，做奇偶测试，因此能提供多位检错信息，以指出最大可能是哪位出错，从而将其纠正。实质上，海明校验是一种多重校验。

3. 循环冗余校验码

循环冗余校验码（cyclic redundancy check，CRC）是一种在待检验的数据位后添加若干冗余位形成的校验码，可以发现并纠正信息串行读写、存储或传送过程中连续出现的一位至多位错误。

CRC 码是在 k 个数据位之后拼接 r 个校验位得到的。关键在于如何从 k 个数据位简便地得到 r 个校验位，以及接收方如何判断是否出错。

1）模 2 运算

模 2 运算是指以按位模 2 相加为基础的四则运算，运算时不考虑进位和借位。

（1）模 2 加、减

模 2 加、减按位加，可用异或逻辑实现：

$$0 \pm 0=0,\ 0 \pm 1=1,\ 1 \pm 0=1,\ 1 \pm 1=0$$

注意：① 模 2 加与模 2 减的结果相同；② 两个相同的数据进行模 2 加时，其和为 0。

（2）模 2 乘

模 2 乘按模 2 加求部分积之和。

［例 3-2］ 使用模 2 乘计算 1011×1001。

解：

```
    0.1011
   ×0.1001
   -------
      1011
     0000
    0000
   1011
   -------
   1010011
```

（3）模 2 除

模 2 除按模 2 减求部分余数，不借位，每求一位商应使部分余数减少 1 位。上商的原则如下：当部分余数的首位为 1 时，商 1；当部分余数的首位为 0 时，商 0；当部分余数的位数小于除数的位数时，该余数即为最后余数，除法结束。

［例 3-3］ 使用模 2 除计算 1010101/1011

解：

```
         1001
1011/1010101
       1011
       0011
       0000
        0110
        0000
         1101
         1011
          110
```

2）*CRC 码的编码*

设有 k 个信息位 $C_{k-1}C_{k-2}\cdots C_i\cdots C_1C_0$，可将其表示为如下的多项式：

$$M(x)=C_{k-1}x^{k-1}+\quad C_{k-2}x^{k-2}+\cdots+C_ix^i+\cdots C_1x^1+C_0$$

其中，C_i 等于 0 或 1。将信息位左移 r 位，后面补上 r 个 0，则对应的多项式操作为 $M(x)\bullet x^r$。这样就可以空出 r 位，以便拼接 r 个校验位。

将所得余数表达式记为 $R(x)$，商记为 $Q(x)$。将余数拼接在信息位左移后空出的 r 位上，就构成这个有效信息的 CRC 码。这个 CRC 码可用多项式表达为：

$$\begin{aligned}M(x)\bullet x^r+R(x)&=[Q(x)\bullet G(x)+R(x)]+R(x)\\&=[Q(x)\bullet G(x)]+[R(x)+R(x)]\\&=Q(x)\bullet G(x)\end{aligned}$$

因此，所得 CRC 码可被 $G(x)$ 表示的数码除尽。

［例 3-4］ 设生成多项式为 1011，写出代码 1100 的 CRC 码。

解： $M(x)=1100=x^3+x^2$

$G(x)=1011=x^3+x+1$

所以，$M(x)\bullet x^3=1100000=x^6+x^5$

$$\frac{M(x)\bullet x^3}{G(x)}=\frac{1100000}{1011}=1110+\frac{010}{1011}$$

$$M(x)x^3+R(x)=1100000+010=1100010$$

所以，1100 的 CRC 码为 1100010。此处编好的循环冗余校验码称为（7，4）循环码，即 $n=7$，$k=4$。其中 n 是 CRC 码的位数。

3）CRC 的译码与纠错

通过选择合适的生成多项式，能够保证余数与出错位的对应关系不变，只与码制和生成多项式有关。表 3–6 给出了在选用生成多项式 $G(x)=1011$ 的情况下，（7，4）循环码的出错模式。

表 3–6　（7，4）循环码的出错模式［生成多项式 $G(x)=1011$］

	A_1	A_2	A_3	A_4	A_5	A_6	A_7	余数	出错位
正确	1	1	0	0	0	1	0	000	无
	1	1	0	0	0	1	1	001	7
	1	1	0	0	0	0	0	010	6
	1	1	0	0	1	1	0	100	5
错误	1	1	0	1	0	1	0	011	4
	1	1	1	0	0	1	0	110	3
	1	0	0	0	0	1	0	111	2
	0	1	0	0	0	1	0	101	1

若接收到的数据为 1110010，约定的生成多项式为 1011，则上述过程如表 3–7 所示。

表 3–7　接收到的数据为 1110010 时生成多项式 1011 的过程

步数	信息循环左移	余数	过程
0	$11\underline{1}0010$	110	1110010/1011=1100…110
1	$1\underline{1}00101$	111	1100/1011=1…111
2–1	$\underline{1}001011$	101	1110/1011=1…101
2–2	$\underline{0}001011$	101	A：取反
3	$001011\underline{0}$	001	（以下略）
4	$01011\underline{0}0$	010	
5	$1011\underline{0}00$	100	
6	$011\underline{0}001$	011	
7	$11\underline{0}0010$	110	

4）对生成多项式的要求

并不是任何一个 r+1 位的多项式都可以作为生成多项式的。从检错及纠错的要求出发，生成多项式应能满足下列要求：

① 任何一位发生错误都应使余数不为 0；

② 不同位发生错误，应当使余数不同；

③ 对余数继续做模 2 除，应使余数循环。

3.2　数的定点表示和浮点表示

进行算术运算时，需要指出数据中小数点的位置。根据小数点的位置是否固定，数据在计算机中有定点数和浮点数两种表示方式。

3.2.1 定点数表示

1. 定点小数

定点小数是把小数点固定在数据数值部分的左边、符号位的右边，记作 $X_0X_1X_2\cdots X_n$。这个数是纯小数，其中小数点位置是隐含的，并不需要真正地占据一个二进制位，如图 3–1 所示。

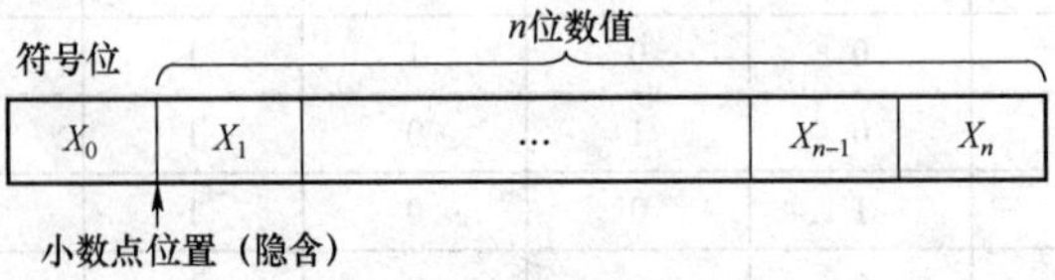

图 3–1　定点小数表示

设机器字长为 n+1 位，则原码定点小数表示范围为：

$$-(1-2^{-n}) \sim (1-2^{-n})$$

补码定点小数表示范围为：

$$-1 \sim (1-2^{-n})$$

2. 定点整数

定点整数是把小数点固定在数据数值部分的右边，记作 $X_0X_1X_2\cdots X_n$。这个数是纯整数，如图 3–2 所示。

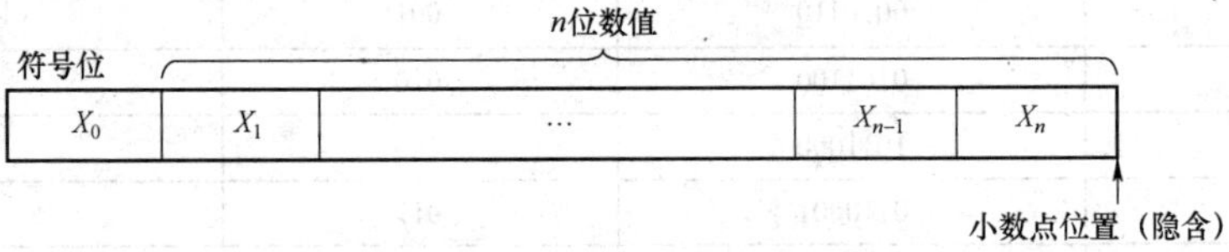

图 3–2　定点整数表示

设机器字长为 n+1 位，则原码定点整数的表示范围为：

$$-(2^n-1) \sim (2^{-n}-1)$$

补码定点整数的表示范围为：

$$-2^n \sim (2^n-1)$$

3.2.2 浮点数表示

浮点数是指小数点位置可以浮动的数据，通常表示如下：

$$N = M \times R^E$$

式中，N 为浮点数；M（mantissa）为尾数（纯小数）；E（exponent）为阶码（整数）；R（radix）称为“阶的基数（底）”，而且 R 为一常数（与尾数的基数相同），一般为 2、8 或 16。在一台计算机中，所有数据的 R 都是相同的，因此不需要在每个数据中表示出来。

1. 浮点数在计算机内的表示

浮点数在计算机内的表示，如图 3–3 所示。

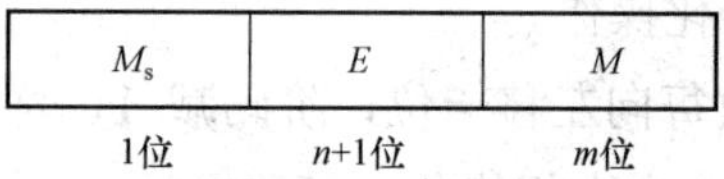

图 3–3　浮点数在计算机内的表示

M_s 是尾数的符号位，即该浮点数的符号，设置在最高位上；E 为阶码，常用补码或移码表示，有 n+1 位，其中包含 1 位符号位，设置在 E 的最高位上，用来表示正阶或负阶；M 为尾数的数值位，有 m 位，M_s 和 M 组成一个定点小数，通常采用补码表示。

2. 浮点数的表示范围

设浮点数阶码的数值位取 n 位，尾数的数值位取 m 位，两者均用补码表示，e_0 表示阶码的符号位，m_0 表示尾数的符号位，当浮点数为非规格化数时，它在数轴上的表示范围如图 3–4 所示。

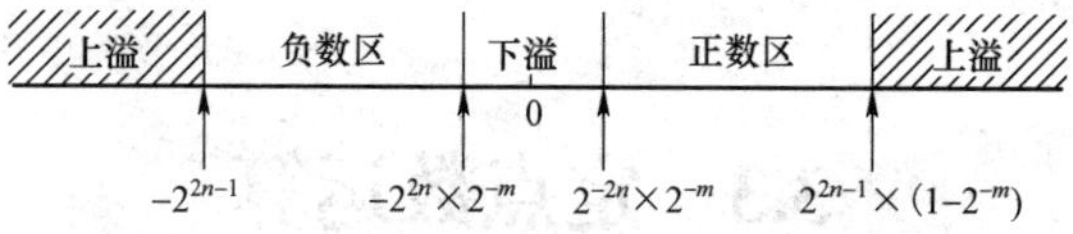

图 3–4　浮点数在数轴上的表示范围

当 $e_0=0$、$m_0=0$、阶码和尾数的数值位各位全为 1 时，即阶码为 0111…1，尾数为 0.11…11，此时阶码和尾数均为最大正数，该浮点数取到最大正数：

$$x_{\max\text{正数}}=(1-2^{-m})\times 2^{2^n-1}$$

当 $e_0=1$、$m_0=0$、尾数的最低位 $m_n=1$、其余各位均为 0 时，即阶码为 100…0，尾数为 0.00…01，此时阶码为绝对值最大的负数，尾数为最小正数，该浮点数取到最小正数：

$$x_{\min\text{正数}}=2^{-m}\times 2^{-2^n}$$

当 $e_0=0$、阶码的数值位全为 1、$m_0=1$、尾数的数值位全为 0 时，即阶码为 011…1，尾数为 1.00…0，此时阶码为最大正数，尾数为绝对值最大的负数，该浮点数取到绝对值最大的负数（最小负数）：

$$x_{\text{绝对值最大负数}}=-1\times 2^{2^n-1}$$

当 $e_0=1$、阶码的数值位全为 0、$m_0=1$、尾数的数值位全为 1 时，即阶码为 100…0，尾数为 1.11…1，此时阶码为绝对值最大的负数，尾数为绝对值最小的负数，该浮点数取到绝对值最小的负数（最大负数）：

$$x_{\text{绝对值最小负数}}=-2^{-m}\times 2^{-2^n}$$

3. 浮点数的规格化

规定浮点数的尾数部分必须为纯小数，且当尾数的值不为 0 时，其绝对值应大于或等于十进制数的 0.5，称为浮点数的规格化表示。

当浮点数的尾数不满足要求时，需要左移或右移尾数，同时对阶码进行修改，使之符合规格化的要求，这一过程称为规格化操作。

在规格化操作过程中，尾数每向左移一位，阶码减 1，称为向左规格化，简称左规；尾数每向右移一位，则阶码加 1，称为向右规格化，简称右规。

4. IEEE 754 国际标准

现代计算机中，浮点数一般采用 IEEE 754 国际标准。标准中规定，常用的浮点数有单精度和双精度两种形式，格式如表 3-8 所示。

表 3-8　浮点数的格式

精度	符号位	阶码	尾数	总位数
单精度	1	8	23	32
双精度	1	11	52	64

3.3　定点数运算

3.3.1　定点数的移位运算

定点数的小数点位置是固定的，因此对定点数的移位操作就是对小数点的位置进行移动，相当于对整个定点数进行以 2^n 为另一运算对象的乘除法运算，其中 n 是移位的次数。移位运算在计算机应用中有着重要的意义。例如，对定点数 A 进行乘以 5 的运算，则可以通过定点数 A 加上 A 左移 2 位的结果来实现，避免了复杂的乘（除）法。

常见的定点数移位运算有逻辑移位、算术移位及循环移位等，其移位运算法则如图 3-5 所示。

由图 3-5 可以看出算术移位与逻辑移位的区别，因此通常也将有符号数的移位称为算术移位，而无符号数的移位称为逻辑移位。逻辑移位规则简单，左移时，高位移出，低位补；右移时，低位移出，高位补；算术移位时，左移与逻辑左移的规则相同，但右移时算术右移则补符号位。例如，将 -3 的补码进行右移，$[-3]_{补}=11111101$，则逻辑右移 1 位结果为 01111110，而算术右移 1 位的结果为 1111110。显然逻辑右移的结果是不对的，将负数移位为正数了，因此对于有符号数的移位一般采用算术移位。

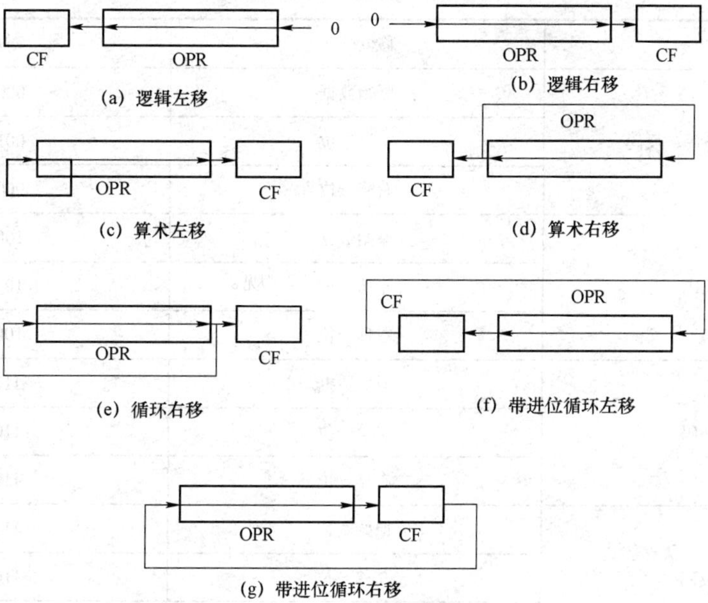

CF—进位，OPR—操作数。

图 3-5　定点数的移位运算法则

移位运算对于定点数的原码、补码、反码均可以进行，但移位规则稍有不同。对正数来说，正数的原码、补码和反码均相同，因此移位结果也相同；而负数则不然，无论是正数还是负数，移位后均要保持其符号位不变，这是算术移位的重要原则，表 3-9 给出了负数移位运算规则。

表 3-9　负数移位运算规则

负数	原码	补 0
	补码	左移补 0
		右移补 1
	反码	补 1

[例 3-5] 设机器字长为 8 位，分别对±17 进行左、右各 1 位移位。

解：

$$[+17]_{原}=[+17]_{补}=[+17]_{反}=0001\,0001$$

$$[-17]_{原}=1001\,0001$$

$$[-17]_{补}=1110\,1111$$

$$[-17]_{反}=1110\,1110$$

则移位结果如表 3-10 所示。

表 3-10 例 2-5 的移位结果

类型	移位操作	对应真值
+17 的原码、补码、反码	原始数据	0001 0001
	左移一位	0010 0010
	右移一位	0000 1000
-17 的原码	原始数据	1001 0001
	左移一位	1010 0010
	右移一位	1000 1000
-17 的补码	原始数据	1110 1111
	左移一位	1101 1110
	右移一位	1111 0111
-17 的反码	原始数据	1110 1110
	左移一位	1101 1101
	右移一位	1111 0111

由表 3-10 可以看出，负数的原码、补码和反码进行算术移位后符号位不变，但其数值的最高位和最低位在移位中丢失，有时为了避免丢失数据，可以将移出的数据送入进位标志中，如带进位移位。

3.3.2 定点数的加减法运算

1. 补码的加减运算及溢出判断

使用补码进行加法运算，当结果不超过机器的表示范围时，有以下重要结论：

① 用补码表示的两数进行加法运算，其结果仍为补码；

② $[X \pm Y]_{补} = [X]_{补} \pm [Y]_{补} \pmod 2$；

③ 符号位与数值位一样参与运算。

[例 3-6] 设数值位为 4 位，X、Y 的取值如下：

（1）$X = +13$，$Y = -14$；

（2）$X = +0.1001$，$Y = -0.0011$。

试求 $X + Y$ 的值。

解：（1）$[X]_{补} = 01101$，$[Y]_{补} = 10010$

$[X + Y]_{补} = 01101 + 10010 = 11111$，因此 $X + Y = -1$

（2）$[X]_{补} = 0.1001$，$[Y]_{补} = 1.1101$

$[X + Y]_{补} = 0.1001 + 1.1101 = 0.0110$，因此 $X + Y = 0.0110$

◎ **注意：**当运算结果超出机器的表示范围时，以上结论不再成立。

［例 3-7］设数值位为 4 位，X、Y 的取值如下：

（1）$X=+13$，$Y=+4$；

（2）$X=+0.1001$，$Y=+0.1001$。

试求 $[X+Y]_{补}$。

解：（1）$[X]_{补}=01101$，$[Y]_{补}=00100$

$$[X+Y]_{补}=0.1001+0.1001=1.0010$$

（2）$[X]=0.1001$，$[Y]=0.1001$

$$[X+Y]_{补}=0.1001+0.1001=1.0010$$

在例 3-7（1）中，4 位有符号数能够表示的最大值是+15，而 13+4 的结果为+17，超出了这个最大值，导致机器无法正确表示，产生错误结果。在例 3-7 的（2）中，两数相加的结果超出了定点小数的表示范围，也导致了错误结果。上述现象称为溢出，即两个定点数经过加、减法运算后，结果超出了机器所能表示的数值范围，此时的结果无效。因此，在定点数加、减法运算过程中，必须对结果是否溢出进行判断。

2. 溢出判断

显然，两个异号数相加或两个同号数相减，其结果是不会溢出的，仅当两个同号数相加或者两个异号数相减时，才有可能发生溢出的情况。一旦溢出，运算结果就不正确了，必须将溢出的情况检查出来。因为减法运算可通过加法实现，因此只讨论两个数（补码表示）相加时的溢出情况。两正数相加，结果为负，称为正溢；两负数相加，结果为正，称为负溢。常用的判别溢出方法有以下 3 种。

1）符号比较法

当符号相同的两数相加时，如果结果的符号与加数（或被加数）不同，产生溢出，即溢出条件为 $\overline{f_A}\,\overline{f_B}f_S+f_Af_B\overline{f_S}$，这里 f_A、f_B 表示操作数 A、B 的符号位，f_S 为结果的符号位，符号位 f_A、f_B 直接参与运算。

对应的判溢出逻辑电路如图 3-6 所示。

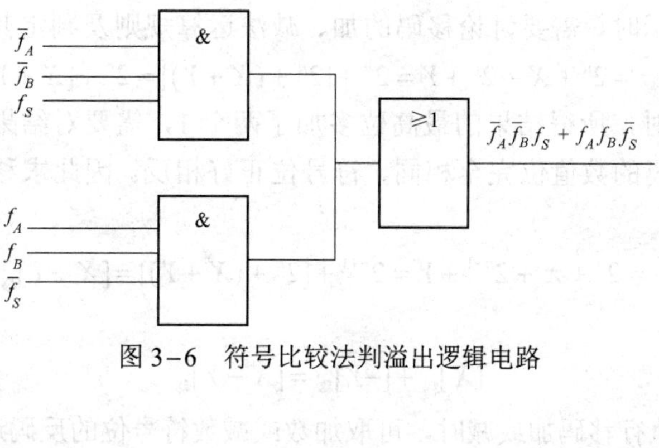

图 3-6　符号比较法判溢出逻辑电路

2）双进位法

当任意符号的两数相加时，如果 $C=C_f$，运算结果正确，其中，C 为数值最高位的进位，C_f 为符号位的进位。如果 $C\neq C_f$，则为溢出，所以溢出条件 $=C\oplus C_f$ 且 $C_f=0$、$C=1$ 时表示正溢，$C_f=1$、$C=0$ 表示负溢。其逻辑电路如图 3-7 所示。

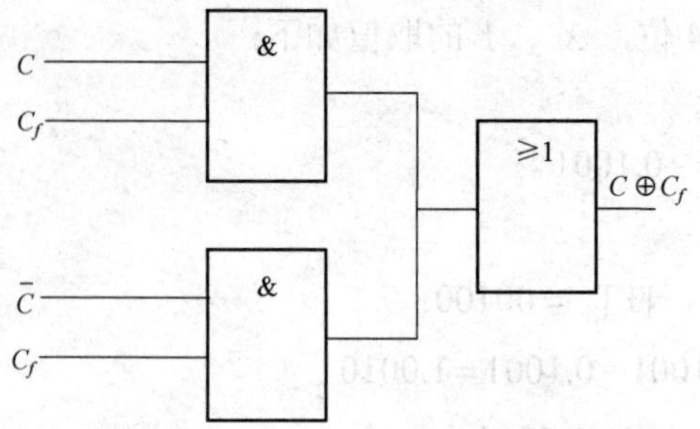

图 3-7　双进位法判溢出逻辑电路

3）双符号位法

双符号位法也称变形补码法，正数的双符号位为 0，负数的双符号位为 1，记为变形的加法规则是：$[X+Y]_{变形补}=[X]_{变形补}+[Y]_{变形补} \pmod 4$。使用变形补码时，两个符号位均参与运算。当结果的两个符号位 f_{s1}、f_{s2} 不相同时，产生溢出，所以溢出条件 $=f_{s1}\oplus f_{s2}$，且不论溢出与否，永远代表结果正确的符号位。其逻辑电路如图 3-8 所示。

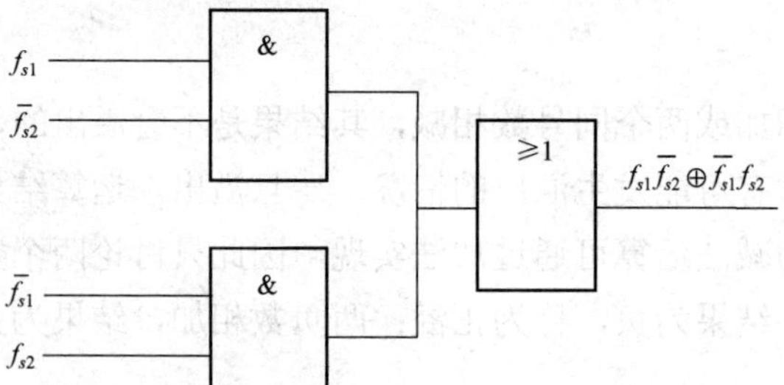

图 3-8　双符号位法判溢出逻辑电路

采用双符号位的方案中，在寄存器和存储器中存储数据时，只需保留一位符号位，因为两个符号位是一致的，双符号位仅在运算时使用。

3. 移码的加减运算及溢出判断

当阶码由移码表示时，需要讨论移码的加、减法运算规则及判定其溢出的方法。由移码的定义知：$[X]_移+[Y]_移=2^n+X+2^n+Y=2^n+[2^n+(X+Y)]=2^n+[X+Y]_移$，直接使用两个数的移码进行加法运算时，所得结果的最高位多加了两个 1，需要对结果的符号位取反；而对同一个数，移码和补码的数值位完全相同，符号位正好相反。因此求移码相加也可用如下方式完成：

$$[X]_移+[Y]_移=2^n+X+2^{n+1}+Y=2^{n+1}+[2^n+(X+Y)]=[X+Y]_移 \pmod{2^{n+1}}$$

同理有：

$$[X]_移+[-Y]_移=[X-Y]_移$$

以上结论表明，执行移码加或减时，可取加数或减数符号位的反码进行运算，即将加数或减数由移码变为补码。

如果运算的结果溢出，上述结论不成立。此时，应使用双符号位的加法器，并规定移码的第 2 个符号位，即最高符号位恒用 0 参加加、减运算，溢出条件是结果的最高符号位为 1。此时，当低位符号位为 0 时，表明结果上溢；当低位符号位为 1 时，表明结果下溢。当最高符号位为 0 时，表明没有溢出，此时，低位符号位为 1，表明结果为正；低位符号位为 0，表明结果为负。

3.3.3　定点数的乘法运算

1. 原码一位乘法

在定点数计算中，两个原码表示的数相乘的运算规则是：乘积的符号位由两数的符号按异或运算，而乘积的数值部分则是两数相乘之积。设 n 位被乘数 X 和乘数 Y 用定点小数表示：

$$[X]_{原} = X_f \cdot X_0X_1X_2\cdots X_n$$

$$[Y]_{原} = Y_f \cdot Y_0Y_1\cdots Y_n$$

则其乘积 Z 为：

$$[Z]_{原} = (X_f \oplus Y_f),(0.X_0X_1X_2\cdots X_n)(0.Y_0Y_1Y_2\cdots Y_n)$$

式中，X_f 为被乘数符号，Y_f 为乘数符号。

乘积符号的运算法则是：同号相乘为正，异号相乘为负。由于被乘数和乘数的符号组合只有 4 种：$X_fY_f = 00,01,10,11$，因此积的符号可按“异或”（按位加）运算得到。数值部分的运算方法与普通的十进制小数乘法类似，不过对于用二进制表示的数来说，其更为简单一些：从乘数的最低位开始，若这一位为“1”，则将被乘数 X 写下；若这一位为 0，则写下 0。然后再对乘数 y 的高一位进行乘法运算，其规则同上，不过这一位乘数的权与最低位不一样，因此被乘数 X 要左移一位。依此类推，直到乘数各位乘完为止，最后将它们统统加起来得到最后乘积 Z。

设 X=0.1011，Y=0.1101，让我们先用习惯方法求其乘积，其过程如下：

$$\begin{array}{lr l}
 & 0.1101 & (Y) \\
\times & 0.1011 & (X) \\
\hline
 & 1101 & \\
 & 1101 & \\
 & 0000 & \\
+ & 1101 & \\
\hline
 & 0.10001111 & (Z)
\end{array}$$

如果被乘数和乘数用定点整数表示，也会得到同样的结果。但是，人为的计算方法不能完全适用。原因之一，机器通常只有 n 位长，两个 n 位数相乘，乘积可能为 $2n$ 位。原因之二，2 个操作数相加的加法器，难以胜任将 n 个位积一次性加起来的运算。为了简化结构，机器中通常有且只有两个操作数相加的加法器。为此，必须修改上述乘法的实现方法，将“$X \cdot Y$”改写成适应定点机的形式。

一般而言，设被乘数 X、乘数 Y 都是小于 1 的 n 位定点正数：

$$X = 0.X_1X_2\cdots X_n$$

$$Y = 0.Y_1Y_2 \cdots Y_n$$

则其乘积为：

$$\begin{aligned} X \cdot Y &= X \cdot (0.Y_1Y_2 \cdots Y_n) \\ &= X \cdot (Y_1 \cdot 2^{-1} + Y_2 \cdot 2^{-2} + \cdots Y_n \cdot 2^{-n}) \\ &= 2^{-1}(Y_1X + 2^{-1}(Y_2X + 2^{-1}(\cdots + 2^{-1}(Y_{n-1}X + 2^{-1}(Y_nX + 0))\cdots)))) \end{aligned}$$

令 Z_i 表示第 i 次部分积，则上式可写成如下递推公式：

$$Z_0 = 0$$
$$Z_1 = 2^{-1}(Y_nX + Z_0)$$
$$\cdots$$
$$Z_i = 2^{-1}(Y_{n-i+1}X + Z_{i-1})$$
$$\cdots$$
$$Z_n = X \cdot Y = 2^{-1}(Y_1X + Z_{n-1})$$

显然，欲求 $X \cdot Y$，则需设置一个保存部分积的累加器。乘法开始时，令部分积的初值 $Z_0 = 0$，然后加上 Y_nX，右移 1 位得第 1 个部分积，又将加上 $Y_{n-1}X$，再右移 1 位得第 2 个部分积。依此类推，直到求得 Y_1X 加上 Z_{n-1} 并右移 1 位得最后部分积，即得 $X \cdot Y$。显然，两个 n 位数相乘需重复进行 n 次“加”及“右移”操作，才能得到最后乘积。这就是实现原码一位乘法的规则，图 3-9 为原码一位乘的示意图。

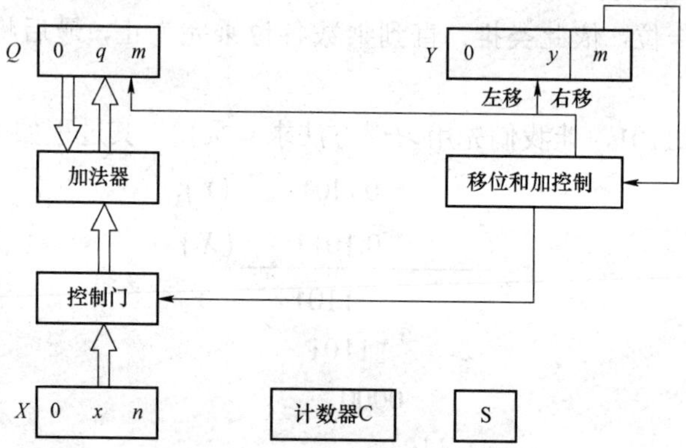

图 3-9　原码一位乘的示意图

图 3-9 中，X、Y 分别是乘数和被乘数，x、y 分别是 X、Y 中的第 $m+1$ 位；Q 为部分积，初始值为 0，q 是 Q 中的第 $m+1$ 位。被乘数 Y 和部分积 Q 的加法和移位运算受 Y 的末位 m 控制，S 寄存器用于保留计算结果，其中加法运算设置双符号位，第 1 符号位始终是部分积符号，每次在右移时第 1 符号位要补 0。操作步数由乘数的尾数位数决定，用计数器 C 来计数，即做 n 次累加和移位，最后是加符号位，根据 $X_n \oplus Y_n$ 决定。

［例 3-8］已知 X=0.111，Y=0.101，求$[X \cdot Y]_{原}$。

解：数值部分的运算：

部分积	乘数	说明
0.0000	1101	部分积　初态$Z_0=0$
0.1110		
0.1110		
0.0111	0110	$\to 1$ ，得　Z_1
0.0000		
0.0111	0	$\to 1$ ，得　Z_2
0.0011	1011	
0.1110		
1.0001	10	$\to 1$ ，得　Z_3
0.1000	1101	
0.1110		
1.0110	110	$\to 1$ ，得　Z_4
0.1011	0110	

结果：

乘积的符号位：$X_0 \oplus Y_0 = 1 \oplus 0 = 1$

数值部分按绝对值相乘：$X \bullet Y = 0.10110110$

则$[X \bullet Y]_{原} = 1.10110110$

特点：绝对值运算、用移位的次数判断乘法的次数，判断乘法是否结束、是否逻辑移位。

2. 原码二位乘法

为了提高乘法的执行速度，可以考虑每次对乘数的两位进行判断，以确定相应的操作，这就是两位乘法。

原码两位乘法的运算规则为：

① 符号位不参加运算，最后的符号 $P_f = X_f \oplus Y_f$ 。

② 部分积与被乘数均采用三位符号，乘数末位增加一位 C，其初值为 0。

③ 运算规则如表 3-11 所示。

④ 若尾数 n 为偶数，则乘数用双符号，最后一步不移位；若尾数 n 为奇数，则乘数用单符号，最后一步移一位。

表 3-11　原码二位乘法的运算规则

Y_{n-1}	Y_n	C	操作
0	0	0	加 0，右移两位，0->C
0	0	1	加 X，右移两位，0->C
0	1	0	加 X，右移两位，0->C
0	1	1	加 2X，右移两位，0->C
1	0	0	加 2X，右移两位，0->C

续表

Y_{n-1}	Y_n	C	操作
1	0	1	加 X，右移两位，0->C
1	1	0	加 X，右移两位，0->C
1	1	1	加 0，右移两位，1->C

3. 补码一位乘法

原码乘法的主要问题是符号位不能参加运算，单独用一个异或门产生乘积的符号位，故自然提出能否让符号数字化后也参加乘法运算的问题。补码乘法使符号位直接参加运算得以实现。为了得到补码一位乘法的规律，先从补码和真值的转换公式开始讨论。

1）补码与真值的转换公式

设$[X]_{补}=X_0X_1X_2\cdots X_n$，有：

$$X=-X_0+\sum_{i=1}^{n}(X_i\times 2^{-i})$$

等式左边 X 为真值。此公式说明真值和补码之间的关系。

2）补码的右移

正数右移一位，相当于乘以 1/2（即除以 2）。负数用补码表示时，右移一位也相当于乘以 1/2。因此在补码运算的机器中，一个数不论正负，连同符号位向右移一位，若符号位保持不变，就等于乘以 1/2。

3）补码乘法规则

设被乘数$[X]_{补}=X_0X_1X_2\cdots X_n$，乘数$[Y]_{补}=Y_0Y_1Y_2\cdots Y_n$，二者均为任意符号，则其补码乘法算式为：

$$[X\bullet Y]_{补}=[X]_{补}\bullet\left(-Y_0+\sum_{i=1}^{n}(Y_i\times 2^{-i})\right)$$

为了推出串行逻辑实现分步算法，将上式展开加以变换：

$$\begin{aligned}[X\bullet Y]_{补}&=[X]_{补}\bullet[-Y_0+Y_1\times 2^{-1}+Y_2\times 2^{-2}+\cdots+Y_n\times 2^{-n}]\\&=[X]_{补}\bullet[-Y_0+(Y_1-Y_1\times 2^{-1})+(Y_2\times 2^{-1}-Y_2\times 2^{-2})+\cdots+(Y_n\times 2^{-(n-1)}-Y_n\times 2^{-n})]\\&=[X]_{补}\bullet[(Y_1-Y_0)+(Y_2-Y_1)\times 2^{-1}+\cdots+(Y_n-Y_{n-1})\times 2^{n-1}+(0-Y_n)\times 2^{-n}]\\&=[X]_{补}\bullet\sum_{i=1}^{n}[(Y_{i+1}-Y_i)\times 2^{-i}](Y_{n+1}=0)\end{aligned}$$

写成递推公式如下：

$$\begin{aligned}[Z_0]_{补}&=0\\ [Z_1]_{补}&=2^{-1}\{[Z_0]_{补}+(Y_{n-1}-Y_n)[X]_{补}\}(Y_{n+1}=0)[Z_1]_{补}\\&=2^{-1}\{[Z_{i-1}]_{补}+(Y_{n-i+2}-Y_{n-i+1})[X]_{补}\}[Z_1]_{补}\\&=2^{-1}\{[Z_{n-1}]_{补}+(Y_2-Y_1)[X]_{补}\}\\&\ \ \vdots\end{aligned}$$

$$[Z_{n+1}]_{补} = [Z_n]_{补} + (Y_1 = Y_0)[X]_{补} = [X \bullet Y]_{补}$$

开始时，部分积为 0，即 $Z_0 = 0$。然后每一步都是在前次部分积的基础上，由 $(Y_{i+1} - Y_i)$ $(i = 0,1,2,\cdots,n)$ 决定对 $[X]_{补}$ 的操作，再右移一位，得到新的部分积。如此重复 n+1 步，最后一步不移位，便得到 $[X \bullet Y]_{补}$，这就是有名的布斯公式。

实现这种补码乘法规则时，在乘数最末位后面要增加一位补充位 Y_{n+1}。开始时，由 Y_nY_{n+1} 判断第一步该怎么操作，然后再由 $Y_{n-1}Y_n$ 判断第二步该怎么操作。因为每做一步要右移一位，故做完第一步后，$Y_{n-1}Y_n$ 正好移到原来 Y_nY_{n+1} 的位置上。依此类推，每步都要用 Y_nY_{n+1} 位置进行判断，这两位称为判断位。

如果判断位 $Y_nY_{n+1} = 01$，则 $Y_{i+1} - Y_i = 1$，做加 $[X]_{补}$ 操作；如果判断位 $Y_nY_{n+1} = 10$，则 $Y_{i+1} - Y_i = -1$，做好 $[-X]_{补}$ 操作；如果判断 $Y_nY_{n-1} = 11$ 或 00，则 $Y_{i+1} - Y_i = 0$，$[Z_i]$ 加 0，即保持不变。

4）补码一位乘法运算规则

① 如果 $Y_n = Y_{n+1}$，部分积 $[Z_i]$ 加 0，再右移一位。

② 如果 $Y_nY_{n+1} = 01$，部分积加 $[X]_{补}$，再右移一位。

③ 如果 $Y_nY_{n+1} = 10$，部分积加 $[-X]_{补}$，再右移一位。

这样重复进行 $n+1$ 步，但最后一步不移位，加上一位符号位，所得乘积为 $2n+1$ 位，其中 n 为尾数位数。

实现一位补码乘法的逻辑原理图如图 3–10 所示，它与原码一位乘法的逻辑结构非常类似，所不同的有以下几点。

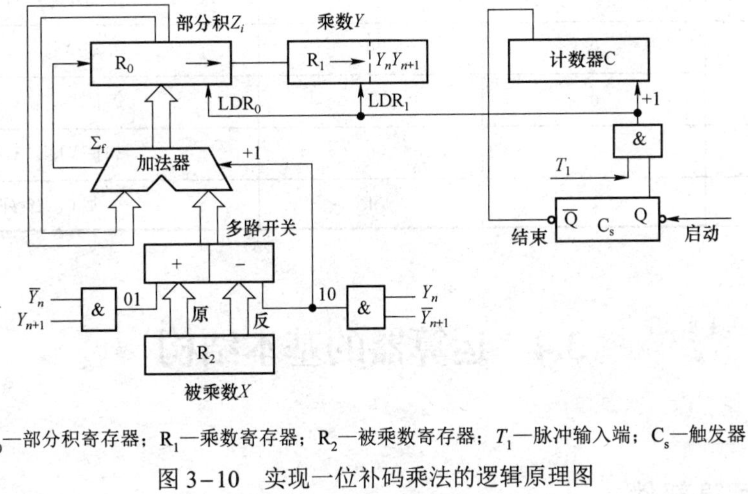

R_0—部分积寄存器；R_1—乘数寄存器；R_2—被乘数寄存器；T_1—脉冲输入端；C_s—触发器。

图 3–10　实现一位补码乘法的逻辑原理图

① 被乘数的符号和乘数的符号都参加运算。

② 乘数寄存器 R_1 有附加位 Y_{n+1}，其初始状态为“0”。当乘数和部分积每次右移时，部分积最低位移至 R_1 的首位位置，故 R_1 必须是具有右移功能的寄存器。

③ 被乘数寄存器 R_2 的每一位用原码或反码经多路开关传送到加法器对应位的一个输入端，而开关的控制位由和 Y_n 的 Y_{n+1} 输出译码器产生。当 $Y_nY_{n+1} = 01$ 时，送$[X]$；当 $Y_nY_{n+1} = 10$ 时，送 $[-X]_{补}$，即送的是反码，且在加法器最末位上加“1”。

④ R_0 保存部分积，它也是具有右移功能的移位寄存器，其符号位与加法器符号位始终一致。

⑤ C_s 为触发器，控制计数器 C 的计数。当计数器 C 的计数值等于 $n+1$ 时，封锁 LDR_0 和 LDR_1 控制信号，使最后一位不移位。

执行补码一位乘法的总时间为 $t_m=(n+1)t_a+nt_r$ 其中，n 为尾数位数、t_a 为执行一次加法操作的时间，t_r 为执行一次移位操作的时间。如果加法操作和移位操作同时进行，则 t_r 项可省略。

4. 补码二位乘法

① 符号位参加运算，两数均用补码表示。

② 部分积与被乘数均采用三位符号表示，乘数末位增加一位 Y_{n+1}，其初值为 0。

③ 运算规则如表 3-12 所示。

④ 若尾数 n 为偶数，则乘数用双符号，最后一步不移位。若尾数 n 为奇数，则乘数用单符号，最后一步移一位。

表 3-12　补码两位乘法运算规则

Y_{n-1}	Y_n	Y_{n+1}	操作
0	0	0	加 0，右移两位
0	0	1	加 $[X]_补$，右移两位
0	1	0	加 $[X]_补$，右移两位
0	1	1	加 $2[X]_补$，右移两位
1	0	0	加 $2[-X]_补$，右移两位
1	0	1	加 $[-X]_补$，右移两位
1	1	0	加 $[-X]_补$，右移两位
1	1	1	加 0，右移两位

3.4　运算器的基本结构

3.4.1　定点运算部件

定点运算部件由算术逻辑单元（ALU）、若干个寄存器、移位电路、计数器、门电路等组成。ALU 主要完成加、减法算术运算及逻辑运算，其中还包含有快速进位电路。图 3-11 为定点运算部件逻辑框图。为简化描述，图中只设置了 3 个寄存器（A、B、C），各寄存器在不同运算下的作用如表 3-13 所示。而在目前的计算机中，一般都设置了数量较多的寄存器，用于存放操作数和操作结果，称为通用寄存器。

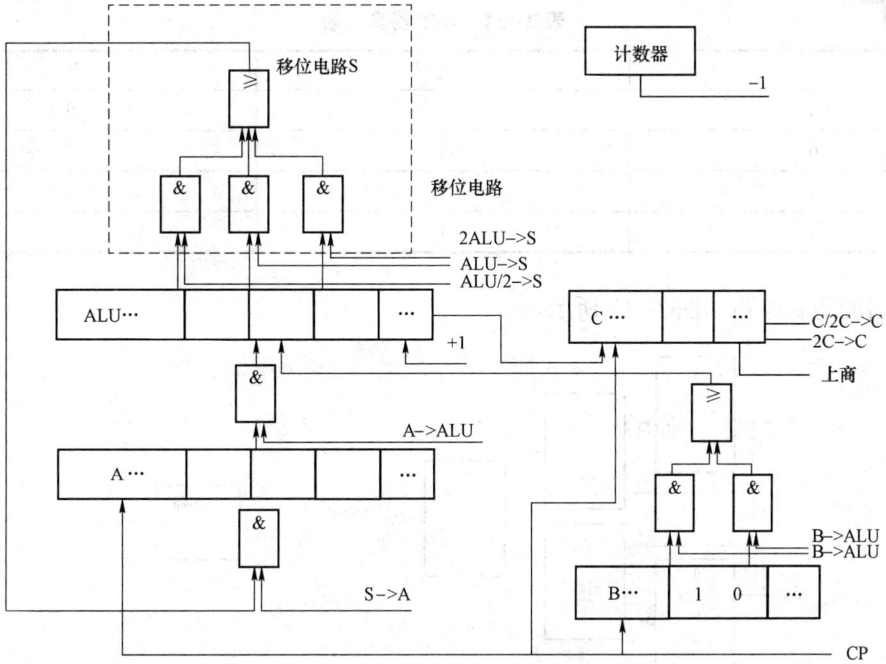

图 3-11　定点运算部件逻辑框图

表 3-13　A、B、C 寄存器在不同运算下的作用

运算	A	B	C
加法	被加数，运算结果	加数	无用
减法	被减数，运算结果	减数	无用
乘法	部分积，乘积高位	被除数	乘数，乘积低位
除法	被除数，余数	除数	商

3.4.2　加法器

加法器是构成算术逻辑单元的基本逻辑电路。算术逻辑单元（ALU）是运算器的核心，用来实现各种算术运算和逻辑运算功能。

1. 半加器

半加器是用于实现两个一位二进制数 X_n、Y_n 相加的逻辑电路，且不考虑进位输入，相加的结果称为半加和，记为 H_n，其结构如图 3-12 所示，真值表如表 3-14 所示。

根据真值表可求得逻辑表达式为：$H_n = X_n \cdot \overline{Y}_n + \overline{X}_n \cdot Y_n = X_n \oplus Y_n$

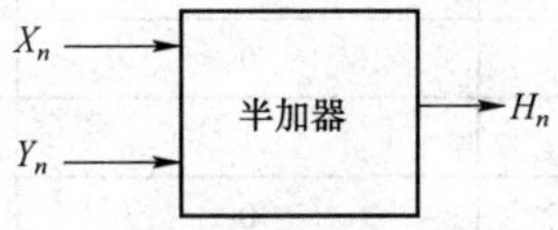

图 3-12　半加器结构图

表 3-14　半加器真值表

X_n	Y_n	H_n
0	0	0
0	1	1
1	0	1
1	1	0

半加器的逻辑电路如图 3-13 所示。

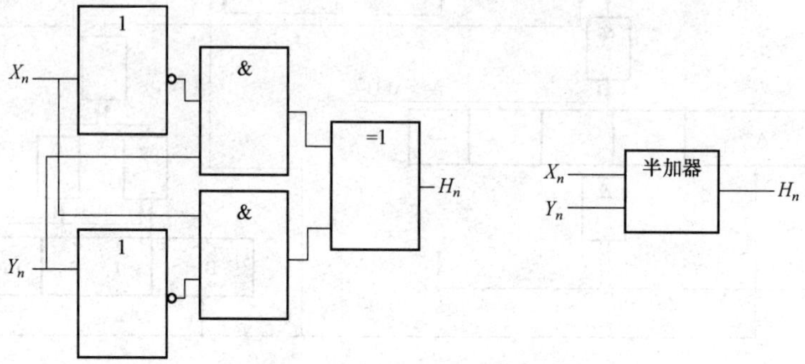

图 3-13　半加器的逻辑电路

2. 一位全加器

当两个一位二进制数 X_n、Y_n 相加时，如果还要考虑进位输入 C_{n-1}，则称为全加，相加结果 F_n 称为全加和，同时产生本位向更高位的进位 C_n，其结构如图 3-14 所示，真值表如表 3-15 所示。

图 3-14　一位全加器结构图

根据真值表可求得表达式为：

$$F_n = X_n\overline{Y}_n\overline{C}_{n-1} + \overline{X}_nY_n\overline{C}_{n-1} + \overline{X}_n\overline{Y}_nC_{n-1} + X_nY_nC_{n-1} = X_n \oplus Y_n \oplus C_{n-1}$$

$$C_n = X_nY_n\overline{C}_{n-1} + X_n\overline{Y}_nC_{n-1} + \overline{X}_nY_nC_{n-1} + X_nY_nC_{n-1} = (X_n \oplus Y_n)C_{n-1} + X_nY_n$$

表 3-15　一位全加器真值表

X_n	Y_n	C_{n-1}	F_n	C_n
0	0	0	0	0
0	0	1	1	0
0	1	0	1	0
0	1	1	0	1
1	0	0	1	0
1	0	1	0	1
1	1	0	0	1
1	1	1	1	1

其对应的逻辑电路如图 3–15 所示，F_n 的后一种形式说明可以用两个半加器来形成全加和，如图 3–16 所示。

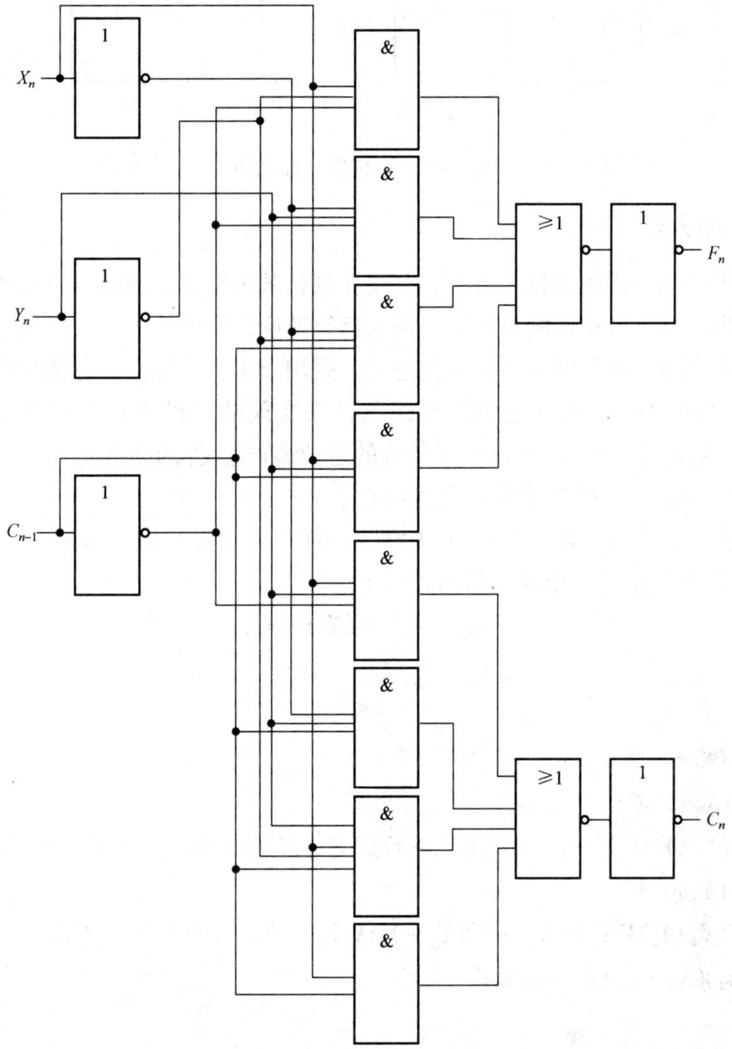

图 3–15　一位全加器的逻辑电路

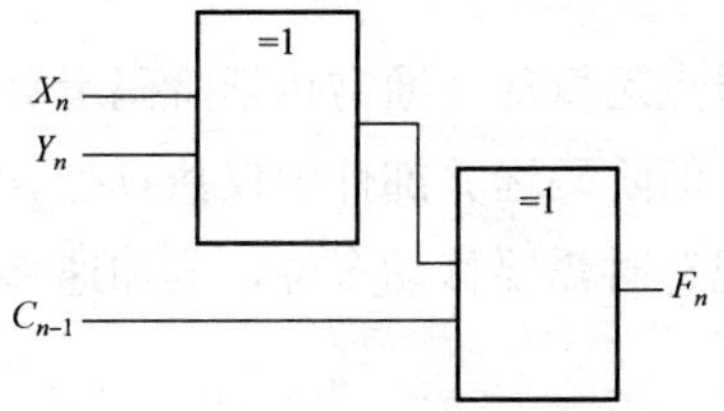

图 3–16　两个半加器形成的全加器的逻辑电路

3. 串行多位加法器

当两个多位二进制数进行加法运算时，需要使用多位加法器。最容易想到的方案是如图 3–17 所示的 n 位串行加法器，或称行波进位加法器。

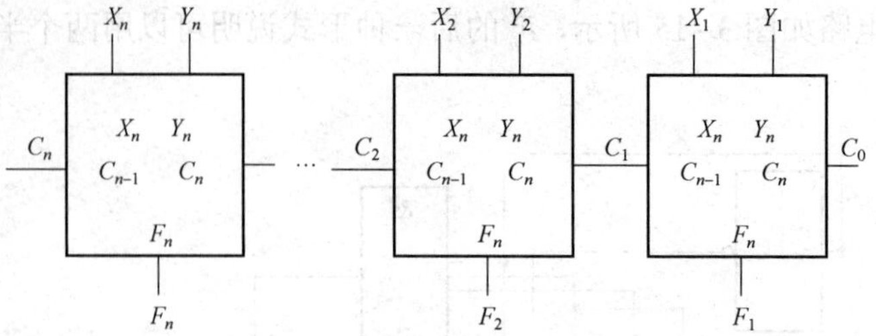

图 3-17 n 位串行加法器

4. 超前进位加法器

制约运算速度的唯一因素是低位进位。如果在低位数据运算之前，高位就预先知道低位传递过来的进位是多少，就可以实现同步运算，提高运算速度，实现快速加法。实现这一功能的电路称为超前进位产生电路，用于同时产生各位进位，采用该电路的加法器称为超前进位加法器。

超前进位产生电路是依据各进位的形成条件来实现的。设相加的两个数为 $X_4X_3X_2X_1$ 和 $Y_4Y_3Y_2Y_1$，X_1 和 Y_1 是低位，C_0 是来自于更低位的进位。产生 C_1 的条件是：

① X_1、Y_1 均为 1 时，必定能够产生进位 C_1；

② X_1、Y_1 任一个为 1，且进位 C_0 为 1 时，同样可以形成 C_1。

以上两个条件中有任何一个满足即可，因此

$$C_1 = X_1Y_1 + (X_1+Y_1)C_0$$

同理可得：

$$\begin{aligned}C_2 &= X_2Y_2 + (X_2+Y_2)C_1\\ &= X_2Y_2 + (X_2+Y_2)X_1Y_1 + (X_2+Y_2)(X_1+Y_1)C_0\\ C_3 &= X_3Y_3 + (X_3+Y_3)C_2\\ &= X_3Y_3 + (X_3+Y_3)X_2Y_2 + (X_3+Y_3)(X_2+Y_2)X_1Y_1 + (X_3+Y_3)(X_2+Y_2)(X_1+Y_1)C_0\\ C_4 &= X_4Y_4 + (X_4+Y_4)C_3\\ &= X_4Y_4 + (X_4+Y_4)X_3Y_3 + (X_4+Y_4)(X_3+Y_3)X_2Y_2 + (X_4+Y_4)(X_3+Y_3)(X_2+Y_2)X_1Y_1 +\\ &\quad (X_4+Y_4)(X_3+Y_3)(X_2+Y_2)(X_1+Y_1)C_0\end{aligned}$$

3.4.3 浮点运算部件

根据浮点数的运算过程，浮点运算部件通常包括阶码运算部件和尾数运算部件两部分，各自的结构与定点运算部件相似；但阶码运算部件中仅执行加、减法运算，尾数运算部件中可执行加、减、乘、除法运算。左规有时需要移动多位，为加速移位过程，有的机器设置了可一次移动多位的电路。

3.4.4 运算器的基本结构

运算器是在控制器的控制下进行工作的，运算器不仅可以实现各种算术逻辑运算，而且还可作为数据信息的传送通路，第 5 章将会就此做进一步的介绍。运算器内部各部件之间使用总线传送操作数和运算结果，从结构上一般有如下 3 种结构形式。

1. 单总线结构的运算器

单总线结构的运算器如图 3–18 所示，所有部件共用一根总线进行传输，因此数据可以在任意寄存器之间，以及任意寄存器和 ALU 之间进行传送。由于在同一时间内，总线上只能有一个数据进行传送，否则会产生冲突，造成数据错误。因此，对于双操作数的运算，需要分两步将两个操作数（A、B）分别送入 ALU，运算完成后再进行第三次传送，将运算结果经总线送到目的寄存器中。可见，这种结构的主要缺点是运算速度慢，但由于只需要控制一条总线，因此控制电路比较简单。

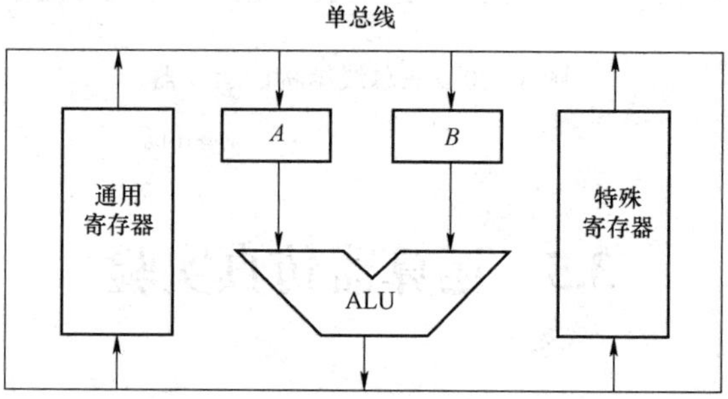

图 3–18　单总线结构的运算器

2. 双总线结构的运算器

双总线结构的运算器如图 3–19 所示。在此结构中，两个操作数可分别经过总线 1 和总线 2，同时送入 ALU 进行运算。由于此时总线 1 和总线 2 仍然被占用，运算结果不能直接送到总线上，需要设置一个缓冲器暂存结果，然后再把结果送至目的寄存器。显然，这种结构的执行速度比单总线结构快。

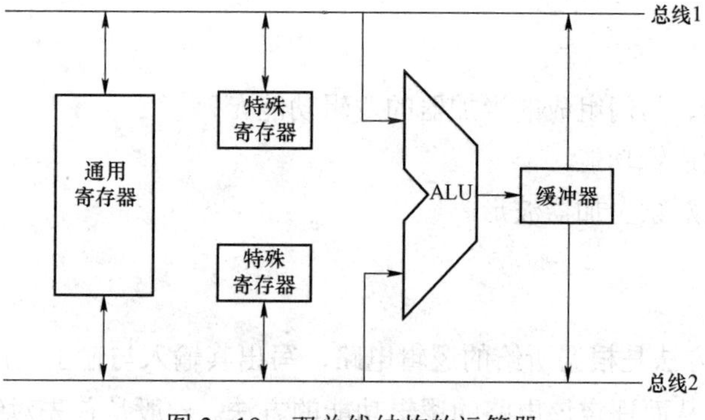

图 3–19　双总线结构的运算器

3. 三总线结构的运算器

三总线结构的运算器如图 3–20 所示，ALU 的两个输入端各由一条总线供给，输出端则与第 3 条总线相连，因此运算结果可直接经总线 3 送往目的寄存器，速度更快。如果一个数据不需要修改，只是从总线 2 送往总线 3，可通过总线旁路器直接送出数据，而无须借助于 ALU。

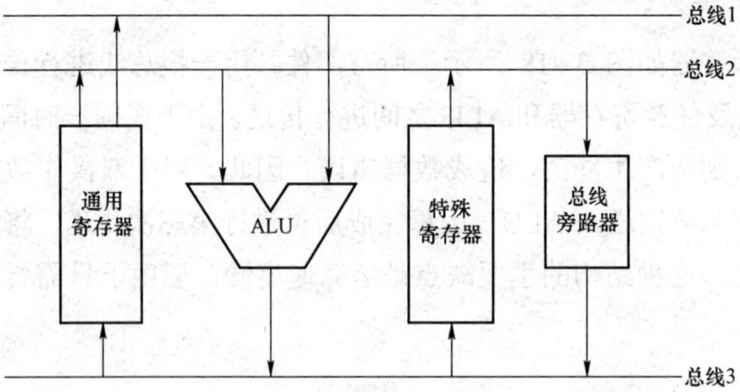

图 3–20　三总线结构的运算器

3.5　运算器仿真实验

1. 实验目的

① 学会用模拟电路仿真软件 Multisim 进行半加器和全加器仿真实验。
② 学会用逻辑分析仪观察全加器波形。
③ 能够分析二进制数的运算规律。
④ 掌握组合电路的分析和设计方法。
⑤ 验证全加器的逻辑功能。

2. 实验要求

① 测试由异或门、与门组成的半加器的逻辑功能。
② 测试全加器的逻辑功能。
③ 用逻辑分析仪观察全加器波形。

3. 实验原理

组合电路的分析方法是根据所给的逻辑电路，写出其输入与输出之间的逻辑关系（逻辑函数表达式或真值表），从而评定该电路的逻辑功能的方法。一般是首先对给定的逻辑电路，按逻辑门的连接方法，逐一写出相应的逻辑表达式，然后写出输出函数表达式，这样写出的逻辑函数表达式可能不是最简的，所以还应该利用逻辑代数的公式进行简化，再根据逻辑函数表达式写出它的真值表，最后根据真值表分析函数的逻辑功能。

如果不考虑来自低位的进位将两个 1 位二进制数相加，称为半加。设 A、B 是两个加数，S 是它们的和，C_i 是向高位的进位。则根据二进制数相加的规律，可以写出它们的真值表，如

表 3–16 所示。

表 3–16　半加器真值表

A	B	S	C_i
0	0	0	0
0	1	1	0
1	0	1	0
1	1	0	1

其逻辑函数表达式如下：

$$\begin{cases} S = \overline{A}B + A\overline{B} = A \oplus B \\ C_i = AB \end{cases}$$

根据逻辑函数表达式，可以选定器件的类型。可选异或门来实现半加，可选两片与非门实现向高位的进位。

可以实现两个二进制数相加并求出和的组合电路，称为一位全加器。设 A 为加数，B 为被加数，相邻低位的进位为 C_{in}，Y 为输出数，C_{out} 为向相邻高位的进位，其真值表如表 3–17 所示。

表 3–17　全加器真值表

A	B	C_{in}	Y	C_{out}
0	0	0	0	0
0	0	1	1	0
0	1	0	1	0
0	1	1	0	1
1	0	0	1	0
1	0	1	0	1
1	1	0	0	1
1	1	1	1	1

将真值表转换为最简逻辑表达式得到

$$Y = \overline{A}\overline{B}C + \overline{A}B\overline{C} + A\overline{B}\overline{C} + ABC = A \oplus B \oplus C$$

根据上述的全加器的和以及进位的表达式，可以绘制全加器电路，在仿真软件中可以使用与门、或门和异或门。

4. 实验步骤

1）测试用异或门、与门组成的半加器的逻辑功能

① 如图 3–21 所示，从模拟电路仿真软件 Multisim 主界面左侧左列元器件工具栏中调出所需元件，组成半加器逻辑电路。其中，异或门 74LS86N 从“TTL”库中调出；与门 4081BD_5V 从“CMOS”库中调出。指示灯从虚拟元件库中调出，X1 选红灯；X2 选蓝灯。

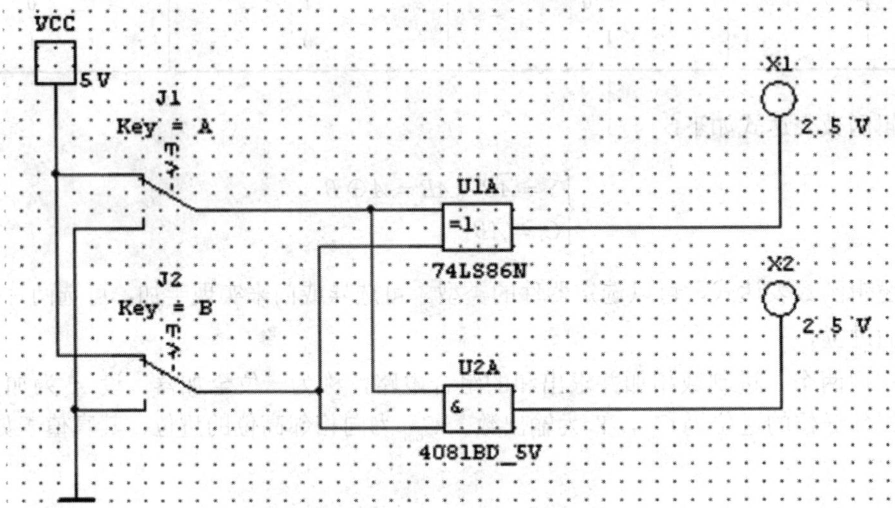

图 3–21　半加器逻辑电路

② 打开仿真开关，根据表 3–18 改变“输入”栏数据进行实验，并将实验结果填入表 3–18“输出”栏内。其中，开关断开为 0，开关闭合为 1；X1 灯点亮时 S 为 1，X1 灯灭时 S 为 0；X2 灯点亮时 C_i 为 1，X2 灯灭时 C_i 为 0。

表 3–18　半加器实验结果

输入		输出	
A	B	S	C_i
0	0		
0	1		
1	0		
1	1		

2）测试全加器的逻辑功能

① 从模拟电路仿真软件 Multisim 主界面左侧左列元器件工具栏中“CMOS”库中调出或门 4071BD_5V、与门 4081BD_5V；从“TTL”库中调出异或门 74LS86D，组成全加器仿真电路，如图 3–22 所示。

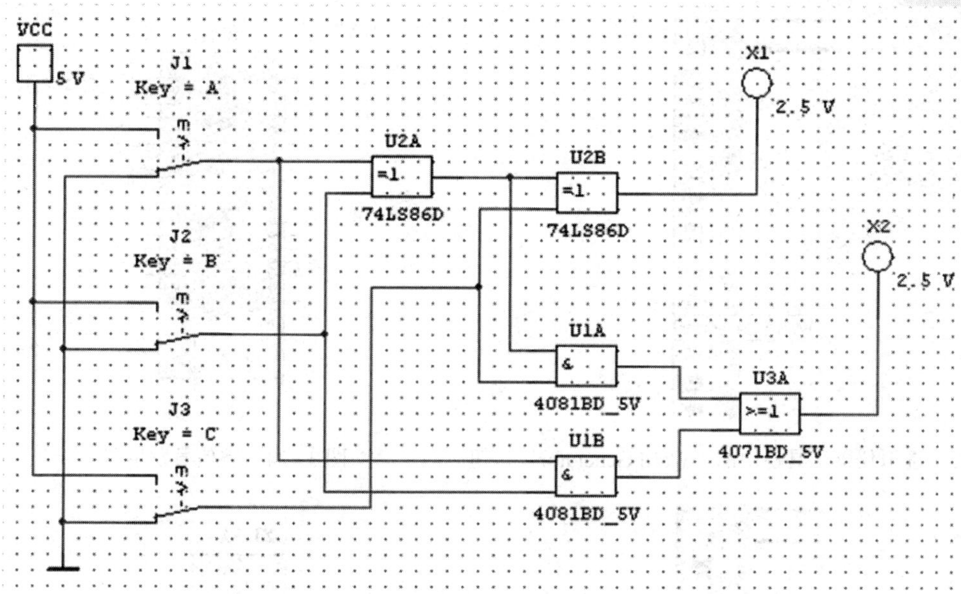

图 3-22　全加器逻辑电路

② 打开仿真开关，根据表 3-19“输入”栏情况进行实验，并将结果填入“输出”栏内。

表 3-19　全加器实验结果

输入			输出	
A	B	C_{i-1}	S	C_i
0	0	0		
0	0	1		
0	1	0		
0	1	1		
1	0	0		
1	0	1		
1	1	0		
1	1	1		

3. 用逻辑分析仪观察全加器波形

① 先关闭仿真开关，在图 3-22 中删除集成电路以外的其他元件。

② 单击模拟电路仿真软件 Multisim 主界面右侧虚拟仪器工具栏中的“Word Generator”按钮，如图 3-23 所示，调出字信号发生器“XWG1”(如图 3-24 所示)，将它放置在电子平台上。

③ 单击虚拟仪器工具栏中的“Logic Analyzer”按钮，如图 3-25 所示，调出逻辑分析仪“XLA1”(如图 3-26 所示)，将它放置在电子平台上。

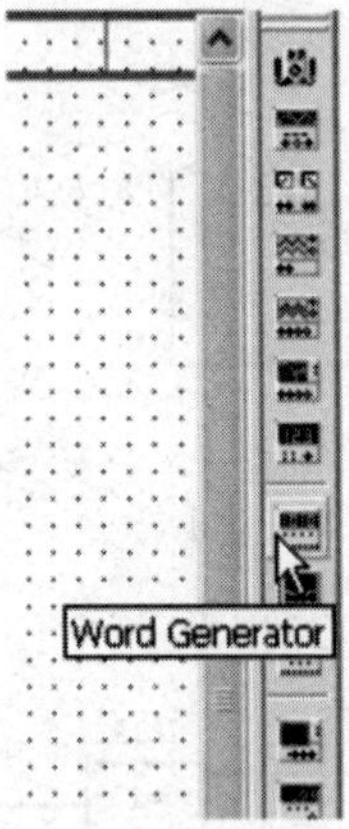

图 3−23　虚拟仪器工具栏中的“Word Generator”按钮

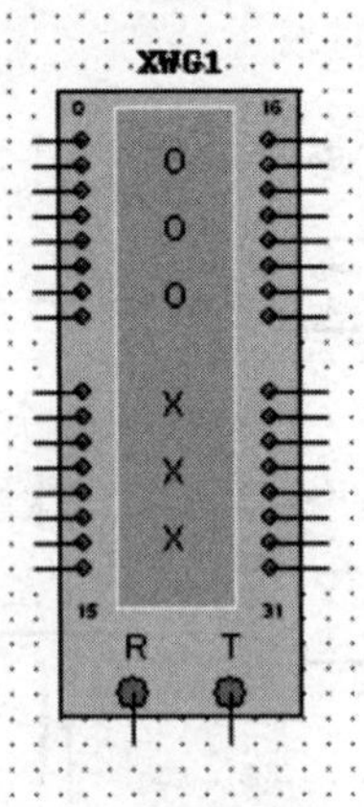

图 3−24　字信号发生器

图 3−25　虚拟仪器工具栏“Logic Analyzer”按钮

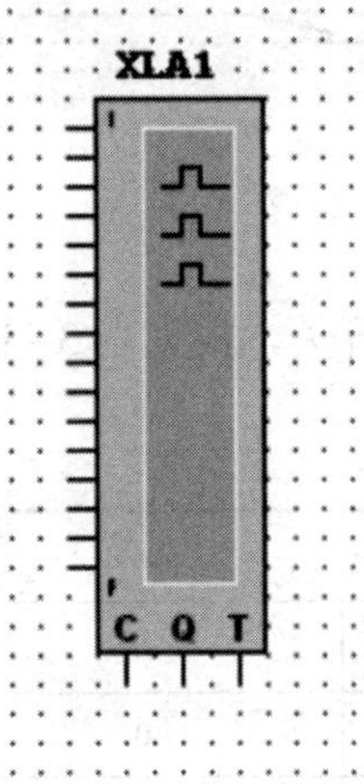

图 3−26　逻辑分析仪

④ 连好仿真电路，如图 3−27 所示。

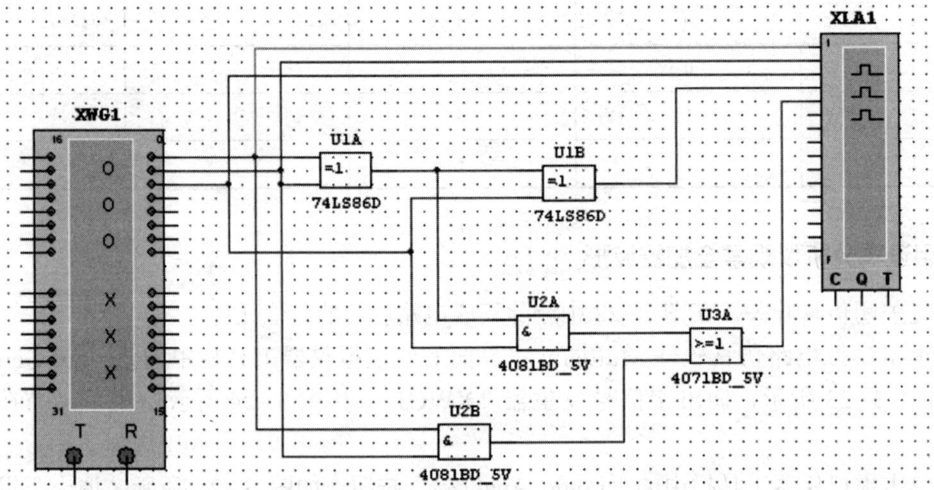

图 3−27　逻辑测试仿真电路

⑤ 双击字信号发生器“XWG1”，打开字信号发生器面板，如图 3–28 所示。它是一台能产生 32 位（路）同步逻辑信号的仪表。单击放大面板的“Controls”栏的“Cycle”按钮，表示字信号发生器在设置好的初始值和终止值之间周而复始地输出信号；选择“Display”栏下的“Hex”单选按钮，表示信号以十六进制显示；“Trigger”栏用于选择触发的方式；“Frequency”栏用于设置信号的频率。

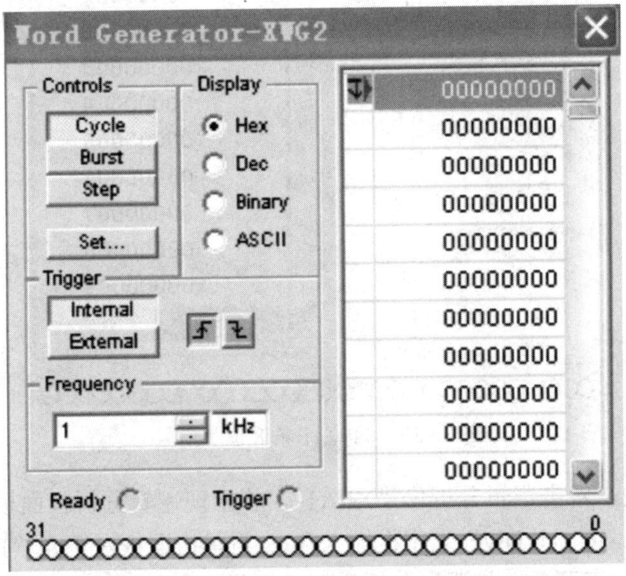

图 3–28　字信号发生器面板

⑥ 单击“Controls”栏的“Set”按钮，将弹出界面设置对话框，如图 3–29 所示。选择“Display Type”栏下的十六进制“Hex”单选按钮，再在缓冲区大小“Buffer Size”文本框中输入“000B”，即十六进制的“11”，如图中手形鼠标指针所指那样设置，然后单击对话框右上角“Accept”按钮回到字信号发生器面板。

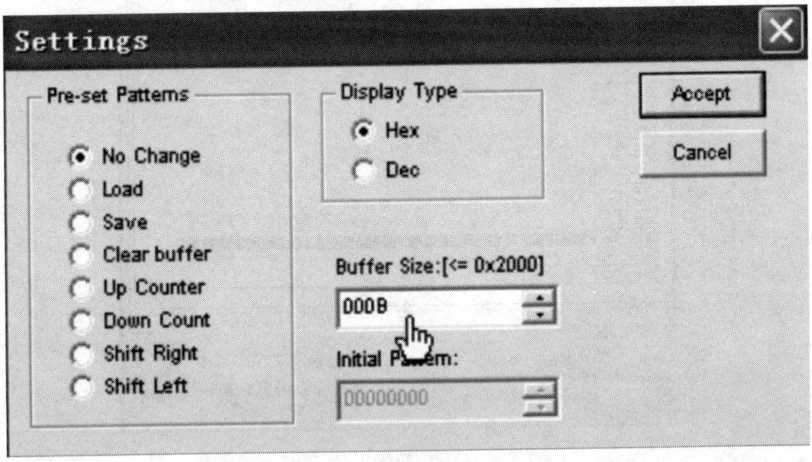

图 3–29　界面设置对话框

⑦ 单击字信号发生器面板右边 8 位字信号编辑区进行逐行编辑，从上至下在栏中输入十六

进制的 00000000～0000000A 共 11 条 8 位字信号，编辑好的 11 条 8 位字信号如图 3-30 所示，最后关闭字信号发生器面板。

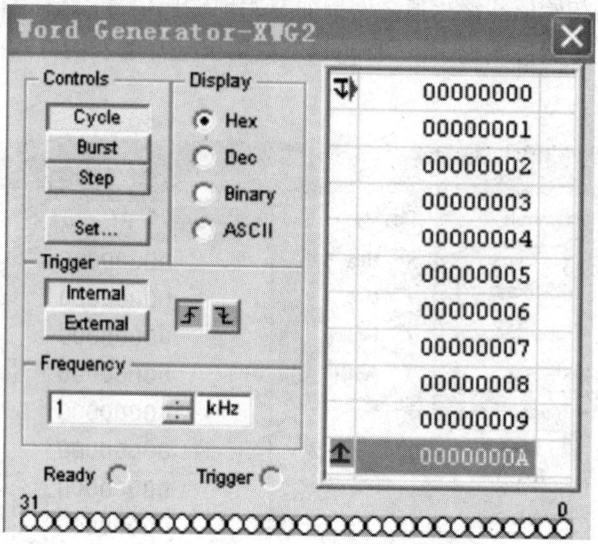

图 3-30　编辑 11 条 8 位字信号

⑧ 打开仿真开关，双击逻辑分析仪“XLA1”，将出现逻辑分析仪面板，如图 3-31 所示。在面板上“Clock”栏“Clock/Div”文本框输入 12，再单击面板左下角“Reverse”按钮使屏幕变白，稍等片刻关闭仿真开关，将逻辑分析仪面板屏幕下方的滚动条拉到最左边。

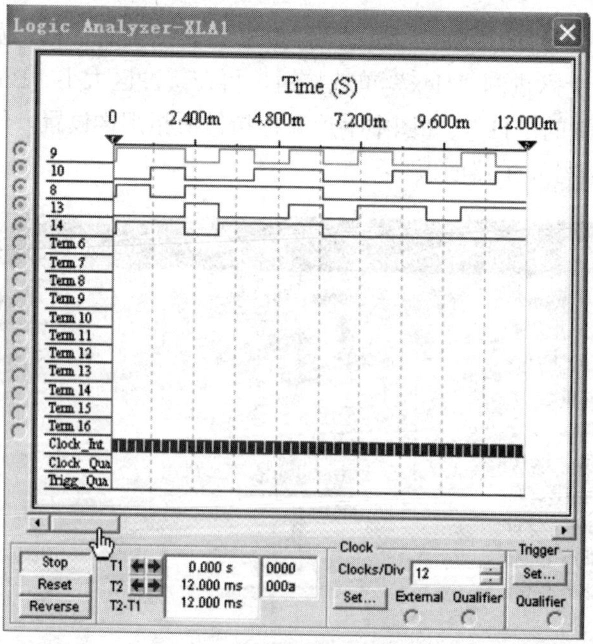

图 3-31　逻辑分析仪面板

⑨ 拉出屏幕上的读数指针，可以观察到一位全加器各输入、输出端波形。例如，图 3-32

中，读数指针所在位置表示输入信号 A = 0、B = 1、$C_{i-1}=1$、$S=0$、$C_i=1$。（注：分别对应屏幕左侧标有“9”的波形表示、标有“10”的波形表示、标有“8”的波形表示、标有“13”的波形表示、标有“14”的波形表示。）

⑩ 按表 3–20 中“输入”行的要求，用读数指针读出 4 个观察点的状态，并将它们的逻辑分析波形和对应的输出结果填入表 3–20 中。

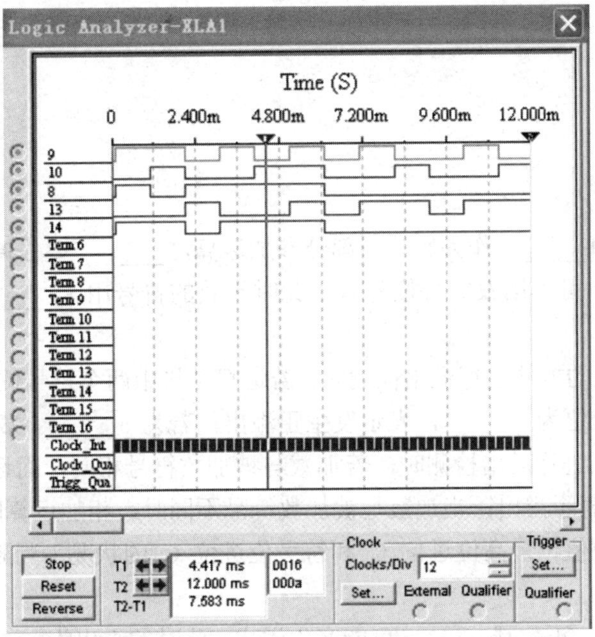

图 3–32　各输入输出端波形

表 3–20　全加器实验结果

		1		2		3		4	
		状态	波形	状态	波形	状态	波形	状态	波形
输入	A	1		0		1		1	
	B	0		1		1		0	
	C_{i-1}	0		0		0		1	
输出	S								
	C_i								

本 章 小 结

本章首先讲解数值数据和非数值数据在计算机中的表示和转换方法，包括真值和机器数的转换，并以常见的 BCD 码、ASCII 码和汉字编码为例，讲解字符或汉字等非数值数据转换为二进制编码的方法；然后重点介绍机器数在计算机中的运算方法，包括定点数的加、减运算方法及浮点数的运算方法。本章还针对运算器的硬件结构进行说明，并演示如何进行运算器的仿真实验。

习　题　3

一、基础题

1. 综合填空题

（1）补码加减法中_______作为数的一部分参加运算，_______要丢掉。

（2）为判断溢出，可采用双符号位补码，此时正数的符号用_______表示，负数的符号用_______表示。

（3）采用双符号位的方法进行溢出检测时，若运算结果中两个符号位_______，则表明发生了溢出。若结果的符号位为_______，表示发生正溢出；若为_______，表示发生负溢出。

（4）采用单符号位进行溢出检测时，若加数与被加数符号相同，而运算结果的符号与操作数的符号_______，则表示溢出；当加数与被加数符号不同时，相加运算的结果_______。

（5）利用数据的数值位最高位进位 C 和符号位进位 C 的状况来判断溢出，则其表达式为 over=_______。

（6）在减法运算中，正数减_______可能产生溢出，此时的溢出为_______溢出；负数减（可能产生溢出，此时的溢出为_______溢出。

（7）补码一位乘法运算法则通过判断乘数最末位 Y_i 和位 Y_{i-1} 的值决定下步操作，当 Y_iY_{i-1}=_______时，执行部分积加[−X]补，再右移一位；当 Y_iY_{i-1}=_______时，执行部分积加 X，再右移一位。

（8）浮点加减运算在_______情况下会发生溢出。

（9）原码一位乘法中，符号位与数值位_______，运算结果的符号位等于_______。

（10）一个浮点数，当其补码尾数右移一位时，为使其值不变，阶码应该_______。

（11）左规的规则为：尾数_______，阶码_______。

（12）右规的规则是：尾数_______，阶码_______。

（13）影响进位加法器速度的关键因素是_______。

（14）当运算结果的补码尾数部分不是_______的形式时，则应进行规格化处理。当尾数符号位为_______或_______时，需要右规。

2. 综合选择题

（1）下列数中最小的数为（　　）。

A. $(101001)_2$　　B. $(52)_8$　　C. $(101001)_{BCD}$　　D. $(233)_{16}$

（2）下列数中最大的数为（　　）。

A. $(10010101)_2$　　B. $(227)_8$
C. $(96)_{16}$　　D. $(143)_5$

（3）某数在计算机中用 842BCD 码表示为 01110000，其真值为（　　）。

A. 789　　B. 789H
C. 1929　　D. 11110001001

（4）“与非门”中的一个输入为“0”，那么它的输出值是（　　）。

A. 0　　B. 1
C. 取决于其他输入端的值　　D. 取决于正逻辑还是负逻辑

（5）下列布尔代数运算中，（　　）答案是正确的。

A. 1+1=1　　B. 0+0=1　　C. 1+1=10　　D. 以上都不对

（6）在小型或微型计算机里，普遍采用的字符编码是（　　）。

A. BCD 码　　B. 十六进制　　C. 格雷码　　D. ASCII 码

（7）$(20000)_{10}$ 化成十六进制数是（　　）。

A. $(7CD)_{16}$　　B. $(7D0)_{16}$　　C. $(7E0)_{16}$　　D. $(7FO)_{16}$

（8）根据国标规定，每个汉字在计算机内占用（　　）存储。

A. 一个字节　　B. 二个字节　　C. 三个字节　　D. 四个字节

3. 综合简答题

（1）两浮点数相加，$X = 2^{010} \times 0.11011011$，$Y = 2^{100} \times (-0.10101100)$，求 $X + Y$。

（2）简述浮点运算中溢出的处理方法。

二、提高题

（1）【2009 年计算机联考真题】一个 C 语言程序在一台 32 位机器上运行。程序中定义了三个变量 *x*、*y*、*z*，其中 *x* 和 *z* 为 int 型，*y* 为 short 型。当 *x*=127，*y*=−9 时，执行赋值语句 *z*=*x*+*y* 后，*x*，*y*，*z* 的值分别是（　　）。

A. X=0000007FH，Y=FFF9H，Z=00000076H
B. X=0000007FH，Y=FFF9H，Z=FFFF0076H
C. X=0000007FH，Y=FFF7H，Z=FFFF0076H
D. X=0000007FH，Y=FFF7H，Z=00000076H

（2）【2010 年计算机联考真题】假定有 4 个整数用 8 位补码分别表示 r1=FEH、r2=F2H、r3=90H、r4=F8H，若将运算结果存放在一个 8 位寄存器中，下列运算会发生溢出的是（　　）。

A. r1×r2　　B. r2×r3　　C. rl×r4　　D. r2×r4

（3）【2009 年计算机联考真题】浮点数加、减运算过程一般包括对阶、尾数运算、规格化、舍入和判断溢出等步骤。设浮点数的阶码和尾数均采用补码表示，且位数分别为 5 位和 7 位（均含 2 位符号位），若有两个数 X=27×29/32，Y=25×5/8，则用浮点加法计算 X+Y 的最终结果是（　　）。

A. 001111100010　　B. 001110100010
C. 01000001000　　D. 发生溢出

（4）【2010 年计算机联考真题】假定变量 i、f 和 d 的数据类型分别为 int、float、double（int 用补码表示，float 和 double 分别用 IEE754 单精度和双精度浮点数格式来表示），已知 i=785、f=1.5678E3、d=1.3E100，若在 32 位机器中执行下列关系表达式，结果为“真”的是（　　）。

Ⅰ. i（int）（float）I　　Ⅱ. f=（float）（int）f

Ⅲ. f=（float）（double）f　　Ⅳ.（d+f）－d=f

A. 仅Ⅰ和Ⅱ　　B. 仅Ⅰ和Ⅲ　　C. 仅Ⅱ和Ⅲ　　D. 仅Ⅲ和Ⅳ

（5）【2011 年计算机联考真题】float 型数据通常用 IEEE754 单精度浮点数格式表示。若编译器将 float 型变量 x 分配在一个 32 位浮点寄存器 FR1 中，且 x=−8.25，则 FR1 的内容是（　　）。

A. C1040000H　　B. C2420000H　　C. C1840000H　　D. C1C20000H

三、思考与实训题

如何设计全加器？试设计两个一位二进制数相加的全加器。

第 4 章　存储器与存储系统

本章将介绍存储器的基本工作原理和各类存储器的特性及使用。

存储器是计算机系统的记忆部件，用来存放程序和各种数据，根据微处理器的控制指令将这些程序或者数据提供给计算机使用。在计算机开始工作以后，存储器还为其他部件提供信息，同时保存中间结果和最终结果。随着计算机的发展，存储器在系统中的地位越来越高，这是因为超大规模集成电路的制作技术使 CPU 的速率变得很高，而存储器的存数和取数的速度与它很难适配，因而计算机系统的运行速度在很大程度上受到存储器速度的制约。

学习目的

① 了解主存储器在全机中的地位、主存储器分类、主存储器的主要技术指标、主存储器的基本操作。

② 掌握存储器的组成、读/写过程的时序及再生的原因和实现方法。

③ 掌握半导体存储器的组成与控制，了解多体交叉存储器的原理和编码方法。

④ 掌握存储系统的层次结构，以及分析层次结构的目的和实现方式。

⑤ 掌握高速缓冲存储器的原理、基本结构和 cache 的存储器组织。

⑥ 掌握虚拟存储器信息传送单位和存储管理，以及虚拟存储器工作的全过程。

4.1 概　述

存储系统是计算机系统的重要组成部分，由存放程序和数据的各种存储设备、控制部件和管理信息调度的设备（硬件）和算法（软件）组成。

4.1.1 存储器分类

存储器的分类方式很多，本节分别介绍按存储介质、存取方式、存储器的读写功能、信息的可保存性和存储器在计算机中的作用来进行的分类方式。

1. 按存储介质分类

存储系统按存储介质可分为半导体存储器和磁表面存储器。

① 半导体存储器。用半导体器件做成的存储器。

② 磁表面存储器。用某些磁性材料做成的存储器。

2. 按存取方式分类

按存取方式分类，可分为随机存储器和顺序存储器。

① 随机存储器。任何存储单元的内容都能被随机存取，且存取时间和存储单元的物理位置无关。

② 顺序存储器。只能按某种顺序来存取存储单元的内容，存取时间和存储单元的物理位置有关。

3. 按存储器的读写功能分类

按存储器的读写功能分类，可分为只读存储器（ROM）和随机读写存储器（RAM）。

① 只读存储器（ROM）。存储的内容是固定不变的，只能读出而不能写入的半导体存储器。

只读存储器所存数据，一般是在装入整机前事先写好的。整机工作过程中只能从只读存储器中读出事先存储的数据，而不能加以改写。由于 ROM 所存数据比较稳定、不易改变，即使在断电后所存数据也不会改变，而且它的结构也比较简单，读出比较方便，因而 ROM 常用于存储各种固定程序和数据。除少数品种的只读存储器（如字符发生器）可以通用之外，不同用户所需只读存储器的内容不同。为便于使用和大批量生产，发展出了掩模只读存储器（MROM）、可编程只读存储器（PROM）、可擦可编程只读存储器（EPROM）和电可擦可编程只读存储器（EEPROM）。

② 随机读写存储器（RAM）。既能读出又能写入的半导体存储器。

4. 按信息的可保存性分类

按信息的可保存性分类，可分为非永久记忆性存储器和永久记忆性存储器。

① 非永久记忆性存储器。断电后信息消失的存储器。

② 永久记忆性存储器。断电后仍能保存信息的存储器。

5. 按存储器在计算机系统中的作用分类

按存储器在计算机系统中的作用，可分为主存储器、辅助存储器、高速缓冲存储器、控制存储器等。

① 主存储器简称主存，又称内存，用来存放计算机运行期间所需要的程序和数据，是计算机各部件信息交流的中心。

② 辅助存储器简称辅存，又称外存，用来存储大量暂时不参与运算的程序和数据，以及需要长期保存的运算结果。常见的外存储器有软盘、硬盘、闪盘、光盘和磁带等。

③ 高速缓冲存储器简称缓存，是存在于主存与 CPU 之间的一级存储器，由静态存储芯片（SRAM）组成，容量比较小但速度比主存储器高得多，接近 CPU 的速度。在计算机存储系统的层次结构中，高速缓冲存储器是介于 CPU 和主存储器之间的高速小容量存储器，它和主存储

器一起构成一级存储器。高速缓冲存储器和主存储器之间信息的调度和传送是由硬件自动进行的。

④ 控制存储器是用来存放控制命令字的存储器。

4.1.2　存储系统的层次结构

存储系统是指把两种或者两种以上不同存储容量、不同存取速度、不同价格的存储器组成层次结构，并通过管理软件和辅助硬件将不同性能的存储器组合成有机的整体，又称为计算机的存储结构或存储体系。现代计算机采用的典型存储结构有“主存–辅存”和“Cache–主存”两种，如图 4–1 所示。

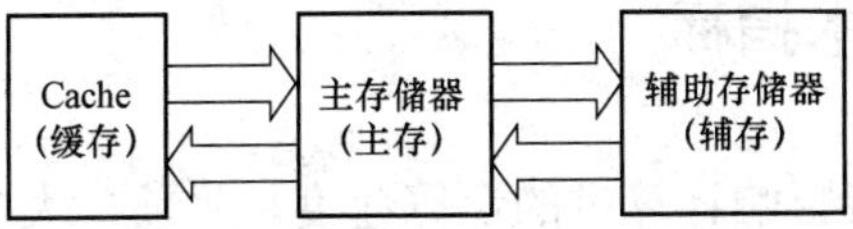

图 4–1　现代计算机的典型存储结构

几种存储器的特点是 Cache 容量最小，速度最快，价格最高。辅存容量最大，速度最慢，价格最低。从 CPU 角度来看，Cache–主存这一层次的速度接近缓存，高于主存，其容量和位价却接近主存。这就从速度和成本的矛盾中获得了理想的解决办法。主存–辅存这一层次，其速度接近主存，容量接近辅存，平均位价也接近低速、廉价的辅存，这又解决了速度、容量、成本这三者之间的矛盾。现代计算机系统几乎都具有这两个存储层次，构成了缓存、主存、辅存三级存储系统。可以用一个形象的存储器分层结构图来反映上述的问题，如图 4–2 所示。

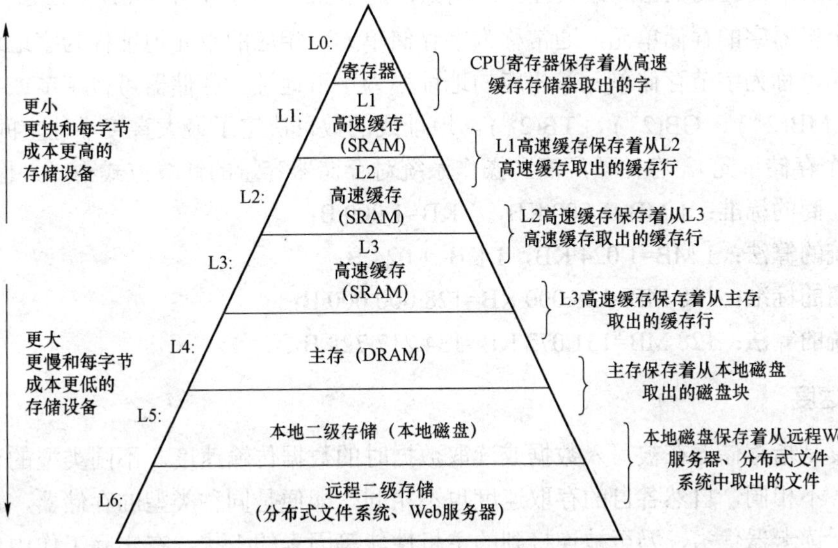

图 4–2　存储器的分层结构图

4.2 存 储 器

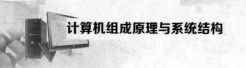

主存储器，处于全机中心地位，其作用是存放指令和数据，并能由CPU直接随机存取。现代计算机为了提高性能，兼顾合理的造价，往往采用多级存储体系，既有存储容量小、存取速度高的高速缓冲存储器，也有存储容量和存取速度适中的主存储器。主存储器是按地址存放信息的，存取速度一般与地址无关。32 位的地址最大能表达 4 GB 的存储器地址。这对目前多数应用已经足够，但对于某些特大运算量的应用和特大型数据库显然是不够的，因此提出 64 位结构的要求。

4.2.1 存储器的主要技术指标

主存储器的存取速度直接影响计算机的运算速度。目前，大多数主存储器由半导体器件制成，具有容量小、存取速度快、断电后数据丢失的特点。主存储器的主要性能指标包括存储容量、存取速度、存取时间和存储周期。

1. 存储容量

存储容量是指存储器可以容纳的二进制信息量，其表示单位如下。

① 位（bit）。二进制数的最小单位，也是数字计算机的最小信息单位，通常用“b”表示。

② 字节（byte）。一个字节包含 8 b，通常用“B”表示。存储器容量一般都是以字节为单位表示的。

③ 字（word）。字由若干个字节组成，一个字到底等于多少个字节取决于计算机的字长，即计算机一次所能处理的数据的最大位数。例如，对于 32 位机，1 W = 4 B = 32 b。

存放一个机器字的存储单元，通常称为字存储单元，相应的单元地址称为字地址；存放一个字节的单元，称为字节存储单元，相应的地址称为字节地址。存储器可按字节或字寻址，单位 KB(2^{10})、MB(2^{20})、GB(2^{30})、TB(2^{40})。地址线的数目决定了最大直接寻址空间的大小（n 位地址：2^n 个存储单元）。存储器厂商和操作系统对存储器容量的计算方式不一，例如：

存储器厂商的标准：1 MB=1 000 KB，1 KB=1 000 B；

操作系统的算法：1 MB=1 024 KB，1 KB=1 024 B；

存储厂商的标准：128 MB=128 000 KB=128 000 000 B；

操作系统的算法：128 MB=131 072 KB=134 217 728 B。

2. 存取速度

存取速度是指存储器在被写入数据或读取数据时的数据传输速度。不同类型的存储器采用的接口规范各不相同，自然各自的存取速度也不相同。即便是同种类型的存储器，也受到各厂商制造水平、读卡器优劣，乃至被连接到的主机性能等因素的干扰，在实际工作中也表现出不同的存取速度。

3. 存取时间

存取时间又称存储器访问时间，是指启动一次存储器操作到完成该操作所经历的时间。

具体来说，从一次读操作命令发出到该操作完成，将数据读入数据缓冲寄存器为止所经历的时间即为存储器存取时间，可分为读出时间和写入时间。

4. 存储周期

存储周期又称读/写周期或访问周期，是指 CPU 连续启动两次独立的存取操作所需间隔的最短时间。

存储周期通常用访问周期（又称存取周期等）表示，该概念与存取时间不同，存储周期略大于存取时间，其时间单位为纳秒（ns），目前一般存储器的存储周期可达几纳秒。

4.2.2　主存储器的基本操作

CPU 通过 AR（地址寄存器）、DR（数据寄存器）和总线与主存储器进行数据传送。若 AR 为 k 位字长，DR 为 n 位字长，则允许主存储器包含 2^k 个可寻址单元。CPU 与主存储器采取异步工作方式，以 Ready 信号表示一次读/写操作的结束。为了从主存储器中取一个信息字，CPU 必须指定存储器字地址并进行“读”操作，同时等待从主存储器发来的回答信号，通知 CPU 读操作完成，主存储器通过 Ready 控制线做出回答，若 Ready 信号为“1”，说明存储字的内容已经读出，并放在数据总线上，送入 DR，这时“取”数操作完成。为了“存”一个字到主存储器，CPU 先将信息在主存储器中的地址经 AR 送地址总线（AB），并将信息字送 DR，同时发出“写”命令。此后，CPU 等待写操作完成信号。主存储器从数据总线（DB）接收到信息字并按地址总线指定的地址存储，然后经 Ready 控制线发回存储器操作完成信号，这时“存”数操作完成。如图 4–3 所示。

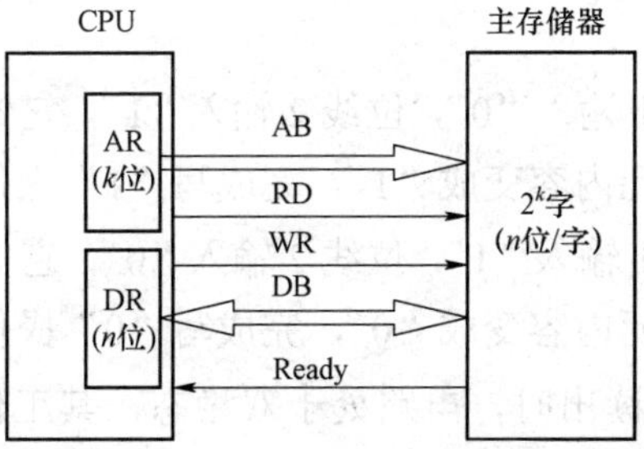

AR—地址寄存器；DR—数据寄存器；AB—地址总线；DB—数据总线；WR—写操作；RD—读操作。

图 4–3　CPU 与主存储器连接方式

4.2.3　静态存储器

随机读写存储器（random access memory，RAM）是一种可读写存储器，其特点是存储器的任何一个存储单元的内容都可以随机存取，而且存取时间与存储单元的物理位置无关。计算机系统中的主存储器都采用这种随机存储器。基于存储信息原理的不同，RAM 又分为静态 RAM（以触发器原理寄存信息）和动态 RAM（以电容充放电原理寄存信息）。

静态存储器（SRAM）利用双稳态触发器的 2 个稳定状态来保存信息，只要不断电，信息就不会丢失，因为其不需要进行动态刷新。静态存储器是以触发器为存储元的存储器，其特点是信息不需要再生，因而使用方便。静态存储器的存储元如图 4-4 所示。

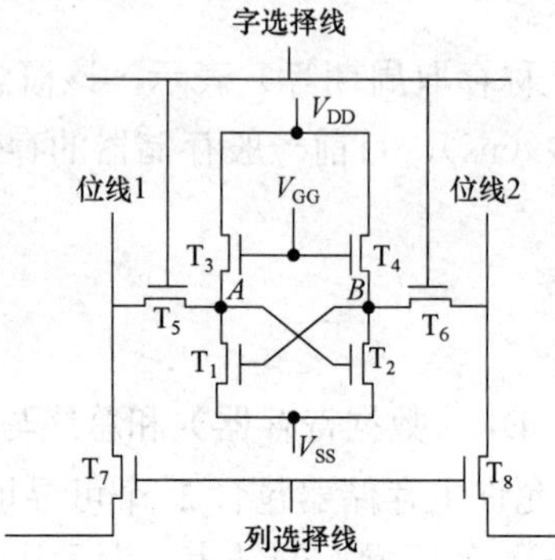

图 4-4　静态存储器的存储元

字选择线=“1”，记忆单元被选中，T_5、T_6 通，可进行读、写操作。

1. 读操作

因为 T_5、T_6 通 ⇒ 则 A、B 点与位线 1、位线 2 相连。

若记忆单元为“1” ⇒ A=0，B=1 ⇒ T_1 通，T_2 止，则位线 1 产生负脉冲。

若记忆单元为“0” ⇒ A=1，B=0 ⇒ T_1 止，T_2 通，则位线 2 产生负脉冲。

这样根据两条位线上哪一条产生负脉冲判断读出 1 还是 0。

2. 写操作

若要写入“1”，则使位线 1 输入“0”，位线 2 输入“1”，它们分别通过 T_5、T_6 管迫使 T_1 通、T_2 止 ⇒ A=0，B=1，使记忆单元内容变成“1”，完成写“1”操作

若要写入“0”，则使位线 1 输入“1”，位线 2 输入“0”，它们分别通过 T_5、T_6 管迫使 T_1 止、T_2 通 ⇒ A=1，B=0，使记忆单元内容变成“0”，完成写“0”操作

在该记忆单元未被选中或读出时，电路处于双稳态，其工作状态由电源 V_{DD} 不断给 T_1、T_2 供电来加以保持，但是只要电源被切断，原存信息便会丢失，这就是半导体存储器的易失性。

图 4-5 是用如图 4-4 所示存储元组成的 256×1 位静态存储器的结构。

行地址译码器将输入地址的 A0～A3 译成行线上的高、低电平信号输出，用于从存储矩阵中选中一行存储单元；列地址译码器将输入地址的 A4～A7 译成列线上的高、低电平信号输出，从选中的一行存储单元中选取对应的位线，使这些被选中的存储单元经读/写控制电路与输入输出接通，以便对这些存储单元进行读写操作。

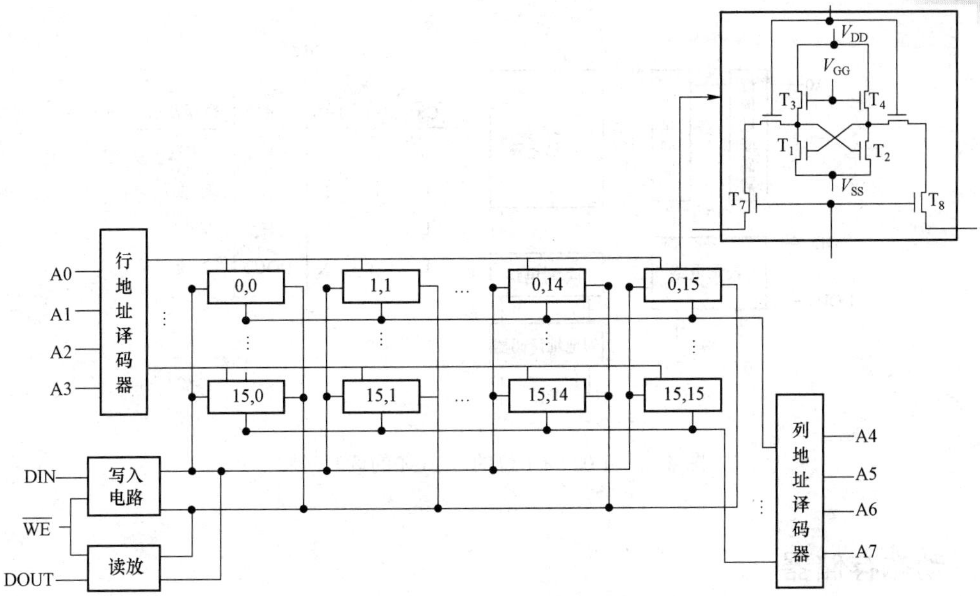

图 4-5　256×1 位静态存储器的结构

读/写控制电路用于对电路的工作状态进行控制。当读/写控制信号 RW=1 时，执行读操作，大部分将存储单元里的数据送到输入输出端上；当 RNW=0 时，执行写操作，加到输入输出端上的数据被写入存储单元中。在读/写控制电路中另设有片选输入端 CS。当 CS=0 时，RAM 为正常工作状 DM 的可擦除状态；当 CS=1 时，所有的输入输出端均为高阻态，不能对 RAM 进行读写操作。总之，一个 RAM 有三根线：① 地址线是单向的，它传送地址码（二进制），以便按地址访问存储单元。② 数据线是双向的，它将数据码（二进制数）送入存储矩阵或从存储矩阵读出。③ 读/写控制线传送读（写）命令，即读时不写，写时不读。1 024×1 位的 SRAM 的结构和读写逻辑如图 4-6、图 4-7 所示。

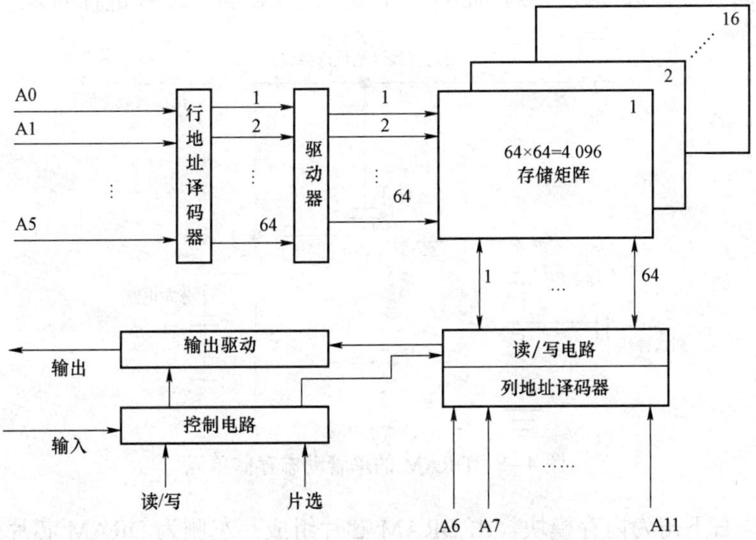

图 4-6　1 024×1 位的 SRAM 存储器的结构

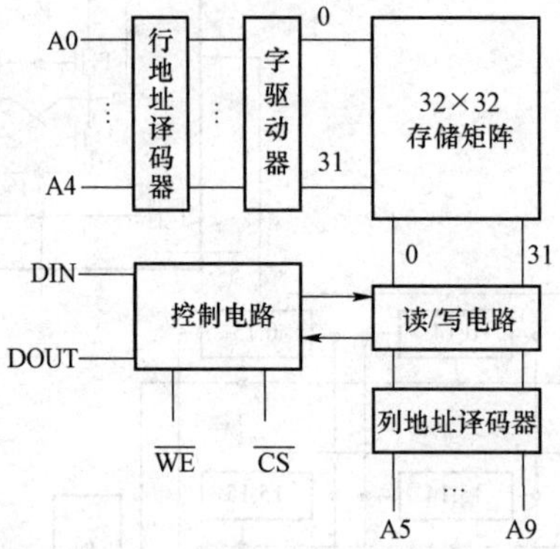

功能表

$\overline{CS}$	$\overline{WE}$	DIN	DOUT	操作方式
H	X	X	H	未选
L	L	L	H	写“0”
L	L	H	H	写“1”
L	H	X	DOUT	读

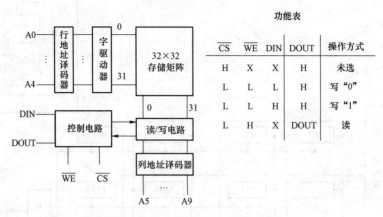

图 4–7　1 024×1 位的 SRAM 的读写逻辑

4.2.4　动态存储器

动态存储器（DRAM）的特点是读写速度较慢，集成度高，生产成本低，多用于容量较大的主存储器。

1. DRAM 结构

DRAM 的单管动态存储单元如图 4–8 所示。DRAM 的结构如图 4–9 所示。

① 电容上存有电荷时，表示存储数据 *A* 为逻辑 1。

② 行选择线有效时，数据通过 T_1 送至 *B* 处。

③ 列选择线有效时，数据通过 T_2 送至芯片的数据引脚 I/O。

④ 为防止存储电容 C 放电导致数据丢失，必须定时进行刷新。

⑤ 动态刷新时，行选择线有效，而列选择线无效（刷新是逐行进行的）。

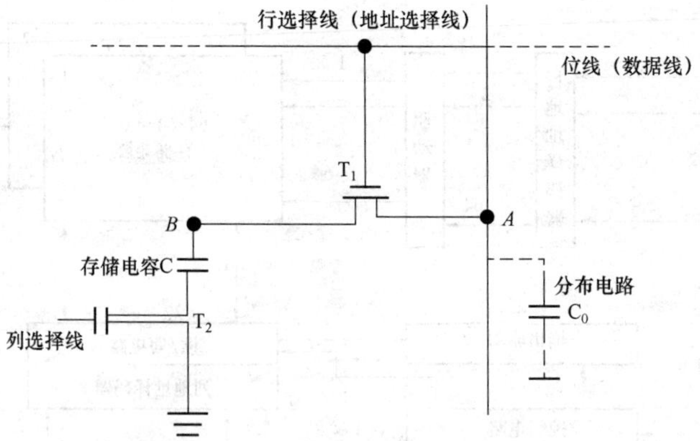

图 4–8　DRAM 的单管动态存储单元

图 4–9 中，右下角为内存模块，由 DRAM 芯片组成；左侧为 DRAM 芯片的内部结构，从中可以看出 DRAM 芯片由众多存储单元组成。

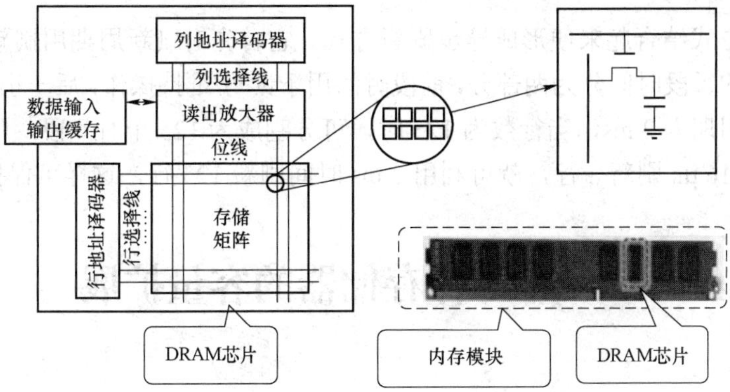

图 4-9　DRAM 的结构

2. 动态 MOS 存储器的刷新

动态 MOS 存储器采用“读出”方式进行刷新。因为在读出过程中将恢复存储单元的 MOS 栅极电容电荷，并保持原单元的内容，所以读出过程就是刷新过程。DRAM 芯片的刷新时序如图 4-10 所示。刷新时，给芯片加上行地址并使行选信号有效，列选信号无效，芯片内部刷新电路将选中行所有单元的信息进行刷新（对原来为“1”的电容补充电荷，原来为“0”的则保持不变，由于 CAS 无效），刷新时，位线上的信息不会送到数据总线上。在刷新过程中只改变行选择线地址每次刷新一行，依次对存储器的每一行进行读出，就可完成对整个动态 MOS 存储器的刷新。从上一次对整个存储器刷新结束到下一次对整个存储器刷新结束，这个时间间隔称为刷新周期。刷新周期一般为 2 ms、4 ms 或 8 ms。

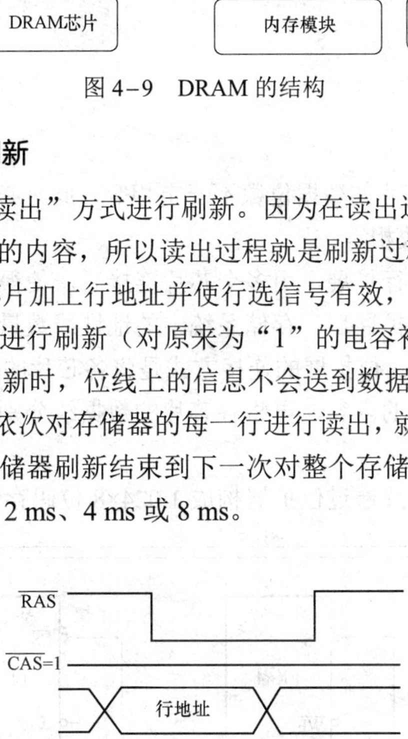

图 4-10　DRAM 芯片的刷新时序

1）集中式刷新方式

集中式刷新指在一个刷新周期内，利用一段固定的时间依次对存储器的所有行逐一再生，此期间停止对存储器的读和写。例如，一个存储器有 1 024 行，系统工作周期为 200 μs，RAM 刷新周期为 2 ms。这样，在一个刷新周期内共有 10 000 个工作周期，其中用于再生的为 1 024 个工作周期，用于读和写的为 8 976 个工作周期。即 $(2\text{ ms} / 200\ \mu\text{s}) - 1\,024 = 8\,976$。集中刷新的缺点是在刷新期间不能访问存储器，有时会影响计算机系统的正确工作。

2）分布式刷新方式

分布式刷新采取在 2 ms 时间内分散地将 1 024 行刷新一遍的方法，具体做法是将刷新周期除以行数，得到两次刷新操作之间的时间间隔 t，利用逻辑电路每隔时间 t 产生一次刷新请求。动态 MOS 存储器的刷新需要有硬件电路的支持，包括刷新计数器、刷新访存裁决、刷新控制逻辑等。这些线路可以集中在 RAM 存储控制器芯片中。

3）异步式刷新方式

将以上两种方式结合起来便形成异步刷新方式。它首先对刷新周期用刷新时间进行分割，然后将已经分割的每段时间分为两部分，前段时间用于读写/维持操作，后一小段时间用于刷新。例如，假设刷新周期为 2 ms，当行数为 125 时，可分割成为 125 个时间段，则每个时间段则为 16 μs。只要每隔 16 μs 刷新一行，就可利用 2 ms 时间刷新 125 行，这样可保持系统的高速性。

4.3 半导体存储器的容量扩展

4.3.1 位扩展法

CPU 的数据线数与存储芯片的数据位数不一定相等，此时必须对存储芯片进行位扩展，使其数据位数与 CPU 的数据线数相等。

位扩展是指只在位数上进行扩展，用多个芯片连接后，使得每个存储单元的字长增加，但存储单元的数量保持不变。位扩展后，存储系统中的地址线数量不变，存储系统的数据线数量是每个芯片数据线数量的总和。位扩展的连接方式是将各芯片的内部地址线、片选信号以及读/写控制线相应并联，发送相同的内容，再将各芯片的数据线分别引出后进行合并。因此，位扩展法又称并联法。

例如，使用 2 片 1 K×4 芯片通过位扩展构成 1 024×8 位码存储器，如图 4-11 所示。

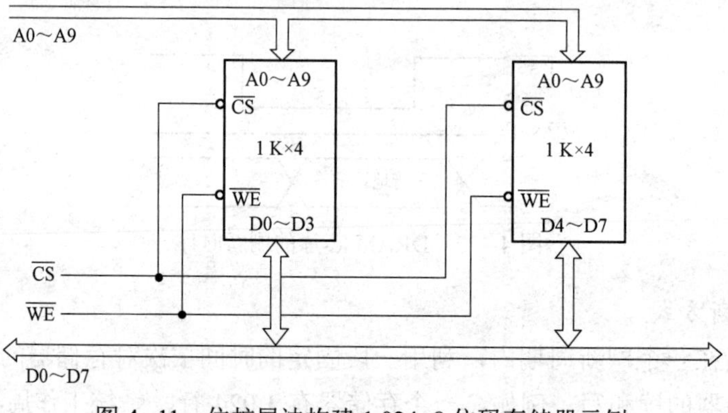

图 4-11　位扩展法构建 1 024×8 位码存储器示例

例如，使用 8 K×1 的 RAM 存储芯片构建 8 192×8 位存储器，可采用如图 4-12 所示的位扩展法。此时只加大字长，而存储器的字数与存储器芯片字数一致。图中每一片 RAM 都是 8 K×1 芯片，所以地址线为 13 条（A0～A12），可满足整个存储体容量的要求。每一片 RAM 对应于数据的 1 位（只有一条数据线），故只需将它们分别接到数据总线上的相应位即可。在位扩展法中，对存储芯片没有选片要求，就是说，存储芯片按已经被选中的来考虑。如果存储芯片有选片输入端 ($\overline{CS}$)，则可将它们直接接地（有效）。在这个例子中，每一条地址总线接有 8 个负载，每一条数据线接 1 个负载。

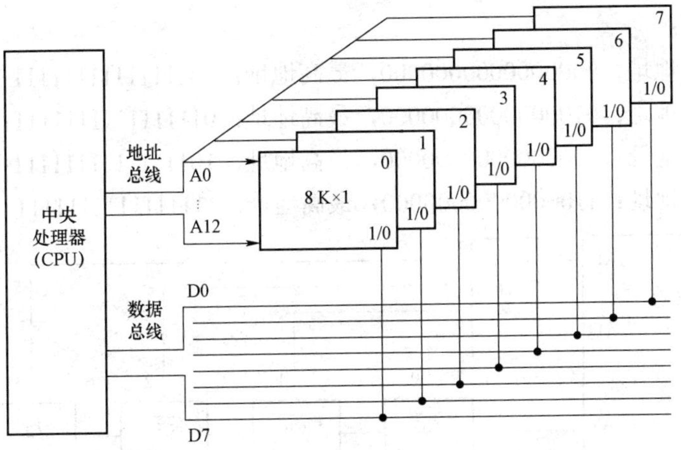

图 4－12　位扩展法构建 8 192×8 位存储器示例

4.3.2　字扩展法

字扩展指的是在字向上进行扩展，即增加存储单元的数量，但每个存储单元的位数不变。字扩展后，存储单元数量增加，地址线数量也要随之增加，即除了存在于芯片内部的地址线之外，还存在部分芯片外部的地址线。此时，将各芯片的数据线、内部地址线、读/写控制线相应并联，由片选信号来区分各片地址。

例如，使用 4 片 1 K×4 芯片通过位扩展构建 8 192×1 位存储器，如图 4－13 所示。

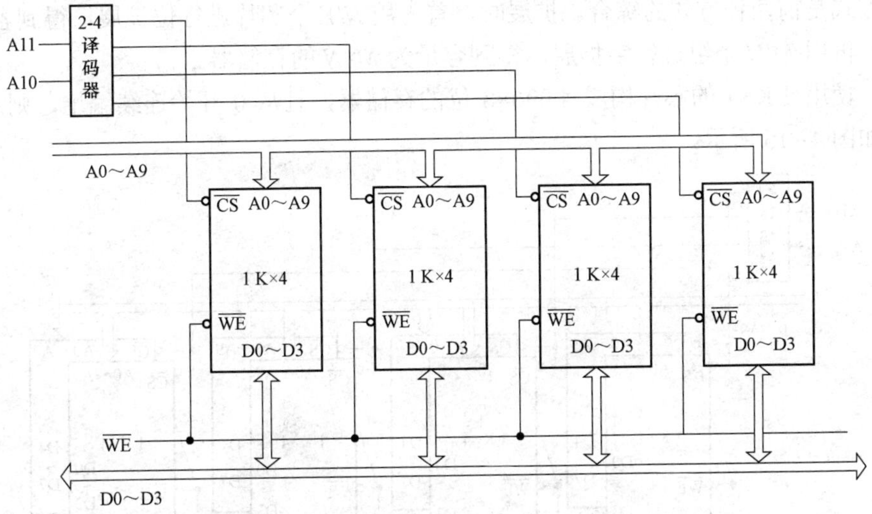

图 4－13　字扩展法构建 8 192×1 位存储器示例

例如，使用 16 K×8 芯片，采用字扩展法构建 65 536×8 位存储器，可按图 4－14 进行构建。图中，4 个芯片的数据端与数据总线 D7～D0 相连，地址总线的低位地址 A13～A0 与各芯片的 14 位地址端需要相连，而两位高位地址 A14、A15 经译码器和 4 个片选端相连，将 A15、A14 用作片选信号，当 $A_{15}A_{14}$=00 时，译码器输出端 0 有效，选中最左边的 1 号芯片；当 $A_{15}A_{14}$=01 时，译码器输出端 1 有效选中 2 号芯片，此类推（在同一时间内只能有一个芯片被选中）各芯片的地址分配如下：

第 1 片：最低地址：0000000000000000，最高地址：0011111111111111（16 位）；

第 2 片：最低地址：0100000000000000，最高地址：0111111111111111；

第 3 片：最低地址：1000000000000000，最高地址：1011111111111111；

第 4 片：最低地址：1100000000000000，最高地址：1111111111111111。

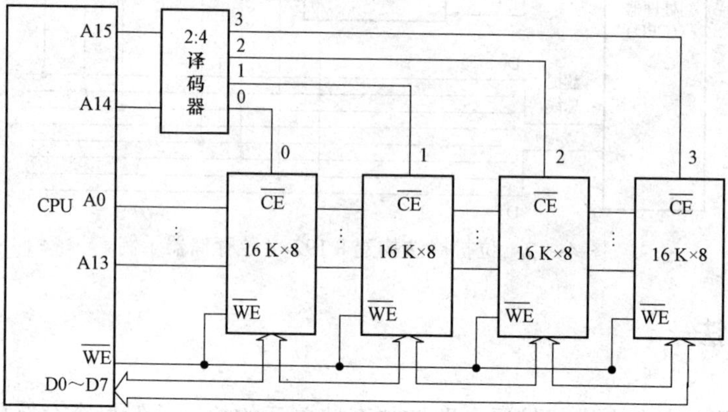

图 4-14　字扩展法构建 65 536×8 位存储器示例

4.3.3　字位同时扩展法

实际上，存储器往往需要字和位同时扩充。在字向和位向上同时进行扩展，称为字位扩展，字位扩展方式是前两种方式的综合。扩展时，首先用 *N*/*V* 个芯片进行位扩展，得到容量为 *U*×*N* 的一个组，再用 *M*/*U* 个组进行字扩展，得到容量为 *M*×*N* 的存储器。

例如，使用 1 K×4 的芯片构成 4 096×8 位的存储器，且从 0 开始连续编址，则总共需要 8 个芯片，如图 4-15 所示。

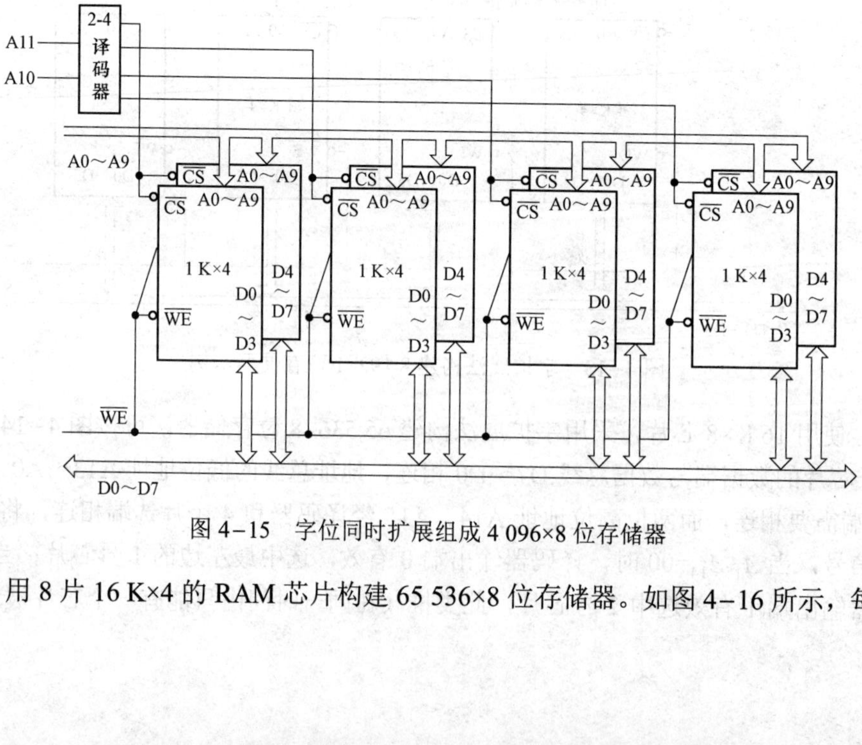

图 4-15　字位同时扩展组成 4 096×8 位存储器

例如，用 8 片 16 K×4 的 RAM 芯片构建 65 536×8 位存储器。如图 4-16 所示，每两片构成一组 16 384×8 位存储器（位扩展），4 组便构成 65 536×8 位存储器（字扩展）。地址线 A15、A14 经译码器得到 4 个片选信号，当 $A_{15}A_{14}$=00 时，译码器输出 0111，因为芯片片选为 0 有效，因此选中第一组芯片；当 $A_{15}A_{14}$=01 时，译码器输出 1011，选中第二组芯片，依此类推。

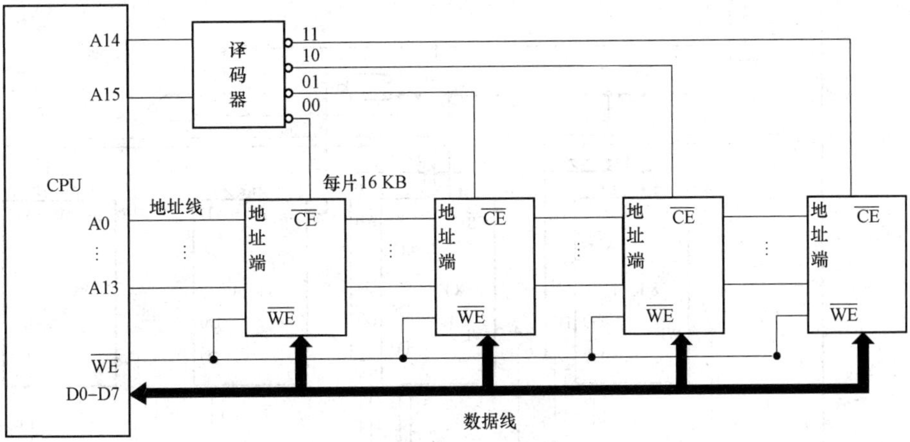

图 4–16　字位同时扩展组成 65 536×8 位存储器

［例 4–1］设存储器的地址分布如图 4–17 所示，按字节编址，现有芯片包括 4 K×8 的 ROM 和 8 K×4 的 RAM，设计存储系统，并将其与 CPU 连接。

0000H～1FFFH	RAM1
2000H～3FFFH	RAM2
4000H～5FFFH	空
6000H～7FFFH	ROM

图 4–17　存储器的地址分布

解：

因为是按字节编址，所以每个存储单元为 8 b。

根据分布可以计算出，4 个区域中每个区域的容量均为 8 192×8 位。

根据所给的芯片，RAM1 部分选用 2 片 8 K×4 的 RAM，RAM2 部分也选用 2 片 8 K×4 的 RAM，ROM 部分选用 2 片 4 K×8 的 ROM。

地址范围分析如图 4–18 所示。

0000	0000	0000	0000	RAM1
0001	1111	1111	1111	
0010	0000	0000	0000	RAM2
0011	1111	1111	1111	
0100	0000	0000	0000	空
0101	1111	1111	1111	
0110	0000	0000	0000	ROM
0111	1111	1111	1111	

图 4–18　地址范围分析

扩展芯片连接图如图 4-19 所示。

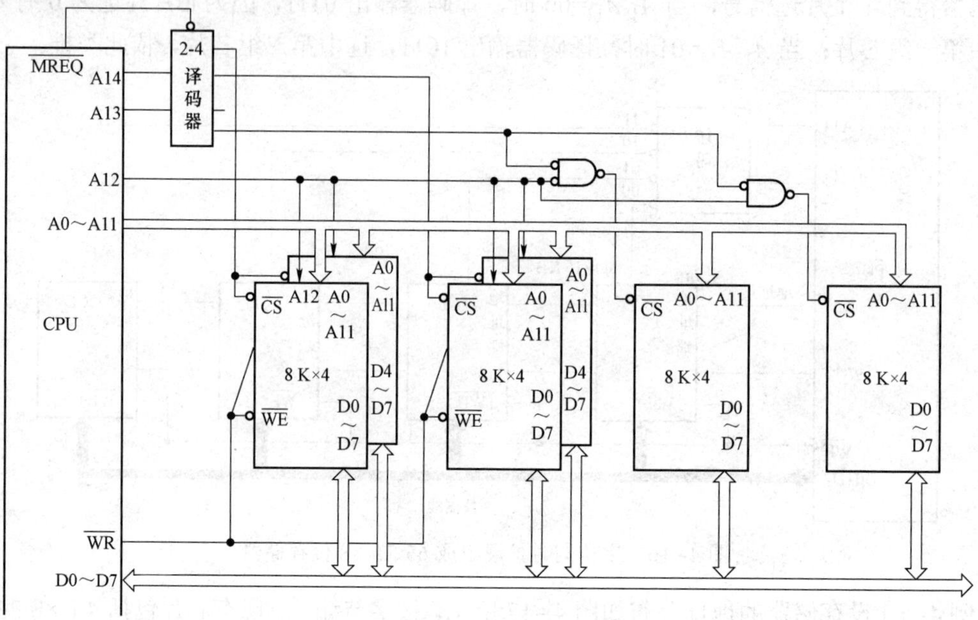

图 4-19　扩展芯片连接图

4.4　高速缓冲存储器

在计算机存储系统的层次结构中，高速缓冲存储器（Cache）是介于 CPU 和主存储器之间的高速小容量存储器。它和主存储器一起构成一级的存储器。高速缓冲存储器和主存储器之间信息的调度和传送是由硬件自动进行的。某些机器甚至有二级、三级缓存，每级缓存比前级缓存速度慢且容量大。而这时，一开始的高速小容量存储器就被人们称为一级缓存。高速缓冲存储器最重要的技术指标是它的命中率。

高速缓冲存储器作为存在于主存储器与 CPU 之间的一级存储器，是由静态存储芯片（SRAM）组成的，容量比较小，但速度比主存储器高得多，接近于 CPU 的速度。它主要由以下 3 大部件组成：

① Cache 存储体，存放由主存储器调入的指令与数据块；

② 地址变换部件，建立目录表，以实现主存地址到缓存地址的变换；

③ Cache 替换机构，在缓存已满时按一定策略进行数据块替换，并修改地址转换部件。

4.4.1　Cache 的工作原理

对大量典型程序运行情况的分析结果表明，在一个较短的时间间隔内，CPU 所需数据和指令通常集中在存储器逻辑地址空间的很小范围内，因为程序地址分布通常是连续的，对于循环结构来说，更是将一段程序重复执行。相对而言，指令的集中分布程度要大于数据，但对特殊的数据结构，如数组、矩阵，其访问地址通常也是连续的。这种对存储器局部范围的地址频繁访问，而对范围以外的其他地址很少访问的现象，称为程序访问的局部性原理。

根据程序和数据访问的时间、空间局部性原理，可以在主存储器和 CPU 之间设置一个高速、小容量的存储器，来缓解两者的速度差，这个高速、小容量的存储器就是 Cache。由于主存储器与 CPU 交互的信息包括指令和数据，因此还可以将 Cache 分为指令 Cache 和数据 Cache 两部分，这种结构称为哈佛结构。同样，还可以采用多级 Cache，除一级 Cache 在处理器芯片内外，还可以在芯片外设置二级 Cache，这种结构称为多层次 Cache 结构。无论哪种 Cache 结构，均能提高存储系统的速度，Cache 与主存储器构成的二级存储系统则称为 Cache 存储系统。

在 Cache 存储系统中，把 Cache 和主存储器都划分成相同大小的块，因此主存储器地址（简称主存地址）由块号（B）和块内地址（W）两部分组成；同样，Cache 地址也由块号（b）和块内地址（w）组成。Cache 的基本工作原理如图 4–20 所示。当 CPU 要访问 Cache 时，CPU 送来主存地址，放入主存地址寄存器中。通过主存 –Cache 地址变换部件将主存地址中的块号（B）变换成 Cache 的块号（b）放入，Cache 地址寄存器中，并且将主存地址中的块内地址（W）直接作为 Cache 的块内地址（w），装入到 Cache 地址寄存器。

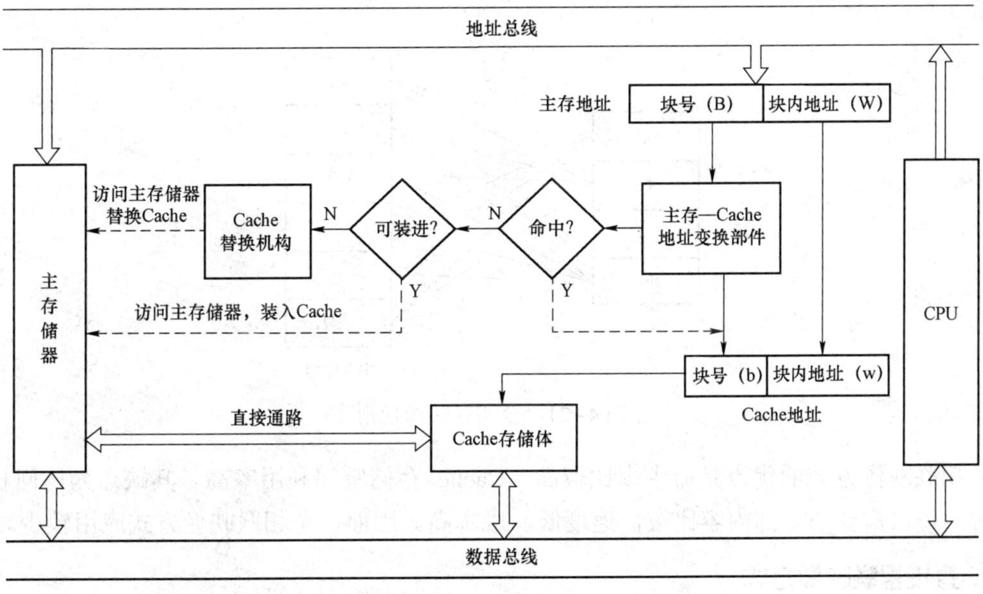

图 4–20　Cache 的基本工作原理

如果变换成功（命中），就直接根据 Cache 地址寄存器中的地址访问 Cache，将数据直接送往 CPU；如果变换不成功（不命中），则产生 Cache 失效信息，并且用主存地址访问主存储器，从主存储器读一个字送往 CPU，同时将包含该字在内的一整块数据从主存储器中读出，装入 Cache。此时，如果 Cache 未满，则直接装入；如果 Cache 已满，则需要根据 Cache 替换算法将某一块换出到原存放位置，再将新块装入。

目前，Cache 一般采用高速静态存储器 SRAM 实现，存储周期为 10 ns，存储容量在 64 KB 到 1 024 KB 之间，价格较贵。

4.4.2 Cache 地址映像

在 Cache 中，地址映像是指把主存地址空间映像到 Cache 地址空间。具体来说，就是把存放在主存储器中的程序按照某种规则装入 Cache 中，并建立主存地址与 Cache 地址之间的对应关系。

根据不同的映像和变换方式，有多种不同类型的 Cache 地址划分方式，下面将介绍 3 种常见的方式：全相联映像、直接相联映像、组相联映像。

1. 全相联映像方式

全相联映像方式，允许主存储器中的每一个字块映像到 Cache 的任何一个字块位置上，也允许利用某种替换策略从已被占满的 Cache 中选择任一字块替换出去。

地址映像规则：主存储器的任意一块可以映像到 Cache 中的任意一块。

全相联映像方式的特点如下：

① 主存储器与 Cache 分成相同大小的数据块；

② 主存储器的某一数据块可以装入 Cache 的任意一块空间中。

全相联映像规则如图 4-21 所示。如果 Cache 的块数为 C，主存储器的块数为 M，则其映像关系共有 $C \times M$ 种。

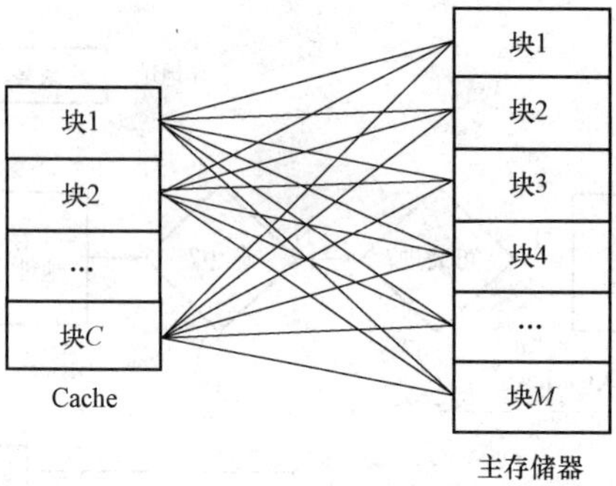

图 4-21　全相联映像规则

全相联映像方式的优点是命中率比较高，Cache 存储空间利用率高。其缺点为访问相关存储器时，每次都要与全部内容比较，速度低，成本高。因而，全相联映像方式应用较少。

2. 直接相联映像方式

这是一种多对一的映像关系，地址映像规则为：主存储器中一块只能映像到 Cache 的一个特定的块中。其特点如下：

① 主存储器与 Cache 分成相同大小的数据块；

② 主存储器容量应是 Cache 容量的整数倍，将主存储器空间按 Cache 的容量分成区，主存储器中每一区的块数与 Cache 的总块数相等；

③ 主存储器中某区的一块存入 Cache 时只能存入 Cache 中块号相同的位置。

图 4-22 为直接相联映像规则。可见，主存储器中各区内相同块号的数据块都可以分别调入 Cache 中块号相同的地址中，但同时只能有一个区的块存入 Cache。由于主存储器、Cache 块

号相同，因此，目录登记时，只记录调入块的区号即可。

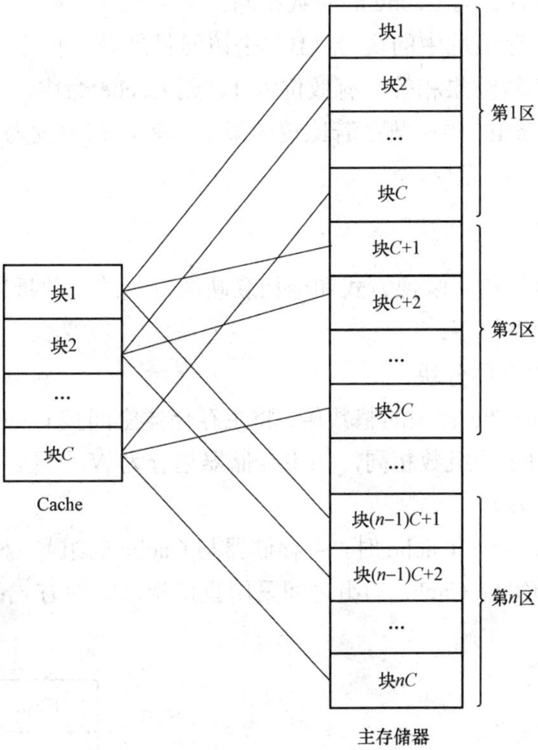

图 4-22　直接相联映像规则

直接相联映像方式的优点为地址映像方式简单，数据访问时，只需检查区号是否相等即可，因而可以得到比较快的访问速度，硬件设备简单。缺点为替换操作频繁、命中率比较低。

直接相联映像方式的地址变换规则如图 4-23 所示。主存储器、Cache 块号及块内地址两个

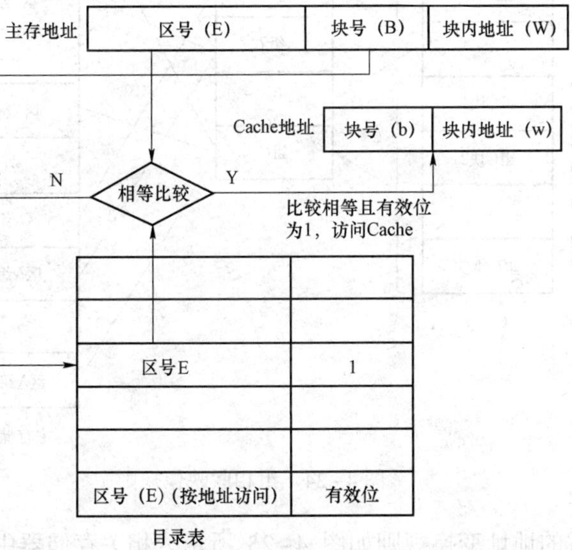

图 4-23　直接相联映像方式的地址变换规则

字段完全相同。目录表存放在高速小容量存储器中，其中包括两部分：数据块在主存储器中的区号和有效位。目录表的容量与 Cache 的块数相同。

地址变换过程：用主存地址中的块号（B）去访问目录表，把读出来的区号与主存地址中的区号 E 进行比较，若比较结果相等，有效位为 1，则 Cache 命中，可以直接用块号及块内地址组成的 Cache 地址到 Cache 中取数；若比较结果不相等，有效位为 1，可以进行替换，如果有效位为 0，可以直接调入所需块。

3. 组相联映像方式

组相联映像方式是直接相联映像方式和全相联映像方式的一种折衷方案，如图 4-24 所示。组相联映像方式的映像规则如下：

① Cache 先分组，组下再分块；

② 主存储器容量是 Cache 容量的整数倍，将主存储器空间按 Cache 的大小分成区，主存储器中每一区的组数与 Cache 的组数相同，如主存储器划分为 N 个区，每区 C 组，每组 D 块；Cache 划分成 C 组，每组 D 块。

③ 当主存储器的数据调入 Cache 时，主存储器与 Cache 的组号应相同，但组内各块可以任意存放，即从主存储器的组到 Cache 的组之间采用直接相联映像方式；在两个对应的组内部采用全相联映像方式。

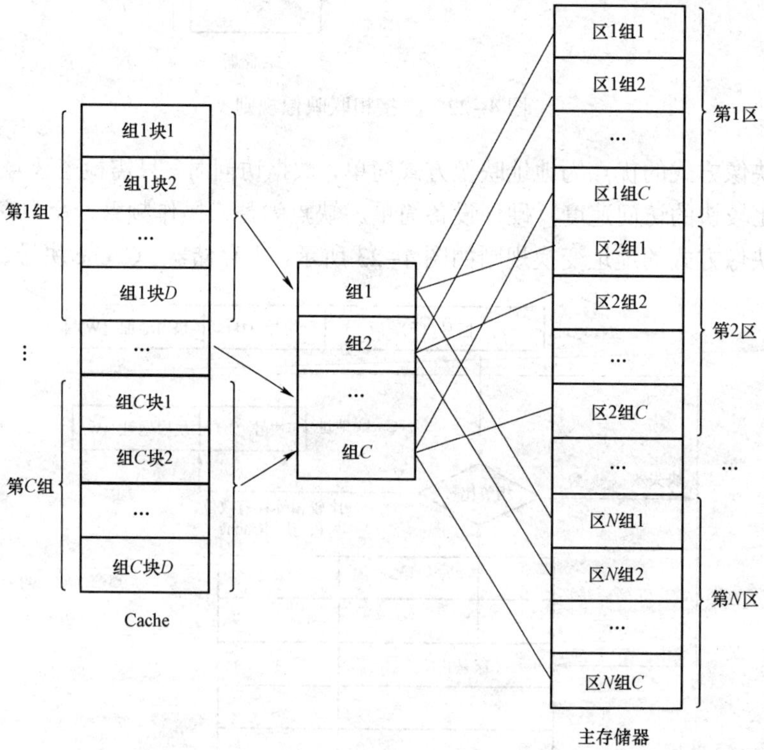

图 4-24　组相联映像规则

组相联映像方式的地址变换规则如图 4-25 所示。相关存储器中每个单元都包含有主存地址中的区号（E）与组内块号（B），两者结合在一起，其对应的字段是 Cache 块地址。相关存储器的容量应与 Cache 的块数相同。当进行数据访问时，先根据组号，在目录表中找到该组所包含的各块的目录，然后将被访数据的主存区号和组内块号，与本组内各块的目录同时进行比较。如果比较结果是相等，而且有效位为“1”，则命中。

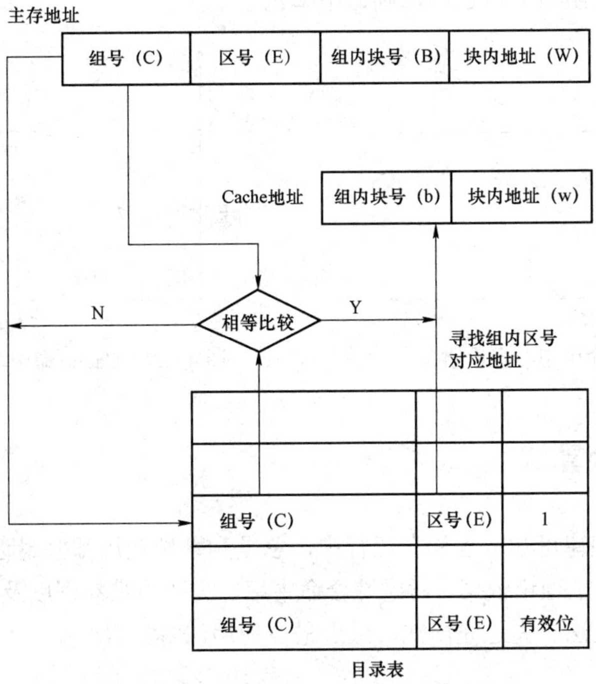

图 4–25　组相联映像方式的地址变换规则

可将其对应的 Cache 块地址送到缓存地址寄存器的块地址字段，与组号及块内地址组装即形成 Cache 地址。如果比较不相等，说明没命中，所访问的数据块尚没有进入 Cache，则进行组内替换；如果有效位为 0，则说明缓存的该块尚未利用，或是原来数据作废，可重新调入新块。

组相联映像方式的优点是块的冲突概率比较低；块的利用率大幅度提高；块失效率明显降低。缺点是实现难度和造价要比直接相联映像方式高。

4.4.3　Cache 命中率

命中率指 CPU 所要访问的信息在 Cache 中的比率。在一个程序执行期间：设 N_c 表示 Cache 完成存取的总次数，N_m 表示主存储器完成存取的总次数，h 定义为命中率，则有：

$$h=\frac{N_c}{N_c+N_m}$$

若 t_c 表示命中时的 Cache 访问时间，t_m 表示未命中时的主存储器访问时间，$1-h$ 表示不命中率，则平均访问时间 t_a 为：

$$t_a=ht_c+(1-h)(t_m+t_c)$$

影响 Cache 命中率的因素很多，如 Cache 的容量、块的大小、映像方式、替换策略以及程序执行中地址流的分布情况等。一般地说，Cache 容量越大，则命中率越高，当容量达到一定程度后，命中率的提高并不明显，Cache 命中率与容量的关系如图 4-26 所示；Cache 块容量加大，命中率也明显增加，但增加到一定值之后反而出现命中率下降的现象，Cache 命中率与块大小的关系如图 4-27 所示。直接相联映像法命中率比较低，全相联映像方式命中率比较高，在组相联映像方式中，组数分得过多，则命中率也会下降。

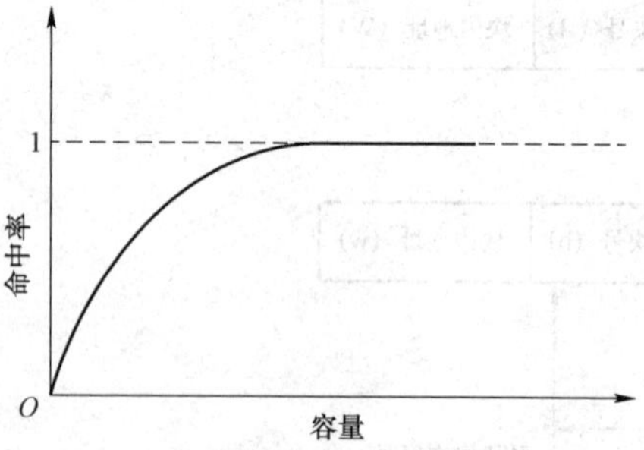

图 4-26　Cache 命中率与容量的关系

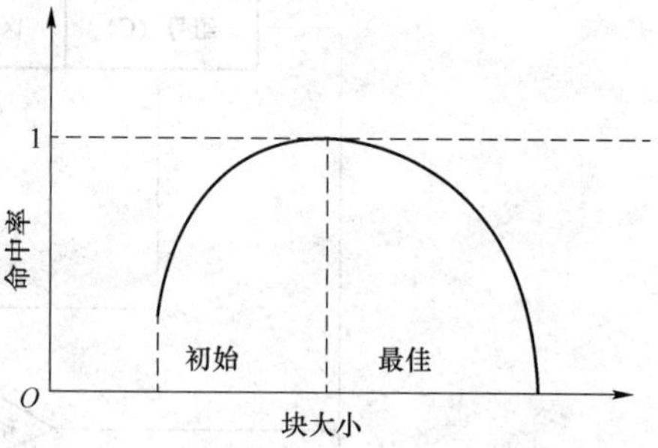

图 4-27　Cache 命中率与块大小的关系

4.4.4　Cache 替换算法

根据程序局部性规律可知：程序在运行中，总是频繁地使用那些最近被使用过的指令和数据，这为替换策略提供了理论依据。考虑综合命中率、实现的难易程度及速度的快慢各种因素，常用的替换策略有随机法、先进先出法、最近最少使用法等。

1. 随机法

随机法（RAND 法）是随机地确定替换的存储块。常见做法是：设置一个随机数产生器，依据所产生的随机数，确定替换块。这种方法简单、易于实现，但命中率比较低。

2. 先进先出法

先进先出法（FIFO 法）选择最早调入的块作为被替换的块。但最先调入并被多次命中的块，很可能也会被替换，因而不符合局部性规律。这种方法的命中率比随机法好些，但还不满足要求。

先进先出法易于实现，例如，Cache 采用组相联方式，每组 4 块，每块都设定一个两位的计数器，当某块被装入或被替换时该块的计数器清为 0，而同组的其他各块的计数器均加 1，当需要替换时就选择计数值最大的块来替换。先进先出法替换过程如表 4-1 所示。由表 4-1 可以看出，先进先出法的命中率仅为 10%，由此可见先进先出法并不是理想的替换方法。

表 4-1　先进先出法替换过程

块号	2	1	0	2	3	4	2	5	0	3
0	2	2	2	2	2	1	0	3	4	2
1		1	1	1	1	0	3	4	2	5
2			0	0	0	3	4	2	5	0
3					3	4	2	5	0	3
	装入	装入	装入	命中	装入	替换	替换	替换	替换	替换

3. 最近最少使用法

最近最少使用法（LRU 法）依据各块使用的情况，总是选择那个最近最少使用的块来替换。这种方法比较好地反映了程序局部性规律。

实现 LRU 策略的方法有多种。下面简单介绍计数器法、寄存器栈法及硬件逻辑比较法的设计想路。

1）计数器法

Cache 的每一块都设置一个计数器，计数器的操作规则如下：

① 被调入或者被替换的块，其计数器清“0”，而其他的计数器则加“1”；

② 当访问命中时，所有块的计数值与命中块的计数值要进行比较，如果计数值小于命中块的计数值，则该块的计数值加“1”；如果块的计数值大于命中块的计数值，则该块的计数值不变。最后将命中块的计数器清为 0；

③ 需要替换时，则选择计数值最大的块来替换。

例如，BM37065 机的 Cache 用组相联映像方式，每组 4 块，每一块设置一个 2 位的计数器，其状态表如表 4–2 所示。

表 4–2　计数器状态表

主存块地址	块 4		块 2		块 3		块 5	
Cache 块 1	块号	计数器	块号	计数器	块号	计数器	块号	计数器
Cache 块 2	1	10	1	11	1	11	5	00
Cache 块 3	3	01	3	10	3	00	3	01
Cache 块 4	4	00	4	01	4	10	4	11
Cache 块 5	空	XX	2	00	2	01	2	10
操作	起始状态		调入		命中		替换	

2）寄存器栈法

设置一个寄存器栈，其容量为 Cache 中替换时参与选择的块数。如在组相联映像方式中，则是同组内的块数。堆栈由栈顶到栈底依次记录主存储器数据存入 Cache 的块号，现以一组内 4 块为例说明其工作情况，寄存器状态表如表 4–3 所示，其中 1～4 为寄存器某个组中的 4 个块的块号。

表 4–3　寄存器状态表

缓存操作	起始状态	调入 2	命中块 4	替换块 1
寄存器 0	3	2	4	1
寄存器 1	4	3	2	4
寄存器 2	1	4	3	2
寄存器 3	空	1	1	3

寄存器栈法的工作过程如下：

① 当 Cache 中尚有空闲时，如果不命中，则可直接调入数据块，并将新访问的 Cache 块号压入堆栈，位于栈顶，其他栈内各单元依次由顶向下顺压一个单元，直到空闲单元为止；

② 当 Cache 已满，如果数据访问命中，则将访问的 Cache 块号压入堆栈，其他各单元内容由顶向底逐次下压，直到被命中块号的原来位置为止。如果访问不命中，说明需要替换，此时栈底单元中的块号即是最久没有被使用的。所以将新访问块号压入堆栈，栈内各单元内容依次下压直到栈底，自然栈底所指的块被替换。

3）*硬件逻辑比较法*

该方法使用一组硬件的逻辑电路来记录各块使用的时间与次数。

假设 Cache 的每组中有 4 块，替换时，是比较 4 块中哪一块是最久没使用的，4 块之间两两相比可以有 6 种比较关系。如果每两块之间的对比关系用一个 RS 触发器，则需要 6 个触发器（T_{12}、T_{13}、T_{14}、T_{23}、T_{21}、T_{34}），设 $T_{12}=0$ 表示块 1 比块 2 最久没使用，$T_{12}=1$ 表示块 2 比块 1 最久没有被使用。在每次访问命中或者新调入块时，与该块有关的触发器的状态都要进行修改。按此原理，由 6 个触发器组成的一组编码状态可以指出应被替换的块。

例如，块 1 被替换的条件是：$T_{12}=0$、$T_{13}=0$、$T_{14}=0$；块 2 被替换的条件是：$T_{12}=1$、$T_{23}=0$、$T_{24}=0$；以此类推。

由表 4-4 可知，LRU 法的命中率为 20%。表中，前列为块号，后列为计数值。

表 4-4　LRU 替换算法的工作情况

块号	2		1		0		2		3		4		2		5		0		3	
0	2	0	2	1	2	2	2	0	2	1	2	2	2	0	2	1	2	2	2	3
1			1	0	1	1	1	2	1	3	4	0	4	1	4	2	4	3	3	0
2					0	0	0	1	0	2	0	3	0	4	5	0	5	1	5	2
3									3	0	3	1	3	2	3	3	0	0	0	1
	装入		装入		装入		命中		装入		替换		命中		替换		替换		替换	

4.5　虚拟存储器

虚拟存储器是计算机系统内存管理的一种技术，它将计算机的 RAM 和硬盘上的临时空间组合，当 RAM 运行速率缓慢时，它便将数据从 RAM 移动到称为“分页文件”的空间中，以释放 RAM，快速完成工作。一般而言，计算机的 RAM 容量越大，程序运行得越快。若计算机的速率由于 RAM 可用空间缺乏而减缓，则可尝试通过增加虚拟存储器来进行补偿。但是，计算机从 RAM 读取数据的速率要比从硬盘读取数据快，因而扩增 RAM 容量（增加内存条）是最佳选择。

4.5.1　虚拟存储器概述

1. 基本概念

虚拟存储器是建立在主存与辅存物理结构基础之上，由相应硬件及操作系统存储管理软件组成的一种存储体系。它将主存和辅存的地址空间统一编址，形成一个庞大的存储空间，在这个空间里，用户可以自由编程，完全不必在乎实际的主存空间和程序在主存中的存放位置。编好的程序由计算机操作系统装入辅存中，程序运行时，硬件机构和管理软件会把辅存中的程序一块块地自动调入主存，由 CPU 执行或从主存调出，用户感觉到的不再是处处受主存容量限制的存储系统，而是一个容量充分大的存储器。因为实质上 CPU 仍只能执行调入主存中的程序，所以这种存储体系称为“虚拟存储器”。

用户编程允许涉及的地址称为虚存地址或逻辑地址，虚存地址对应的存储空间称为、虚存空间、虚拟空间或程序空间。实际的主存单元地址称为实存地址或物理地址，实存地址对应于主存空间，也称为实地址空间或实存空间。

由于 CPU 只对主存操作，所以虚拟存储器存取速度主要取决于主存，而不是慢速的辅存，但它又具有辅存的容量和接近辅存的成本。更为重要的是，程序员可以在比主存大得多的空间里编制程序，且免去对程序分块、对存储空间动态分配的繁重工作，大大缩短了应用软件开发周期。

2. 虚拟存储器和主存 – Cache 存储体系的异同

虚拟存储器和主存 – Cache 存储器是两个不同的存储体系，但在概念上有不少相同之处：

① 它们都把程序划分为一个个的信息块；

② 运行时都能自动把信息块从慢速存储器向快速存储器调度，信息块的调度都采用替换策略，新信息块淘汰最不活跃的旧信息块，以提高继续运行时的命中率；

③ 新调入的信息块需遵守一定的映射关系，变换地址后确定其在存储器中的位置。

虚拟存储器与主存–Cache 存储体系的不同之处如下：

① 主存 – Cache 存储体系采用的是与 CPU 速度匹配的高速存储元件弥补主存和 CPU 之间的速度差距，虚拟存储器不仅最大限度地减少了慢速辅存对 CPU 的影响，而且弥补了主存容量的不足；

② 两个存储体系均以信息块作为存储层次之间基本信息的传递单位，主存 – Cache 存储体系每次传递的是定长的信息块，长度只有几十字节，而虚拟存储器信息块的划分方案很多，有页、段等，长度均在几百字节至几千字节内；

③ CPU 访问 Cache 存储器的速度比访问慢速主存快 5～10 倍，虚拟存储器中主存速度比辅存快 100～1 000 倍以上；

④ 在主存–Cache 存储体系中，CPU 与 Cache 和主存都建有直接访问的通路，一旦 Cache 被命中，CPU 就直接访问 Cache，并同时向 Cache 调度信息块，而辅存器没有与 CPU 直接连接的通路，一旦主存不被命中，则只能从辅存调度信息块到主存，为了解决辅存信息块调度浪费 CPU 时间的情况，系统一般会在这时调度其他程序，交予 CPU 执行，等调度完成后再返回原程序继续工作；

⑤ 主存–Cache 存储体系存取信息、地址变换和替换策略全部用硬件实现，虚拟存储器基本上由操作系统的存储管理软件辅助一些硬件进行信息块的划分和主存、辅存之间的调度。

虚拟存储器使得应用程序认为它拥有连续的可用的内存（一个连续完整的地址空间），而实际上，它通常是被分隔成多个物理内存碎片，还有部分暂时存储在外部磁盘存储器上，在需要时进行数据交换。

4.5.2 虚拟存储器的分类

本节将会介绍页式、段式和段页式三种虚拟存储器。

1. 页式虚拟存储器

以页为基本单位的虚拟存储器称为页式虚拟存储器。虚拟空间与主存空间都被划分成同样大小的页，主存空间的页称为实页，虚存空间的页称为虚页。把虚存地址分为两个字段：虚页号和页内地址。虚存地址到实存地址之间的变换是由页表来实现的，页表是一张存放在主存储器中的虚页号和实页号的对照表，记录程序的虚页调入主存储器时在主存储器中的位置。

页表基址寄存器存放当前运行程序的页表基地址，它和虚页号拼接成页表项地址，页表地址项记录的是与某个虚页对应的虚页号、实页号和装入位等信息。若装入位为“1”，表示该页面已在主存储器中，将对应的实页号和虚地址中的页内地址拼接就得到了完整实存地址；若装入位为“0”，表示该页面不在主存储器中，于是要启动 I/O 系统，把该页面从辅助存储器调入主存储器后再供 CPU 使用。页式虚拟存储器的地址变换过程如图 4–28 所示。

CPU 访存时，先要查页表，为此需要访问一次主存储器。若未命中，还要进行页面替换和页面修改，那么访问主存储器的次数就更多了。

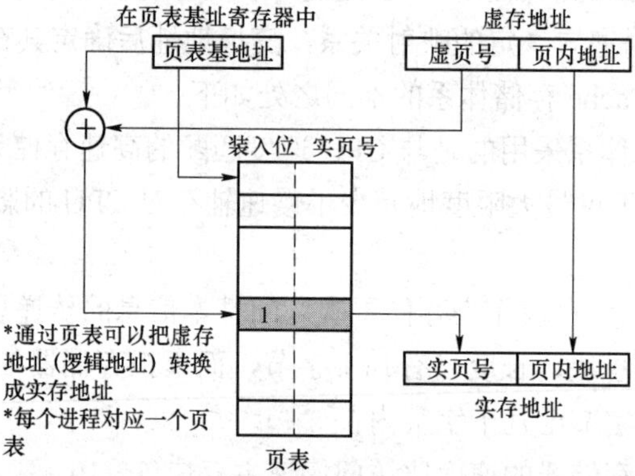

图 4–28　页式虚拟存储器的地址变换过程

页式虚拟存储器的优点是页面的长度固定、页表简单、调入方便。缺点是因为程序不可能都是页面的整数倍，最后一页的零头将无法被利用而造成浪费，并且也不是逻辑上独立的实体，所以处理、保护和共享都不及段式虚拟存储器方便。

2. 段式虚拟存储器

段式虚拟存储器中的段是按程序的逻辑结构划分的，各个段的长度因程序而异。虚存地址分两部分：段号和段内地址。虚存地址到实存地址之间的变换是由段表来实现的。段表是程序的逻辑段和它在主存储器中存放位置的对照表。段表项记录的是某个段对应的段号、装入位、段起始地址和段长等信息。由于段的长度可变，所以段表中要给出各段的起始地址与段的长度。

CPU 根据虚存地址访问主存储器时，先要根据段号与段表基地址拼接成对应的段表项地址，再根据段表项的装入位判断该段是否已调入主存储器。若已调入，则从段表读出该段在主存储器中的起始地址，与虚存地址中的段内地址相加得到对应的实存地址。段式虚拟存储器的地址变换过程如图 4–29 所示。

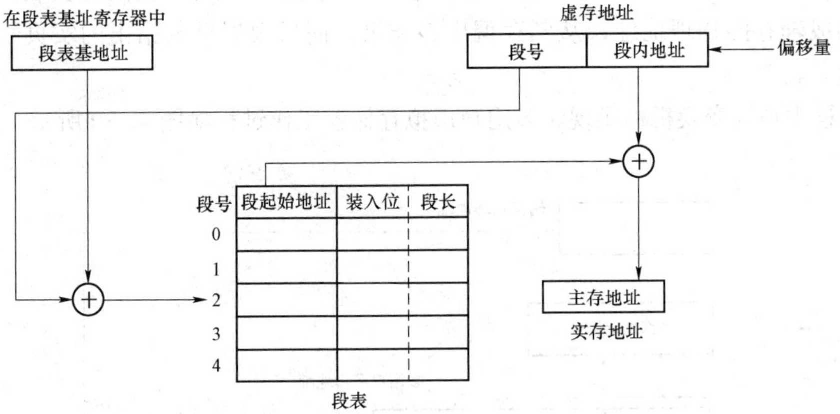

图 4–29　段式虚拟存储器的地址变换过程

段式虚拟存储器的优点是段的分界与程序的自然分界相对应，因而具有逻辑独立性，使它易于编译、管理、修改和保护，也便于多道程序的共享。缺点是段长度可变，分配空间不便，容易在段间留下碎片。

3. 段页式虚拟存储器

段式和页式存储管理各有优缺点，段页式虚拟存储器是兼具段式和页式存储管理优点的存储管理系统。在段页式虚拟存储器中，程序按模块分段，段内再分页，出入主存储器仍以页为信息传送单位，用段表和页表（每段一个页表）进行两级管理。

1）优点

① 按段实现共享和保护，有段式系统的优点（段的分界与程序的自然分界相对应；段的逻辑独立性使它易于编译、管理、修改和保护，也便于多道程序共享）；

② 程序对主存储器的调入调出是按页进行的，有页式系统的优点（存储空间浪费小）。

2）缺点

在地址映像过程中需要多次查表。

在这种系统中，虚存地址转换成实存地址是通过一个段表和一组页表来进行定位的。段表中的每个表目对应一个段，每个表目有一个指向该段的页表的起始地址（页号）及该段的控制保护信息。由页表指明该段各页在主存储器中的位置，以及是否已装入、已修改等标志。

4.5.3　虚拟存储器工作原理

对于虚拟存储器而言，程序员编程时采用的是虚拟存储器的逻辑地址，不是主存物理地址，也不是辅存物理地址。当程序运行时，CPU 根据逻辑地址进行地址变换。逻辑地址和物理地址不同，程序员按虚拟空间编址，逻辑地址由虚页号（P）和页内地址（W）组成，辅存的物理地址以磁盘为例，地址由磁盘机号、磁头号、柱面号、块号、块内地址组成，因此从辅存调页时还需要进行逻辑地址到辅存物理地址的变换。这个变换也可以采用类似前述页表的方式，只不过这个页表称为外页表。CPU 访问主存页面失效时，调用外页表，把程序的逻辑地址变换成辅存的物理地址，从辅存调出该虚页，而后根据页表指出的实页号把虚页内容调入主存储器。

调入过程由地址变换机构实现，多用户虚拟存储器工作过程如图 4-30 所示。

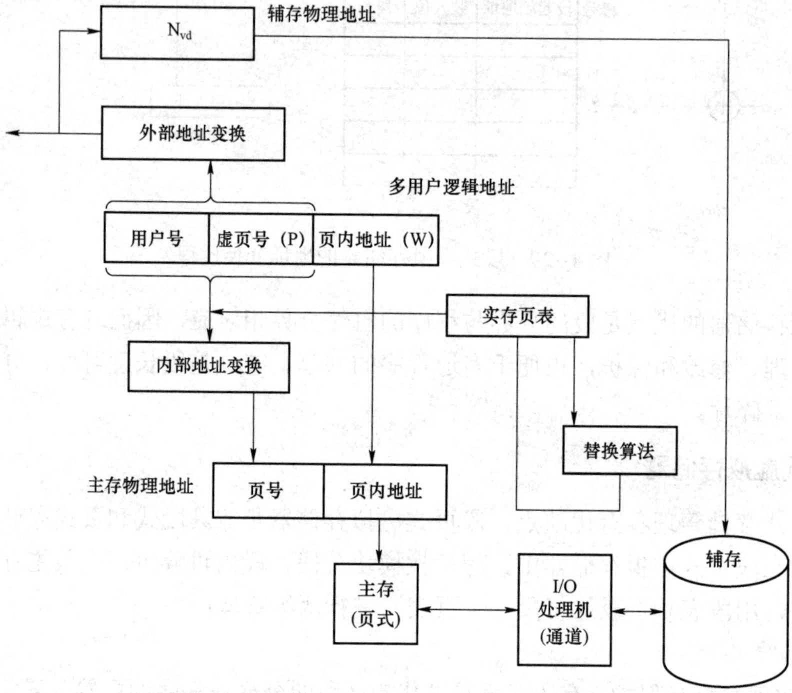

图 4-30　多用户虚拟存储器工作过程

对虚拟存储器来说，程序员按虚存空间编制程序，在直接寻址方式下由机器指令的地址码给出地址。这个地址码就是逻辑地址，逻辑地址由虚页号及页内地址组成，格式如下：

虚页号（P）	页内地址（W）

辅存一般按信息块编址，以块为单位进行读写，地址最后一部分为块内地址，通常是不需要的，因此辅存物理地址通常由磁盘机号、磁头号、柱面号、块号、块内地址组成，记为 N_{vd}，格式如下：

磁盘机号	磁头号	柱面号	块号	块内地址

因此，在虚拟存储器中还应有逻辑地址到辅存物理地址的变换。若使辅存一个块的大小等于一个虚页面的大小，则只需把用户号和虚页号（P）变换到辅存物理地址 N_{vd}，即可完成逻辑地址到辅存物理地址的变换。此时，可采用页表的方式，把由虚页号（P）变换成辅存物理地址的表称为外页表，而把虚页号（P）变换到主存页号（P）的表称为内页表。

4.6　辅助存储器

4.6.1　辅助存储器的种类

辅助存储器主要有磁表面存储器和光存储器两类。

1. 磁表面存储器

磁表面存储器的优点为存储容量大、单位价格低、记录介质可以重复使用、记录信息可以长期保存而不丢失，甚至可以脱机存档、非破坏性读出，读出时不需要再生信息。当然，磁表面存储器也有缺点，主要是存取速度较慢，机械结构复杂，对工作环境要求较高。磁表面存储器由于存储容量大，单位成本低，多在计算机系统中作为辅助大容量存储器使用，用以存放系统软件、大型文件、数据库等大量程序与数据。

1）信息存储原理

① 记录介质：磁层。

② 基本原理：电磁转换。利用磁性材料在不同方向的磁场作用下，形成的两种稳定的剩磁状态来记录信息。

③ 读写元件：磁头。磁头是由高导磁率的材料制成的电磁铁，磁头上绕有读写线圈，可以通过不同方向的电流。

2）磁记录方式

根据所要记录的信息，在磁头上形成不同写入电流的方式。

① 归零制（RZ）。若写入“1”，则加正向写入脉冲；若写入“0”，则加负向写入脉冲。每写完一位信息，电流归零。归零制过程演示如图 4-31 所示。

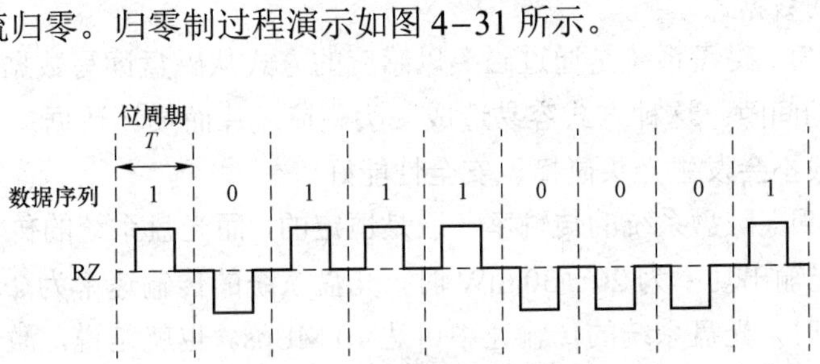

图 4-31　归零制过程演示

② 不归零制（NRZ）。若写入“1”，则加正向写入脉冲；若写入“0”，则加负向写入脉冲。写完一位信息后，电流不归零。不归零制过程演示如图 4-32 所示。

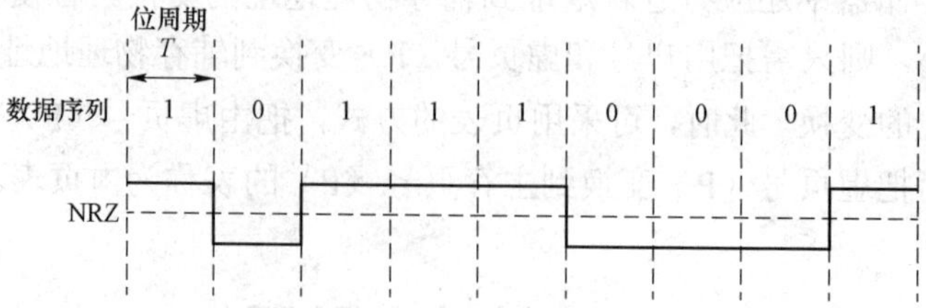

图 4-32 不归零制过程演示

2. 光存储器

1）光存储技术

光存储技术是一种通过光学的方法读写数据的存储技术。其基本物理原理是改变一个存储单元的某种性质，使其性质的变化反映被存储的数据。识别这种存储单元性质的变化，就可以读出存储的数据。由于高能量的激光束可以在光存储介质上聚焦成直径约 1 μm 的光斑，因此光存储器比其他存储技术有更高的存储容量。

对多媒体计算机（MPC）的硬件而言，光盘和光盘驱动器为其核心设备。因为对于音频和视频信息的采集与处理，都必须要有大量的存储空间，目前相对而言较好的外存储器即为紧凑型只读光盘 CD-ROM。此外，各种多媒体应用也都是通过 CD-ROM 来读取程序和数据的。

光盘系统由光盘驱动器和光盘盘片组成。光盘驱动器的读写头是由半导体激光器和光路系统组成的光头，光盘为表面具有磁光性质的玻璃或塑料等圆形盘片。光盘系统较早应用于小型音频系统中，它使得音响系统具有优异的音响效果，20 世纪 80 年代初开始逐步进入计算机应用领域，特别是在多媒体技术中扮演着极为重要的角色。

2）光盘系统与磁盘系统的不同

多媒体应用存储的信息包括文本、图形、图像、声音等，由于这些媒体的信息量相当大，数字化后要占用巨大的存储空间，传统的存储设备如磁盘、磁带等已无法满足这一需要。因此光存储技术的发展和商品化就成为一个必然的趋势。目前，光盘系统已成为多媒体计算机的一个必备的存储设备。光盘系统与磁盘系统主要存在以下不同。

① 表达原理不同。磁盘系统仅靠磁场来更改已储存的数据，光盘系统则是利用磁场和激光光束来更改已储存的数据。

② 数据读写不同。磁盘系统是通过磁头以感应的方式从磁盘读写数据，磁头与高速旋转的磁盘必须保持一定的间隙。这种方式容易造成磁头碰撞盘片而损坏数据；光盘系统是以激光光束来进行读写，一般不会发生光头碰撞，安全性能好。

③ 传输速率不同。磁盘系统的传输率一般是恒定的，而光盘系统的传输速率则与激光输出功率息息相关。激光输出功率为 20～30 mW 时，光盘系统的传输速率为 2～6 MBps；为激光输出功率升至 40 mW 时，光盘系统的传输速率可达 10 MBps。也就是说，激光输出功率越高，数据传输速率就越高。

④ 存储容量不同。磁盘系统的容量由磁盘的格式所限定，光盘系统的容量则视激光波长而定，激光波长越短，便能缩短光斑间距而提高存储容量。

光盘系统的主要优点是数据盘不易损坏，使用寿命长；存储容量大且拆卸方便，性价比高，每兆字节的价格仅为软盘的百分之一。不足之处是目前速度还没有硬盘快。

3）光盘系统的特性

一般以下面几个指标来衡量一个光盘系统的特性。

（1）存储容量

光盘驱动器的容量指它所能读写光盘盘片的容量。光盘盘片的容量又分为格式化容量和用户容量。格式化容量指按某种标准格式化后的容量，采用不同的格式就会有不同的容量。用户容量一般比格式化容量小。

（2）平均存取时间

平均存取时间指在光盘上找到需要读写的数据的位置所需要的时间，是指从计算机向光盘驱动器发出命令到光盘驱动器可以接收读写命令为止的时间。一般取光头沿半径移动 1/3 所需时间为平均寻道时间，盘片旋转一周的一半时间为平均等待时间，二者加上光头稳定时间即为平均存取时间。

（3）数据传输率

数据传输率有多种定义。一种是从光盘驱动器送出的数据率，它可以定义为单位时间内从光盘的光道上传送的数据比特数；另一种定义是指控制器与主机间的传输率。我们一般指的是第一种定义。

4.6.2　磁盘存储器的技术指标

磁盘存储器的主要技术指标包括存储密度、存储容量、平均存取时间及数据传输率。

1. 存储密度

存储密度分道密度、位密度和面密度。道密度是沿磁盘半径方向单位长度上的磁道数，单位为道每英寸。位密度是磁道单位长度上能记录的二进制代码位数，单位为位每英寸。面密度是位密度与道密度的乘积，单位为位每平方英寸。

2. 存储容量

一个磁盘存储器所能存储的字节总数，称为磁盘存储器的存储容量。存储容量有格式化容量和非格式化容量之分。格式化容量是指按照某种特定的记录格式所能存储信息的总量，也就是用户可以真正使用的容量。非格式化容量是磁记录表面可以利用的磁化单元总数。将磁盘存储器用于某计算机系统中，必须首先进行格式化操作，然后才能供用户记录信息。格式化容量一般是非格式化容量的 60%～70%。3.5 英寸的硬盘机容量可达 4.29 GB。

3. 平均存取时间

存取时间是指从发出读写命令后，磁头从某一起始位置移动至新的记录位置，到开始从盘片表面读出或写入信息所需要的时间。这段时间由两个数值决定：一个是将磁头定位至所要求的磁道上所需的时间，称为定位时间或寻道时间；另一个是寻道完成后至磁道上需要访问的信息到达磁头下的时间，称为等待时间。这两个时间都是随机变化的，因此往往使用平均值来表示。

平均存取时间等于平均寻道时间与平均等待时间之和。平均寻道时间是最大寻道时间与最小寻道时间的平均值。平均寻道时间为 10～20 ms，平均等待时间和磁盘转速有关，它用磁盘旋转一周所需时间的一半来表示，固定头盘平均等待时间为 5 ms。

4. 数据传输率

磁盘存储器在单位时间内向主机传送数据的字节数，叫数据传输率。数据传输率与存储设备和主机接口逻辑有关。从主机接口逻辑考虑，应有足够快的传送速度向设备发送信息。从存储设备考虑，假设磁盘旋转速度为 n（r/min），每条磁道容量为 N（B），则数据传输率 $D_r=nN$，也可以写成 $D_r=Dv$，其中 D 为位密度，v 为磁盘旋转的线速度，磁盘存储器的数据传输率可达几十 MBps。

4.7 译码器仿真实验

1. 实验目的

① 复习 Multisim 软件的使用及分析方法，并熟练应用。

② 了解译码器工作原理，并验证其逻辑功能。

③ 掌握 Multisim 软件中虚拟仪器库的使用，如字信号发生器、逻辑分析仪。

2. 实验要求

通过译码器搭建 3–8 译码电路，并通过逻辑分析仪观察电路变化与 3 线 –8 线译码器真值表之间的联系。

3. 实验原理

译码是编码的逆过程，把二进制码还原成给定的信息符号（数符、字符或运算符等）。能完成译码功能的电路叫译码器。译码器输入二进制数码的位数 n 与输出端数 m 之间的关系为 $m \leqslant 2^n$。若 $m=2^n$ 称为全译码，若 $m<2^n$ 称为非全译码。

译码器是一个多输入、多输出的组合逻辑电路。它的作用是把给定的代码进行“翻译”，变成相应的状态，使输出通道中相应的一路有信号输出。译码器在数字系统中有广泛的用途，不仅用于代码的转换、终端的数字显示，还用于数据分配，存储器寻址和组合控制信号等。不同的功能可选用不同种类的译码器。

译码器可分为通用译码器和显示译码器两大类。前者又分为变量译码器和代码变换译码器。变量译码器又称二进制译码器，用以表示输入变量的状态，如 2 线–4 线、3 线–8 线和 4 线–16 线译码器。若有 n 个输入变量，则有 2^n 个不同的组合状态，就需要有 2^n 个输出端供其使用。而每一个输出所代表的函数对应于 n 个输入变量的最小项。变量译码器的特点：对应于输入的每一位二进制码，译码器只有确定的一条输出线有信号输出。这类译码芯片有 2 线 –4 线译码器 74LS139，3 线 –8 线译码器 74LS138、74LS137、74LS237、74LS238、74LS538，4 线 –16 线译码器 MC74154、MC74159、4514、4515 等。

以 3 线–8 线译码器 74LS138D 为例进行分析，其逻辑功能如表 4–5 所示。表中 A、B、C 为地址输入端信号，Y_0～Y_7 为译码输出端信号，当某输出端信号为 0 时，对应的器件使能。按规律改变输入端信号，输出端信号也按照一定规律变化，且输出端只有一个低电平，其余均为高电平。将字信号发生器三个输出端信号以“000～111”二进制循环输入到 74LS138D 译码器的输入端，对比逻辑分析仪显示结果与 74LS138D 真值表，即可测试 74LS138D 译码器逻辑功能。

表 4–5　74LS138D 译码器真值表

输入			输出							
A	B	C	Y_0	Y_1	Y_2	Y_3	Y_4	Y_5	Y_6	Y_7
0	0	0	0	1	1	1	1	1	1	1
0	0	1	1	0	1	1	1	1	1	1
0	1	0	1	1	0	1	1	1	1	1
0	1	1	1	1	1	0	1	1	1	1
1	0	0	1	1	1	1	0	1	1	1
1	0	1	1	1	1	1	1	0	1	1
1	1	0	1	1	1	1	1	1	0	1
1	1	1	1	1	1	1	1	1	1	0

4. 实验步骤

① 首先，打开 Multisim 软件，并按图 4–33 将各器件连接成仿真电路。

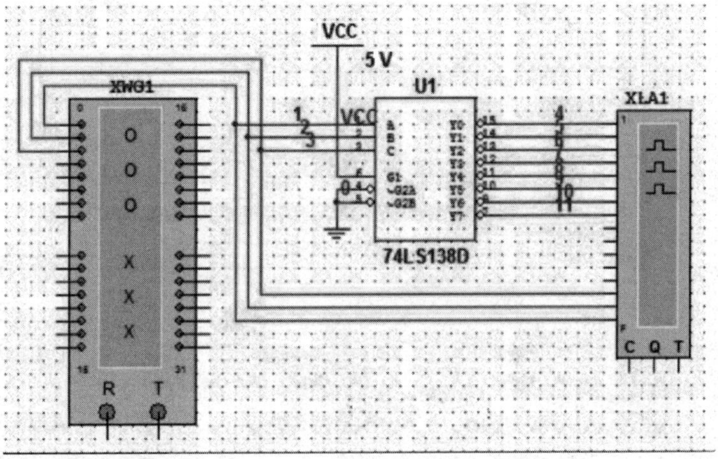

图 4–33　仿真电路

② 按图 4–34 所示，设置“字信号发生器”参数。

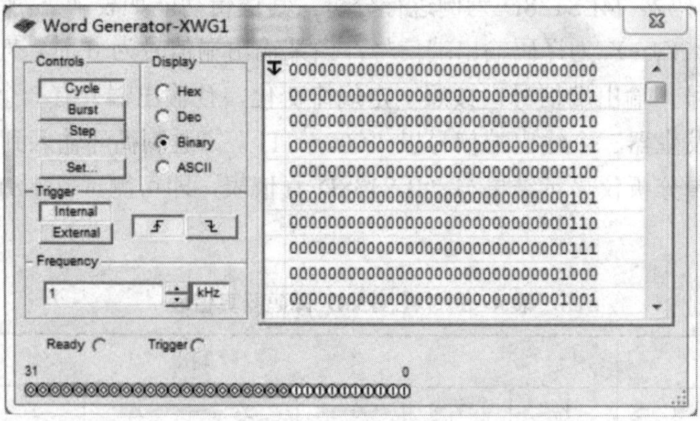

图 4-34　字信号发生器参数设置

③ 运行仿真电路，单击“逻辑分析仪”，观察 74LS138D 输出的信号波形。

④ 运行仿真电路，并将“逻辑分析仪”Clock 显示中的 Clocks/Div 设置为 10，波形如图 4-35 所示，观察“逻辑分析仪”显示的波形，对比 74LS138D 译码器真值表，分析二者是否一致。

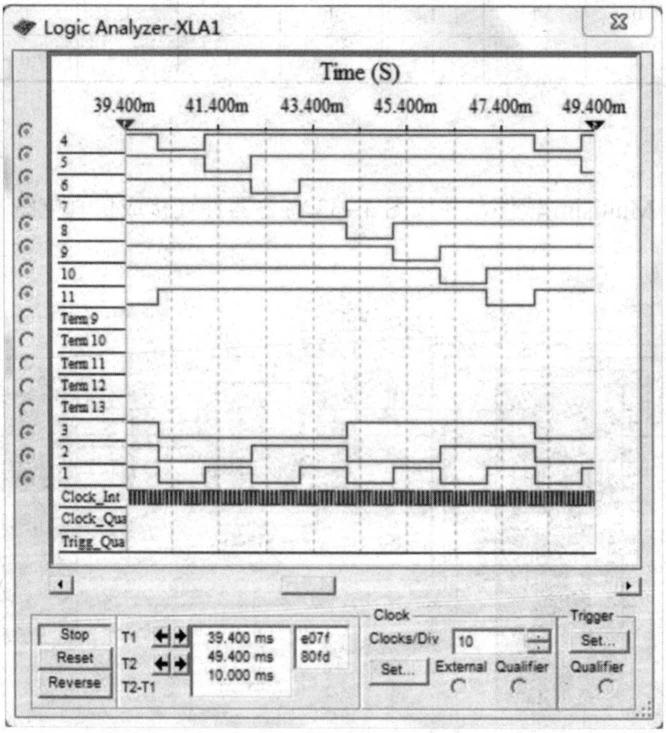

图 4-35　逻辑分析仪波形

本 章 小 结

存储器是计算机系统中最重要的部件之一。本章讲解了存储器如何按存储介质、存取方式、在计算机中的作用进行分类；详细描述存储器的层次结构；对主存储器、高速缓冲存储器、辅助存储器和虚拟存储器进行重点讲解，并分析了虚拟存储器的地址转换方式。

通过本章的学习，读者应对计算机存储设备及存储系统有一个全面了解，对 CPU 访问存储器的原理有一定了解。

习　题　4

一、基础题

1. 综合填空题

（1）只读存储器 ROM 有_______、_______和_______等类型。

（2）半导体存储器的主要技术指标是_______。

（3）在 16 位微机系统中，一个存储字占用两个连续的 8 位字节单元，字的低 8 位存放在_______，高 8 位存放在_______。

（4）SRAM 芯片 6116（2 K×8）有_______位地址引脚线、_______位数据引脚线。

（5）在存储器系统中，实现片选控制有三种方法，它们是_______、_______和_______。

（6）半导体静态存储器是靠_______存储信息，半导体动态存储器是靠_______存储信息。

（7）对存储器进行读写时，地址线被分为_______和_______两部分，它们分别用以产生_______和_______信号。

2. 综合选择题

（1）DRAM2164（64 K×1）外部引脚有（　　）。

A. 6 条地址线、2 条数据线　　B. 8 条地址线、1 条数据线

C. 16 条地址线、1 条数据线　　D. 8 条地址线、2 条数据线

（2）若用 1 K×4 的芯片组成 2 048×8 位的 RAM，需要（　　）。

A. 2 片　　B. 16 片　　C. 4 片　　D. 16 KB

（3）某计算机的字长是 32 位，它的存储容量是 64 KB，若按字编址，它的寻址范围是（　　）。

A. 16 K　　B. 16 KB　　C. 32 K　　D. 8 片

（4）采用虚拟存储器的目的是（　　）。

A. 提高主存的速度　　B. 扩大外存的存储空间

C. 扩大外存的寻址空间　　D. 提高外存的速度

（5）RAM 存储器中的信息是（　　）。

A. 可以读/写的　　B. 不会变动的

C. 可永久保留的　　D. 便于携带的

（6）某 SRAM 芯片上，有地址引脚线 12 根，它内部的编址单元数量为（　　）。

A. 1 024　　B. 4 096　　C. 1 200　　D. 2 K

（7）存储器的性能指标不包含（　　）项。

A. 容量　　B. 速度　　C. 价格　　D. 可靠性

（8）用 616（2 K×8）芯片组成一个 64 KB 的存储器，可用来产生片选信号的地址线是（　　）。

A. A0～A10　　B. A0～A15　　C. A11～A15　　D. A4～A19

（9）计算一个存储器芯片容量的公式为（　　）。

A. 编址单元数×数据线位数　　B. 编址单元数×字节

C. 编址单元数×字长　　D. 数据线位数×字长

（10）与 SRAM 相比，DRAM（　　）。

A. 存取速度快、容量大　　B. 存取速度慢、容量小

C. 存取速度快、容量小　　D. 存取速度慢、容量大

（11）半导体动态随机存储器大约需要每隔（　　）对其刷新一次。

A. 1 ms　　B. 1.5 ms　　C. 1 s　　D. 100 μs

（12）对 EPROM 进行读操作，仅当（　　）信号同时有效才行。

A. $\overline{OE}$、$\overline{RD}$　　B. $\overline{OE}$、$\overline{CE}$　　C. $\overline{CE}$、$\overline{WE}$　　D. $\overline{OE}$、$\overline{WE}$

（13）下列存储器中，需要定时刷新的是（　　）。

A. SRAM　　B. DRAM　　C. PROM　　D. EPROM

（14）某 SRAM 芯片的存储容量是 64 K×16，则该芯片的地址线和数据线数目为（　　）。

A. 64，16　　B. 16，64　　C. 64，8　　D. 16，16

3. 综合判断题

（1）PROM 是可以多次改写的 ROM。（　　）

（2）EPROM、PROM、ROM 关机后，所存信息均不会丢失。（　　）

（3）存储器芯片的片选信号采用部分译码方式不一定会产生地址重叠区。（　　）

（4）RAM 存储器需要每隔 1～2 ms 刷新一次。（　　）

（5）采用虚拟存储器的目的是提高主存的存取速度。（　　）

4. 综合简答题

（1）存储器与 CPU 连接时，应考虑哪些问题？

（2）ROM 与 RAM 的区别是什么？

（3）简述 DRAM 芯片的接口特点。

（4）下列容量的存储器，各需要多少条地址线寻址？若要组成 32 768×8 位存储器，各需要几片这样的芯片？

A. Intel 1 024（1 K×1）　　B. Intel 12 114（1 K×4）

C. Intel 2 167（16 K×1）　　　　D. Zilog 6 132（4 K×8）

（5）什么是 Cache？其作用是什么？

5. 综合应用题

为某 8 位微机（地址总线为 16 位）设计一个 12 KB 容量的存储器。要求：EPROM 区为 8 KB，从 00004 开始，采用 2716 芯片；RAM 区为 4 KB，从 2000H 开始，采用 6116 芯片。试完成以下工作：

（1）对各芯片地址分配：

（2）指出各芯片的片内选择地址线和芯片选择地址线；

（3）采用 74LS138，画出片选地址译码电路。

二、提高题

（1）【2011 年计算机联考真题】下列各类存储器中，不采用随机存取方式的是（　　）。

A. EPROM　　B. CD−ROM　　C. DRAM　　D. SRAM

（2）【2010 年计算机联考真题】下列有关 RAM 和 ROM 的叙述中，正确的是（　　）。

Ⅰ. RAM 是易失性存储器，ROM 是非易失性存储器

Ⅱ. RAM 和 ROM 都是采用随机存取的方式进行信息访问

Ⅲ. RAM 和 ROM 都可用作 Cache

Ⅳ. RAM 和 ROM 都需要进行刷新

A. 仅Ⅰ和Ⅱ　　B. 仅Ⅱ和Ⅲ　　C. 仅Ⅰ、Ⅱ和Ⅲ　　D. 仅Ⅱ、Ⅲ和Ⅰ

（3）【2010 年计算机联考真题】假定用若干个 2 K×4 的芯片组成一个 8 192×8 位的存储器，则地址 0BFH 所在芯片的最小地址是（　　）。

A. 0000H　　B. 0600H　　C. 0700H　　D. 0800H

（4）【2009 年计算机联考真题】某计算机的 Cache 共有 16 块，采用二路组相联映射方式（即每组 2 块）。每个主存块大小为 32 B，按字节编址，主存 129 号单元所在主存块应装入到的 Cache 组号是（　　）。

A. 0　　B. 2　　C. 4　　D. 6

第 5 章　指令系统

指令系统是计算机系统中软硬件分界面的一个重要标志，是计算机系统设计的重要部分，由软件设计人员和硬件设计人员共同设计。本章主要介绍计算机指令的结构，内容包括计算机中机器指令的格式、指令和操作数的寻址方式，以及典型指令系统的组成。

学习目的

① 理解指令包含的信息。

② 了解指令格式、数据表示。

③ 深入理解常用的寻址方法和用途，掌握不同寻址方式（编址方式）中部件之间的动作关系及可能的时间分配。

④ 理解常见指令的种类和功能。

⑤ 了解指令类型、指令系统的兼容性和精简指令集计算机（RISC）、复杂指令集计算机（CISC）的有关概念、特性等。

5.1　指令的组成

5.1.1　指令介绍

计算机的程序是由一系列的机器指令组成的。指令就是要计算机执行某种操作的命令。从计算机组成的层次结构来说，指令有微指令、机器指令和宏指令之分。

① 微指令。微程序级的命令，属于硬件。

② 宏指令。由若干条机器指令组成的软件指令，属于软件。

③ 机器指令。介于微指令和宏指令之间，通常简称指令，每一条指令可以完成一个独立的算术运算或逻辑运算操作。

一台计算机中所有机器指令的集合，称为这台计算机的指令系统。指令系统是表征一台计算机性能的重要因素，它的格式与功能不仅直接影响计算机的硬件结构，而且也直接影响系统软件，影响计算机的适用范围。

指令由操作码和地址码两部分组成，如图 5-1 所示。

操作码（OPC）	地址码（A）

图 5-1　指令的组成

① 操作码（operation code）字段表征指令的操作特性与功能。

② 地址码（address code）字段通常用来指定参与操作的操作数的地址。

5.1.2　操作码

设计计算机时，对指令系统的每一条指令都要规定一个操作码。操作码是指令中不可缺少的组成部分，用于指明指令的操作性质，如传送、运算、移位、跳转等操作。CPU 从主存每次取出一条指令，指令中的操作码告诉 CPU 应该执行什么性质的操作。例如，可用操作码“001”表示“加法”操作、操作码“010”表示“减法”操作等，不同的操作码代表不同的指令。

操作码字段的位数一般取决于计算机指令系统的规模。所需指令数越多，操作码字段的位数也就越多。例如，一个指令系统只有 8 条指令，则需要 3 位操作码；如果有 32 条指令，则需要 5 位操作码。一般来说，一个包含 n 位操作码的指令系统最多能够表示 2^n 条指令。

5.1.3　地址码

指令系统中的地址码用来描述指令的操作对象。在地址码中可以直接给出操作数本身，也可以给出操作数在存储器或寄存器中的地址、操作数在存储器中的间接地址等。

根据指令功能的不同，一条指令中可以有一个、两个或者多个操作数地址，也可以没有操作数地址。一般情况下，要求有两个操作数地址，但若要考虑存放操作结果，就需要有三个操作数地址。

根据地址码的数量不同，可以将指令分为零地址指令、一地址指令、二地址指令、三地址指令和多地址指令，其结构如图 5-2 所示。

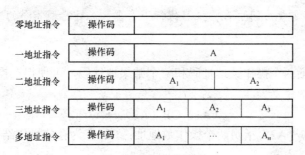

零地址指令	操作码			
一地址指令	操作码	A		
二地址指令	操作码	A_1	A_2	
三地址指令	操作码	A_1	A_2	A_3
多地址指令	操作码	A_1	…	A_n

图 5-2　指令的结构

1. 零地址指令

零地址指令的指令格式中没有地址码部分，只有操作码。该类指令分为两种情况：一种是无须操作数，如空操作指令、停机指令等；另一种的操作数是默认的（或称隐含的），由硬件机构来提供，如操作数位于累加器或者堆栈中。

2. 一地址指令

一地址指令常称为单操作数指令，该指令中只有一个地址码。这种指令可能是单操作数运算，给出的地址既作为操作数的地址，也作为操作结果的存储地址；也可能是二元运算。

一地址指令中只提供一个操作数，另一个操作数是隐含的。例如，以运算器中累加寄存器AC 中的数据为操作数，指令的地址码字段所指向的数为操作数，操作结果又放回累加寄存器AC 中。其数学含义为：

(AC) OP (A) →AC

上式中，“OP”表示操作性质，如加、减、乘、除等；“(AC)”表示累加寄存器 AC 中的数；“(A)”表示主存中地址为“A”的存储单元中的数，或者是运算器中地址为“A”的通用寄存器中的数；“→”表示把操作（运算）结果传送到指定的地方。

◎ 注意：地址码字段“A”指的是操作数的地址，而不是操作数本身。

3. 二地址指令

二地址指令是最常见的指令，又称为双操作数指令。通常情况下，指令中包括两个参加运算的操作数的地址码，运算结果保存在其中一个操作数的地址码中，从而使得该地址中原来的数据被覆盖。其数学含义为：

(A1) OP (A2) →A1

上式中，两个地址码字段“A1”和“A2”分别指明参与操作的两个数在主存或通用寄存器中的地址；地址“A1”兼做存放操作结果的地址。

从操作数的物理位置来说，二地址指令格式又可归结为三种类型：

① 存储器-存储器（storage-storage，SS）型指令，指令在操作时需要多次访问主存，参与读、写操作的数都存放在主存里；

② 寄存器-寄存器（register-register，RR）型指令，指令在操作时需要多次访问寄存器，从寄存器中取操作数，把操作结果放在寄存器中；

③ 寄存器-存储器（register-storage，RS）型指令，指令在操作时既要访问主存，又要访问寄存器。

◎ 注意：由于不需要访问主存，机器执行寄存器-寄存器型指令的速度最快。

4. 三地址指令

三地址指令中包括两个操作数地址码和一个结果地址码，可使得在操作结束后，原来的操作数不被改变。其数学含义为：

(A1) OP (A2) →A3

上式中，“A1”和“A2”指明两个操作数地址；“A3”为存放操作结果的地址。

5. 多地址指令

本节以四地址指令为例进行介绍。四地址指令比三地址指令多了一个地址码字段，指向下一条要执行的指令地址。其优点是非常直观，指令所用的所有参数都有各自的存放地址，并且有明确的下一条指令地址，程序的流程很明确。其缺点也是显而易见的，那就是指令太长。

［**例 5–1**］计算机应该选择什么样的指令格式？

解：一般情况下，地址码字段越少，占用的存储器空间就越小，运行速度也越快，具有时间和空间上的优势；而地址码字段越多，指令内容就越丰富。

因此，要通过指令的功能来选择指令的格式。一个指令系统中所采用的指令地址结构并不是唯一的，往往混合采用多种格式，以增强指令的功能。

5.1.4　指令助记符

计算机指令的操作码和地址码在计算机中用二进制数来表示，对书写和阅读程序造成诸多不便。为解决此问题，通常用一些比较容易记忆的文字符号来表示指令中的操作码和操作数，称之为助记符。助记符通常由 3～4 个英文缩写字母组成，提示了每条指令的意义，书写和阅读起来比较方便，也易于记忆。例如，加法指令用 ADD 来代表操作码 001，减法指令用 SUB 来代表操作码 010，传送指令用 MOV 来代表操作码 011，等等。

典型的指令助记符如表 5–1 所示。

表 5–1　典型的指令助记符

典型指令	指令助记符	二进制操作码	典型指令	指令助记符	二进制操作码
加法	ADD	001	转移	JSR	101
减法	SUB	010	存储	STR	110
传送	MOV	011	读数	LDA	111
跳转	JMP	100			

◎ **注意：**在不同的计算机中，指令助记符的规定是不一样的。由于硬件只能识别二进制语言，因此指令助记符必须转换成对应的二进制操作码。这种转换可以借助汇编程序自动完成，汇编程序的作用相当于一个“翻译”。

图 5–3 是一段程序的反汇编代码，从中可看出使用 C 语言编写加法时，代码为“f=a+b;”。通过反汇编之后，变为 3 个 MOV 指令和一个 ADD 指令。

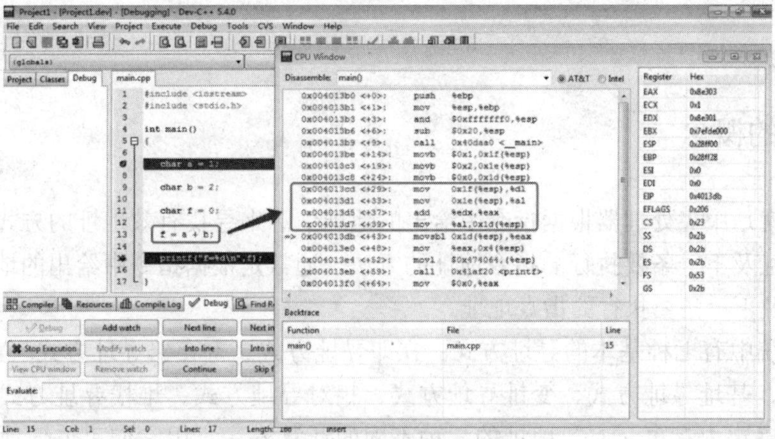

图 5–3　一段程序的反汇编代码

［例 **5-2**］根据如图 5-4 所示的指令及地址内容，回答以下问题：

（1）该指令是几地址指令？

（2）运算后，80H 地址下的内容是多少？

地址	内容
50H	命令
…	
80H	66H
81H	99H
82H	55H
…	…

(a) 地址

16位	8	8
OP	Rn	Rm

16位	8	8
ADD	81H	81H

16位	8	8
ADD	81H	82H

16位	8	8
ADD	80H	82H

(b) 指令

图 5-4　例 5.2 的地址及指令

解：

（1）该指令为二地址指令。

（2）该问题主要考查对二地址指令的熟悉程度。二地址指令的数学含义为：(A1)OP(A2)→A1。因此，第一条指令 ADD 80H 81H 的实际过程为，求 80H 地址下的数据和 81H 地址下的数据之和，并将结果存放于 80H 中，因此第一条指令，将改变 80H 地址下的内容为 FFH。故三条指令运行之后，80H 地址下的内容变更为 54H。

5.2　寻址方式

5.2.1　寻址的概念

寻址方式就是中央处理器根据指令中给出的地址信息来寻找有效地址的方式，是确定本条指令的数据地址及下一条要执行的指令地址的方法。通常是根据指令中给出的地址码内容寻找真实的操作数及下一条要执行的指令地址。

计算机系统中有七种基本的寻址方式：立即寻址方式、寄存器寻址方式、直接寻址方式、间接寻址方式、基址寻址方式、变址寻址方式、相对寻址方式、堆栈寻址方式。其中，后六种寻址方式是确定内存单元有效地址的六种不同的计算方法，用它们可方便地实现对数组元素的访问。

指令或者数据在主存储器中存放的位置称为地址。存放指令的地址称为指令地址。存放数据的地址称为操作数地址。关于地址，需要先了解以下几个基本术语。

① 形式地址。在许多情况下，指令地址码给出的地址并不能直接用来访问主存储器，这种地址称为形式地址。

② 有效地址。形式地址需要经过一定的计算才能得到有效地址，有效地址是访问主存储器所必需的地址。

③ 物理地址。有效地址通过与所在段的段地址结合，可以得到直接访问主存储器的物理地址。一旦程序装入主存储器，段地址就是确定的，所以有效地址即为段内偏移地址，有时也被称为偏移地址。

5.2.2　立即寻址方式

操作数直接在指令中给出，这种寻址方式就称为立即寻址方式，指令中给出的操作数称为立即数。

立即寻址方式所提供的操作数紧跟在操作码的后面，与操作码一起放在指令代码段中，当从主存取指令到 CPU 时，立即数被一起取出；当 CPU 执行该条指令时，就可以立刻得到操作数而无须再次访问主存储器，因此效率较高。

立即寻址的特点：取指令时，操作码和操作数同时被取出，不必再次访问主存储器，提高了指令的执行速度。

立即数可以是 8 位无符号整数，也可以是 16 位无符号整数，但不可以是小数。如果是 16 位数，则低位字节存放在低地址中，高位字节存放在高地址中。

[例 5-3] MOV AX，12345

解：这条指令表示将“12345”这个立即数存储到 AX 寄存器中，如图 5-5 所示。

操作码	寄存器	立即数
MOV	AX	12345

图 5-5　立即寻址示例

◎ **注意**：立即数只能作为源操作数，而不能作为目的操作数，因为它不能被修改。立即寻址方式，通常用于寄存器或存储单元赋初值、提供一个常数等情况，赋值时须特别注意源操作数长度应与目的操作数长度保持一致。

5.2.3　寄存器寻址方式

寄存器寻址方式是指令在执行过程中所需要的操作数来源于寄存器，运算结果也写回到寄存器。这种寻址方式大都用于寄存器之间的数据传输，寄存器可以是 AX、BX、CX、DX、SI、DI、SP、BP 等通用寄存器。

寄存器寻址方式的特点是地址码短，因此用来表示寄存器号的地址码部分可以短于用来表示存储单元的地址码部分，同时从寄存器中存取数据比从存储器中存取快得多。因此寄存器寻址方式可以缩短指令长度、节省存储空间、提高指令的执行速度。

[例 5-4] MOV AX，BX

解：“MOV AX，BX”的图示如图 5-6 所示。指令执行后，（AX）=（BX），（BX）保持不变。

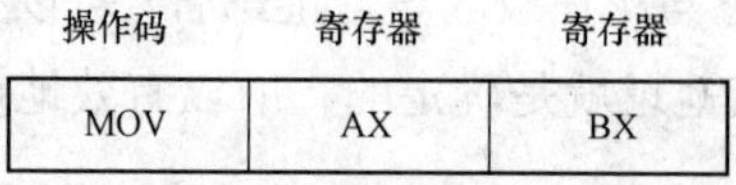

图 5-6　寄存器寻址示例

立即寻址方式和寄存器寻址方式中，指令在执行时不需要访问主存，因而执行速度快，而且二者均与存储器无关，所以无须计算物理地址。而下面介绍的几种寻址方式，操作数均存放在主存中，需要通过不同方式计算出操作数的有效地址，再得其物理地址，访问主存后才能取得操作数。

5.2.4　直接寻址方式

直接寻址方式是指直接在指令中给出操作数的地址，即形式地址等于有效地址。指令中直接给出了操作数的有效地址，当指令被读到 CPU 中执行时，CPU 就可以立刻按照这个有效地址得到物理地址，访问存储器，直接获得操作数

以数据传送指令为例，假设该指令为：MOV AX，[2000]，使用直接寻址方式。“2000”是指令中的形式地址，因为采用直接寻址方式，所以有效地址等于形式地址，即，有效地址是[2000]，可直接从有效地址得到物理地址，进而访问存储器中的操作数，如图 5-8 所示。

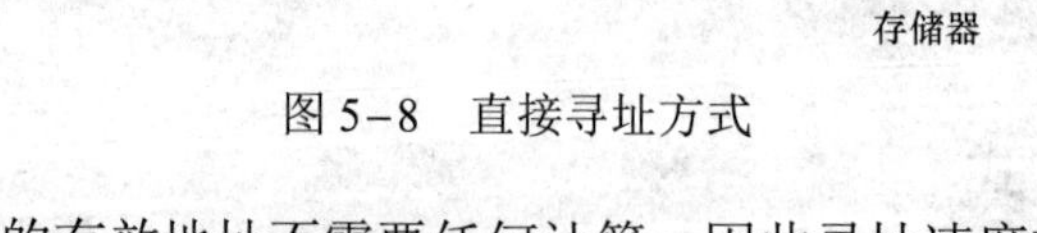

图 5-8　直接寻址方式

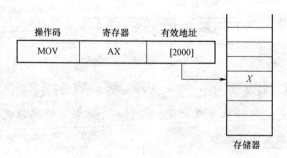

优点：直接寻址方式的有效地址不需要任何计算，因此寻址速度较快。

缺点：受地址码位数限制，直接寻址空间较小。

[例 5-5] INC [3A00H] 是一条加 1 指令，采用直接寻址方式，求出图 5-9 中指令的有效地址。

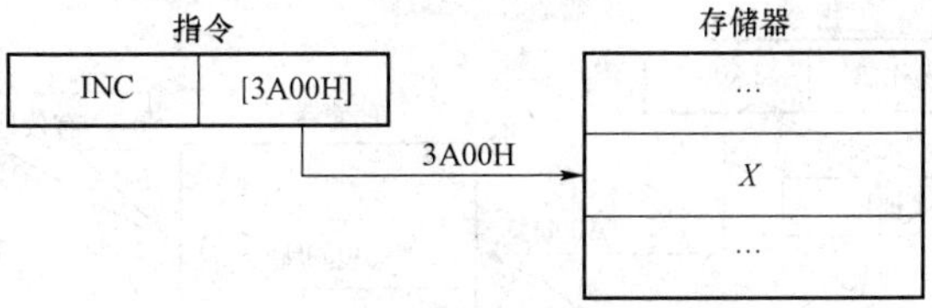

图 5-9　直接寻址过程示例

解：指令有效地址 E=3A00H，该指令的作用是将地址为 3A00H 的存储单元中的操作数直接加 1。

5.2.5　间接寻址方式

根据指令的地址码访问存储单元或寄存器，取出的内容是操作数的有效地址，这种方式称为间接寻址，简称间址。间接寻址是相对于直接寻址而言的，指令中地址码的形式地址不是操作数的有效地址，而是操作数有效地址的指示器，或者说其指向单元里的内容才是操作数的有效地址。

根据指令地址码是寄存器地址还是存储器地址，间接寻址又可分为寄存器间接寻址和存储器间接寻址两种方式。以数据传送指令为例，假设指令为：MOV AX，[BX]（寄存器间接寻址）和 MOV AX，**A（存储器间接寻址），寻址过程如图 5-10 所示。当采用寄存器间接寻址时，第一次从寄存器 BX 中读出操作数 X 的有效地址，存放于寄存器 A 中，第二次通过寄存器 A 保存的操作数 X 的有效地址，从存储器中读出操作数 X。对于存储器间接寻址情况，需访问两次存储器才能取得数据：第一次从存储器地址“**A”处读出操作数有效地址 B，第二次从存储器地址 B 处读出操作数 X。当采用寄存器间接寻址时，可用的寄存器只有 BX、BP、SI、DI 这 4 种通用寄存器。

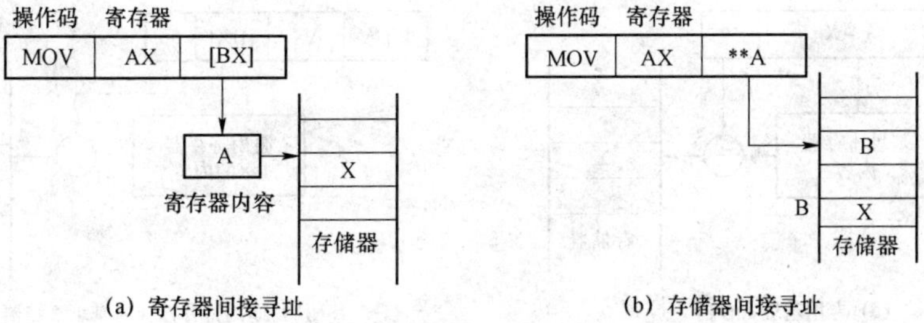

图 5-10　间接寻址过程示例

［例 5-6］ INC（3A00H）是一条加 1 指令，采用间接寻址方式，求出图 5-11 中指令的有效地址。

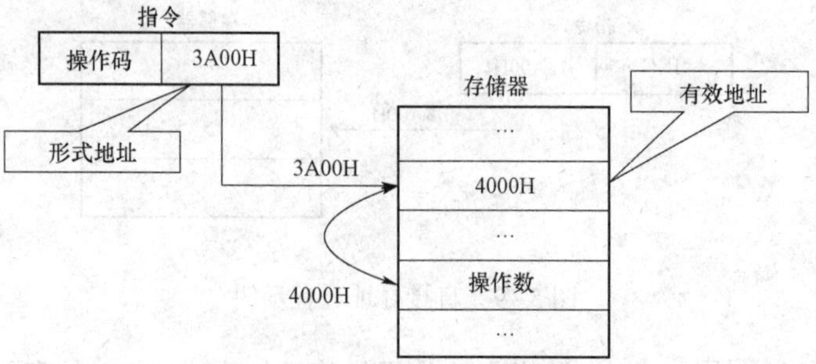

图 5-11　例 5-7 的间接寻址过程

解：

指令有效地址 E=（3A00H）=4000H，该指令的作用是将地址为 4000H 的存储单元中的操作数加 1。

5.2.6 基址寻址方式

基址寻址方式是将 CPU 中基址寄存器的内容，加上指令格式中的形式地址，形成操作数的有效地址。

在计算机中，可设置一个专用的基址寄存器，也可以由指令指定一个通用寄存器为基址寄存器，前者为寄存器隐式引用，后者为寄存器显式引用。操作数的有效地址由基址寄存器的内容和指令的地址码相加得到，这个地址码通常被称为偏移量(disp)。

基址寻址方式的特点是：指令中使用的是寄存器，但如果寄存器用方括号括起来，表示寄存器中的内容不是操作数，而是偏移地址。下面以数据传送指令为例进行介绍。图 5-12（a）表示在计算机中设置一个专用的基址寄存器“AX”，指令中提供偏移量“50”，操作数的有效地址由基址寄存器的内容和偏移量相加获得；图 5-12（b）表示由指令指定一个通用寄存器“BX”为基址寄存器，同时在指令中给出偏移量，两者相加得到操作数的有效地址。

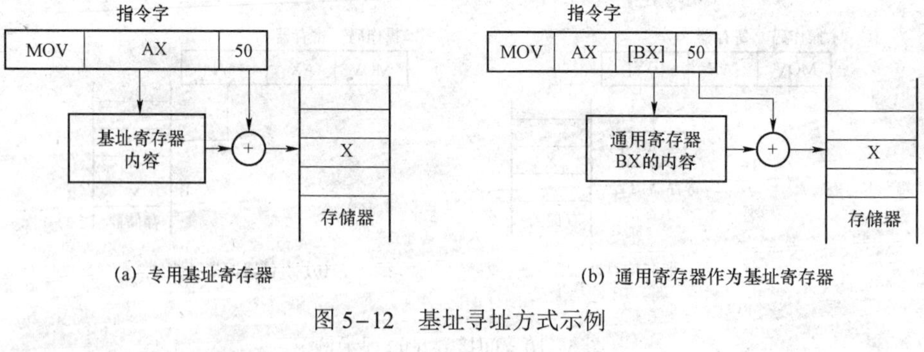

图 5-12　基址寻址方式示例

基址寻址主要用于解决程序在存储器中的定位（逻辑地址→物理地址）和扩大寻址空间（基址+偏移量）等问题。部分计算机系统规定，基址寄存器中的值只能由系统程序设定，由特权指令执行，而不能被一般用户指令所修改，从而确保系统的安全性。

5.2.7　变址寻址方式

把变址寄存器的内容（通常是首地址）与指令地址码部分给出的地址（通常是偏移量）之和作为操作数的地址来获得所需要的操作数就称为变址寻址。也就是说，把指令地址码部分给出的地址“A”与指定的变址寄存器“X”的内容之和作为操作数的地址来获得所需要的操作数。这是计算机基本都采用的一种寻址方式，当计算机中设有基址寄存器时，那么在计算有效地址时还要加上基址寄存器的内容。

以数据传送指令为例，假设该指令为：MOV AX，table[SI]。如图 5-13 所示，利用变址操作与循环执行程序的方法对整个数组进行运算，在整个执行过程中，不改变原程序，因此对实现程序的重入性是有好处的。

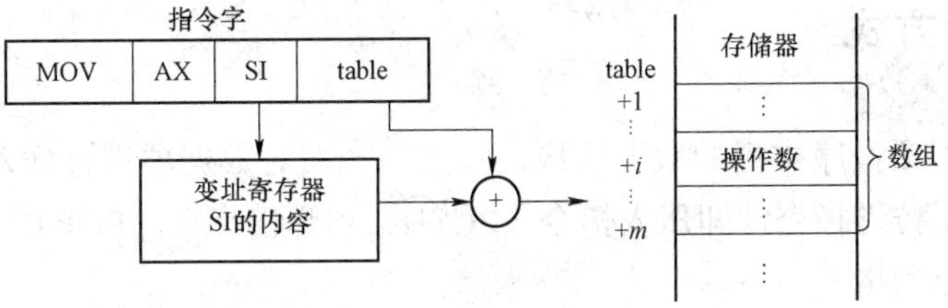

图 5-13　变址寻址方式示例

变址寻址和基址寻址方法十分类似，但用途不同。基址寻址用于扩大寻址范围。例如，基址寄存器的位数可以设置得很长，从而可以在较大的存储空间中进行寻址。变址寻址主要用于数组的访问，实现程序块的规律性变化。例如，有一个字符串存储在以 AC1H 为首址的连续主存单元中，只需要将首地址 AC1H 作为指令中的形式地址，而在变址寄存器中指出字符的序号，便可访问字符串中的任一字符。基址寻址方式和变址寻址方式也可以组合使用。

5.2.8　相对寻址方式

把程序计数器（PC）的内容（当前执行指令的地址）与指令的地址码部分给出的偏移量（disp）之和作为操作数的地址或转移地址，称为相对寻址。与基址寻址、变址寻址方式类似，相对寻址以程序计数器（PC）的当前值为基地址，指令中的地址码作为偏移量，将两者相加后得到操作数的有效地址。相对寻址主要用于转移指令，执行本条指令后，将转移到（PC）+disp，其中“（PC）”为程序计数器的内容。

相对寻址有两个特点：

① 转移地址不是固定的，它随着 PC 当前值的变化而变化，并且总是与 PC 当前值相差一个固定值 disp，因此无论程序装入存储器的任何地方，均能正确运行，对浮动程序很适用；

② 偏移量可正、可负，通常用补码表示。如果偏移量为 n 位，则这种方式的寻址范围在（PC）$-2^{(n-1)}$到（PC）$+2^{(n-1)}-1$ 之间。

计算机的程序和数据一般是分开存放的，程序区在程序执行过程中不允许修改。在程序与数据分区存放的情况下，不用相对寻址方式来确定操作数地址。

例如，汇编指令“JMP PTR　L1”，表示将 PC 计数器的内容加上偏移量 L1，作为下一条指令的地址，其中 PRT 表示寻址特征，即寻址方式为相对寻址。其执行过程如图 5-14 所示。

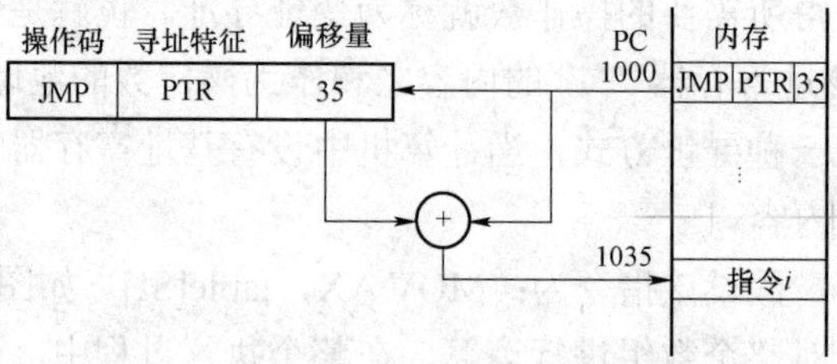

图 5-14　相对寻址方式示例

5.2.9　堆栈寻址方式

堆栈是一种数据项按序排列的数据结构，只能在一端对数据项进行插入或删除。堆栈操作使用一组特殊的数据传送指令，即压入指令（PUSH）和弹出指令（POP）。若采用“向上生成”的堆栈，则两种指令的格式如下。

1. 压入指令 PUSH

格式：PUSH OPR

操作：（SP）−2→SP；OPR →（SP）

将源操作数压入堆栈，目的操作数地址由“SP”指定，指令中无须给出。“（SP）−2”表示指针上移一个数据长度（一个字，以 16 位机一个字等于 2 个字节为例，堆栈通常以字为存储单位，每次操作对象为一个字）指向新的主存地址，等待接受源操作数，同时指向新的栈顶。

2. 弹出指令 POP

格式：POP　OPR

操作：（SP）→OPR；（SP）+4→ SP

将堆栈中的源操作数弹出到目的操作数中，堆栈中源操作数地址由“SP”指定，指令中无须给出，指令中给出的是目的操作数地址。源操作数弹出后，SP 指针增加一个数据长度，指向新的栈顶。

［例 5-7］一种二地址 RS 型指令的结构如图 5-15 所示，其中 I 为间接寻址标志位，X 为寻址模式字段，D 为偏移量字段。通过 I、X、D 的组合，可构成表 5-2 所示的寻址方式。请写出表 5-2 中 6 种寻址方式的名称。

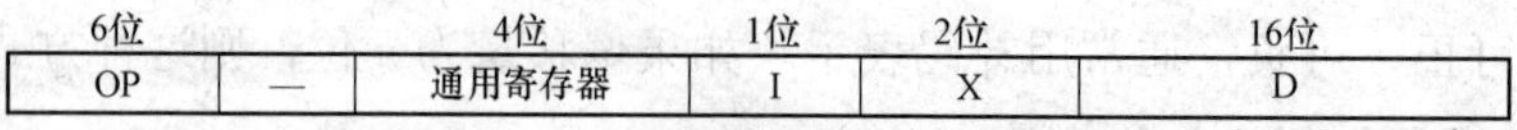

图 5-15　二地址 RS 型指令的结构

表5-2　二地址RS型指令寻址方式

寻址方式	I	X	有效地址E算法	说明
（1）	0	00	E=D	
（2）	0	01	E=（PC）±D	PC为程序计数器
（3）	0	10	E=（R2）±D	R2为变址寄存器
（4）	1	11	E=（R3）	R3为普通寄存器
（5）	1	00	E=（D）	
（6）	0	11	E=（R1）±D	R1为基址寄存器

解：

（1）直接寻址；（2）相对寻址；（3）变址寻址；（4）寄存器间接寻址；（5）间接寻址；（6）基址寻址。

［例5-8］某微型计算机的指令格式如图5-16所示，其中，OP：操作码；D：偏移量；X：寻址特征位，X=00：直接寻址；X=01：用变址寄存器R1进行变址；X=10：用变址寄存器R2进行变址；X=11：相对寻址。

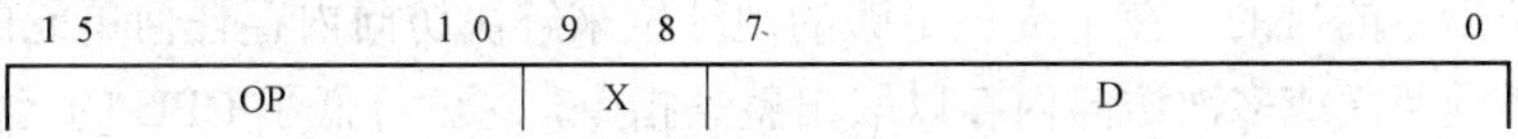

图5-16　微型计算机指令格式

设（PC）=1234H，（R1）=0037H，（R2）=1122H，请确定下列指令的有效地址：

（1）4420H　（2）2244H　（3）1322H　（4）3521H

解：

（1）4420H = 010001 00 00100000 B

因X=00，D=20H，所以是直接寻址，有效地址E=D=20H。

（2）2244H = 001000 10 01000100 B

因X=10，D=44H，所以是R2变址寻址，有效地址E=（X2）+D =1122H+44H=1166H。

（3）1322H = 000100 11 00100010 B

因X=11，D=22H，所以是相对寻址，有效地址E=（PC）+D =1234H+22H=1256H。

（4）3521H = 001101 01 00100001 B

因X=01，D=21H，所以是R1变址寻址，有效地址E=（X1）+D =0037H+21H=0058H。

5.3 指令的格式设计

指令系统的设计，在很大程度上决定了计算机的基本功能。指令系统设计包括指令格式设计及指令功能设计。指令格式设计主要有两个目标：一是节省程序的存储空间；二是指令格式要尽量规整，以减少硬件译码的复杂度。另外，指令格式优化后，不应该降低指令的执行速度。

5.3.1 指令字长

一个指令字中包含二进制代码的位数，称为指令字长度，简称指令字长。

计算机能直接处理的二进制数据的位数称为机器字长。机器字长决定了计算机的运算精度，而且器字长通常与主存单元的位数一致。

根据指令字长与机器字长的关系，将指令字长分为以下 3 种：

① 指令字长等于机器字长的指令，称为单字长指令；

② 指令字长等于半个机器字长的指令，称为半字长指令；

③ 指令字长等于两个机器字长的指令，称为双字长指令。

例如，IBM 370 系列 32 位机的指令格式有半字长的、单字长的，还有一个半字长的，Pentium 系列机的指令字长有 8 位、16 位、32 位、64 位不等。

使用多字长指令的目的，在于提供足够的地址位来解决访问内存任何单元的寻址问题，但其主要缺点是必须两次或多次访问内存以取出整条指令，这就降低了 CPU 的运算速度，同时又占用了更多的存储空间。

在一个指令系统中，如果各种指令的指令字长是相等的，称为等长指令字结构。这种指令字结构简单，且指令字长度是不变的，例如所有指令都采用单字长指令或半字长指令。

如果指令字长随指令功能而异，就称为变长指令字结构。这种指令字结构灵活，能充分利用指令长度，但指令的控制较为复杂。

5.3.2 操作码的编码方式

目前，操作码的编码方式有 3 种：固定长度编码、Huffman 编码和扩展编码。

1. 固定长度编码

固定长度编码，即所有操作码等长，可以根据全部指令条数，选用固定长度表示，例如操作码的长度为一个字节（8 位），非常规整，硬件译码也很简单，目前很多 RISC 体系结构都采用这种编码方式。

固定长度编码的主要缺点如下：

① 浪费了许多信息量，即操作码的总长度增加了；

② 没有考虑各种指令使用的频率问题。

这种编码的长度完全由指令条数决定。例如指令系统拥有 2 万条指令，因$[\log_2 32\,768]=15$，即使用 15 位可以表示 3 万多条指令，因此，该指令系统中需设计每条指令用 15 位表示。

［例 5-9］设某台计算机有指令 128 种，试完成以下任务：

① 用固定长度操作码方案设计其操作码；

② 如果在 128 种指令中常用指令有 8 种，使用概率达到 80%，其余指令使用概率为 20%，采用可变长操作码编码方案设计其编码，并求出其操作码平均长度。

解：

① 通过 128 种指令可以推导出，定长操作码方案为 7 位操作码。

② 因为 8 种指令使用概率达到 80%，所以 80%的时间使用 3 位操作码；同理 20%的时间使用 7 位操作码。故操作码平均长度为 3.8。

2. Huffman 编码

Huffman 编码是 1952 年由 Huffman 首先提出的一种编码方法，开始时主要用于电报报文的编码。例如，根据 26 个字母出现的概率进行编码，其中出现概率高的用短码表示，出现概率低的用长码表示，这样可以缩短报文的整体长度。此外，Huffman 编码还可以用在其他地方，如存储空间压缩和时间压缩等。

操作码可以采用 Huffman 编码原理来设计，缩短操作码的长度。要采用 Huffman 编码表示操作码，必须首先知道各种指令在程序中出现的概率，通过这些概率建立 Huffman 树。这些概率可以通过对已有典型程序进行统计得到。

根据 Huffman 编码的原理，采用 Huffman 二叉树编码得到的操作码的平均长度可以通过式（5-1）计算：

$$H=\sum_{i=1}^{n}(p_i \times l_i) \tag{5-1}$$

式中，H 为操作码的平均长度，p_i 表示第 i 种操作码在程序中出现的概率；l_i 表示第 i 种操作码的二进制位数；n 表示一共有 n 种操作码。

与 Huffman 编码相比，固定长度编码方法的信息冗余量可以用式（5-2）表示：

$$R=1-\frac{\sum_{i=1}^{n}(p_i \times l_i)}{\mathrm{lb}_2 n} \tag{5-2}$$

［例 5-10］假设一个处理机有 5 条指令 $l_{1\sim5}$，机器执行 15 次后，5 条指令的执行次数分别为 1、2、3、4、5，求其 Huffman 树及平均码长。

解：

利用 Huffman 树进行操作码编码的方法称作最小概率合并法。把所有指令按照操作码在程序中出现的概率值，自左向右排列好，每条指令是一个结点，如图 5-17 所示。

图 5-17　Huffman 树的节点

从左向右各指令的概率分别为 1/15、2/15、3/15、4/15、5/15。选取概率最小的两个结点合并成一个概率值是两者之和的新结点，并把这个新结点插入到其他还未合并的结点中间；再在新的结点集合中选取两个概率最小的结点进行合并，如此继续进行下去，直到全部结点都合并完毕，最后得到一个根结点，根结点的概率值为 1，如图 5-18 所示。

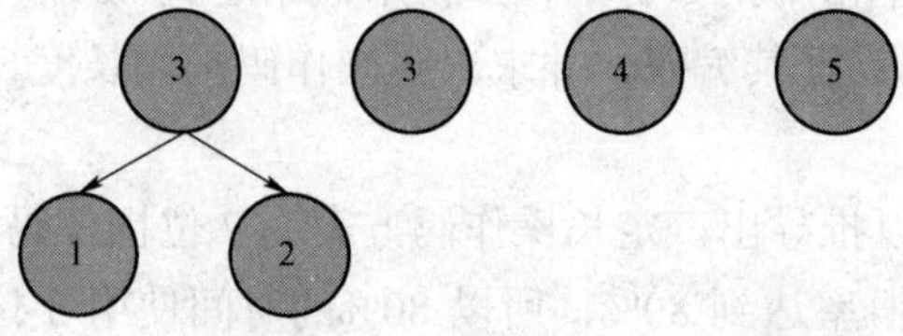

(a) 第1次合并

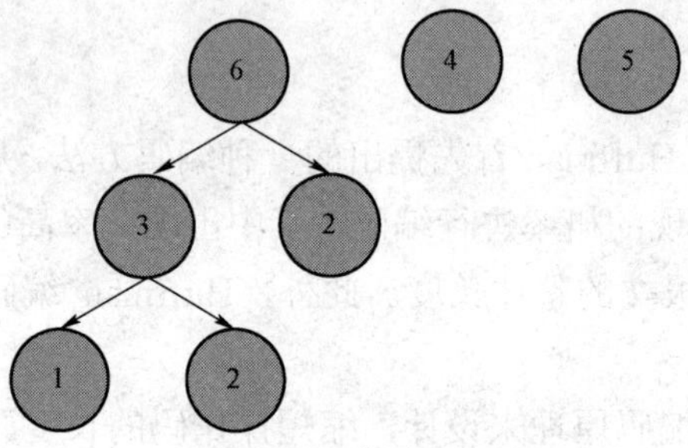

(b) 第2次合并

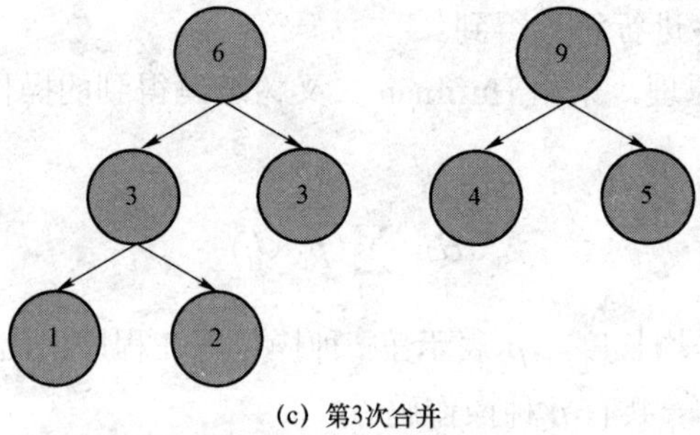

(c) 第3次合并

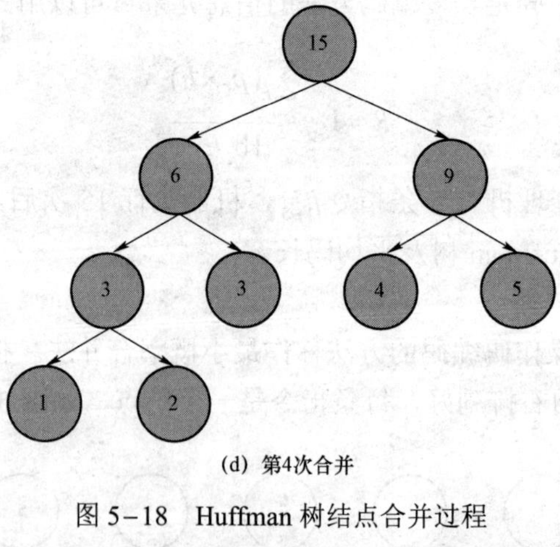

(d) 第4次合并

图 5-18 Huffman 树结点合并过程

从图 5-18 中可以看到，每个结点（除了叶子结点外）都有两个子结点，分别用一位代码

“0”和“1”表示。如果要得到一条指令的操作码编码，可以从根结点开始，到达该操作码结点（叶子结点），把沿线所经过的代码结合起来就是这条指令的操作码编码。例如，使用概率为 1/15 的操作码为 0000；使用概率为 3/15 的操作码为 001，使用概率为 4/15 的操作码为 10，所得最终编码如表 5–3 所示。

表 5–3 Huffman 编码表

指令	使用概率	Huffman 编码	指令的长度
I_1	5/15	11	2
I_2	4/15	10	2
I_3	3/15	001	3
I_4	2/15	0001	4
I_5	1/15	0000	4

应当指出，采用上述方法形成的操作码编码不是唯一的，只要任意一个二叉结点上的“0”和“1”互换，就可以得到一组新的操作码编码，然而，无论怎样交换，操作码的平均长度是唯一的。

采用 Huffman 编码法得到的操作码的平均长度为：

$$H = (5\times2+4\times2+3\times3+2\times4+1\times4)/15 = 2.2$$

与定长编码相比，操作码的平均长度只长了 0.8 位，信息冗余率为：

$$R = 1-2.2/3 = 26.7\%$$

3. 扩展编码

采用 Huffman 编码法能够使操作码的平均长度最短、信息的冗余量最小。然而，这种编码方法所形成的操作码很不规整。在例 5–10 中，5 条指令就有 3 种不同长度的操作码，这样既不利于硬件的译码，也不利于软件的编译。另外，它还很难与地址码配合，形成有规则长度的指令编码。

因此，在许多处理机中，采用了一种新的折中的方法，称为扩展编码法。这种方法的思想是将固定长编码和 Huffman 编码相结合来完成编码。

5.3.3 地址码的编码设计

目前，计算机系统中的主存储器容量通常都很大，而且会越来越大。由于普遍采用了虚拟存储系统，要求指令中给出的地址码是虚拟地址，其长度比主存储器的实际编址长度还要长得多；而对于多地址结构的指令系统而言，如此长的地址码是无法容忍的。因此，如何缩短地址码的长度是设计指令系统时必须考虑的一个问题。

地址码在指令中所占的长度最长，其编码长度主要与地址码的个数、操作数所存放的存储设备、存储设备的寻址空间大小、编址方式、寻址方式等有关。目前的计算机系统中，地址码的个数通常有 3 个、2 个、1 个及没有地址码 4 种情况，对应的地址编码特点如表 5–4 所示。

表 5–4 地址编码特点

地址数目	指令长度	程序量	程序执行速度	适用场合
零地址	最短	最小	最低	嵌套，递归，变量较多
一地址	较长	较大	较快	连续运算，硬件结构简单
二地址	一般	很大	很低	一般不宜采用
三地址	短	最大	一般	向量、矩阵运算为主

对于一个计算机系统来说，由于逻辑地址的空间大小是固定的，因此，缩短地址码长度的根本目的是要用一个比较短的地址码表示一个比较大的逻辑地址空间，同时也要求有比较灵活有效的寻址方式。地址码的主要设计方法有如下两种。

① *用间接寻址方式缩短地址码长度*。在主存储器的低端开辟一个专门用来存放地址的区域，由于表示存储器低端部分的地址所需要的地址码长度可以很短，而一个存储字的长度通常与一个逻辑地址码的长度相当。

② *用变址寻址方式缩短地址码长度*。把比较长的基址放在变址寄存器中，在指令的地址码只需给比较短的地址偏移量。

用寄存器间接寻址方式是缩短地址码长度最有效的方法。由于寄存器的数量比较少，通常表示一个寄存器号的编码只需要很少几位，而一个寄存器的字长足以放下一个逻辑地址。

5.4 复杂指令集和精简指令集

5.4.1 复杂指令集计算机

复杂指令集，也称为 CISC（complex instruction set computer）指令集。在使用 CISC 的微处理器中，程序的各条指令是按顺序串行执行的，每条指令中的各个操作也是按顺序执行的，其优点是控制简单，但计算机各部分的利用率不高，执行速度慢。X86 系列（也就是 IA–32 架构）CPU 及其兼容 CPU，如 AMD、VIA，都采用的是 CISC 指令集。即使是 X86–64（也被称为 AMD64），也属于 CISC 的范畴。

CISC 指令集的主要特点有：

① 指令系统复杂庞大，指令数目一般为 200 条以上；

② 指令的长度不固定，指令格式多，寻址方式多；

③ 可以访存的指令不受限制；

④ 各种指令使用频率相差很大；

⑤ 各种指令执行时间相差很大，大多数指令需多个时钟周期才能完成；

⑥ 控制器大多数采用微程序控制；

⑦ 难以用优化编译生成高效的目标代码程序。

如此庞大的指令系统，对指令的设计提出了极高的要求，使得指令研制周期变得很长。后来人们发现一味地追求指令系统的复杂和完备程度，不是提高计算机性能的唯一途径。对传统 CISC 指令系统的测试表明，各种指令的使用频率相差悬殊，大概只有 20%的比较简单的指令被反复使用，约占整个程序的 80%；而有 80%左右的指令则很少使用，约占整个程序的 20%。从这一事实出发，人们开始了对指令系统合理性的研究，于是 RISC 随之诞生。

5.4.2　精简指令集计算机

精简指令集，也称为 RISC（reduced instruction set computer）指令集，是计算机中央处理器的另一种设计模式。这种设计思路对指令数目和寻址方式都做了精简，使其更容易实现、指令并行执行程度更高、编译器的效率更高。常用的精简指令集微处理器包括 DEC ALPHA、ARC、ARM、AVR、MIPS、PA-RISC、Power Architecture（包括 PowerPC）和 SPARC 等。这种设计思路的产生是因为有人发现尽管传统的中央处理器设计了许多特性让代码编写更加便捷，但这些复杂特性需要几个指令周期才能实现，并且常常不被运行程序所采用。此外，中央处理器和主存之间运行速度的差别也变得越来越大。在这些因素促使下，出现了一系列新技术，使中央处理器的指令得以流水执行，同时降低了中央处理器访问内存的次数。早期，这种指令集的特点是指令数目少，每条指令都采用标准字长、执行时间短，中央处理器的实现细节对于机器级程序是可见的。

精简指令集计算机（RISC）的中心思想是要求指令系统简化，尽量使用寄存器-寄存器操作指令，指令格式力求一致。

RISC 指令集的主要特点如下：

① 选取使用频率最高的一些简单指令，复杂指令的功能由简单指令的组合来实现；

② 指令长度固定，指令格式种类少，寻址方式种类少；

③ 只有 Load/Store（取数、存数）指令访问内存，其余指令的操作都在寄存器之间进行；

④ CPU 中通用寄存器数量相当多；

⑤ 采用指令流水线技术，大部分指令在一个时钟周期内完成；

⑥ 以硬布线控制为主，不用或少用微程序控制；

⑦ 特别重视编译优化工作，以减少程序执行时间。

值得注意的是，从指令系统兼容性看，CISC 指令集大多能实现软件兼容，即高档机包含了低档机的全部指令，并可加以补充。但 RISC 指令集简化了指令系统，指令条数变少，格式也不同于老式计算机，因此大多数 RISC 计算机不能与老式计算机兼容。

本 章 小 结

本章主要介绍了指令系统的发展与性能、指令格式和寻址方式。首先介绍了指令系统的发展和性能，从中可以了解到指令系统自 20 世纪 50 年代只有十几条指令的系统发展到现在的复杂指令系统（CISC）和精简指令系统（RISC）；然后介绍了寻址方式，包括立即寻址方式、寄存器寻址方式、直接寻址方式、间接寻址方式、基址寻址方式、变址寻址方式、相对寻址方式、堆栈寻址方式，还介绍了一般指令系统的指令格式，以及指令中的操作码字段和地址字段；最后介绍了 CISC 和 RISC 各自的发展历程和特点。通过本章的学习，读者应对计算机指令及各种寻址方式的特点有所了解。

习　题　5

一、基础题

1. 综合填空题

（1）指令系统是表征一台计算机_______的重要因素，它的格式和功能不仅直接影响计算机的硬件结构，而且也影响系统软件。

（2）指令格式中，操作码字段表征指令的_______，地址码字段指定_______。微型机中多采用_______的指令格式。

（3）指令由_______和_______两部分组成。

（4）从操作数的物理位置来说，可将二地址指令归结为三种类型：存储器－存储器、_______、_______。

（5）RISC 的中文含义是_______，CISC 的中文含义是_______。

（6）指令字长有_______、_______、_______3 种形式。

（7）指令系统中采用不同寻址方式的目的主要是_______。

（8）零地址指令在指令格式中不给出操作数地址，它的操作数来自_______。

（9）一地址指令中，为完成两个数的算术运算，除地址译码指明的一个操作数外，另一个操作数常采用_______。

（10）二地址指令中，操作数的物理位置可安排在_______。

（11）操作数在寄存器中的寻址方式称为_______寻址。

（12）寄存器间接寻址方式中，操作数在_______中。

（13）变址寻址方式中，操作数的有效地址是_______。

（14）基址寻址方式中，操作数的有效地址是_______。

2. 综合选择题

（1）用某个寄存器中操作数的寻址方式称为（　　）寻址。

A. 直接　　B. 间接　　C. 寄存器直接　　D. 寄存器间接

（2）寄存器间接寻址方式中，操作数处在（　　）。

A. 通用寄存器　　B. 主存单元　　C. 程序计数器　　D. 堆栈

（3）指令系统采用寻址方式的目的是（　　）。

A. 实现存储程序和程序控制

B. 缩短指令长度，扩大寻址空间

C. 可直接访问外存

D. 提供扩展操作码的可能并减低指令译码的难度

（4）以下4种类型指令中，执行时间最长的是（　　）。

A. RR型指令　　B. RS型指令　　C. SS型指令　　D. 程序控制指令

（5）在指令的地址字段中，直接指出操作数本身的寻址方式，称为（　　）。

A. 隐含地址　　B. 立即寻址　　C. 寄存器寻址　　D. 直接寻址

（6）设变址寄存器为X，形式地址为D，（X）表示寄存器X的内容，这种寻址方式的有效地址为（　　）。

A. EA=（X）+D　　B. EA=（X）+（D）

C. EA=（(X）+（D）　　D. EA=（(X)）+（D）

（7）在指令的地址码中，直接指出操作数本身的寻址方式，称为（　　）。

A. 隐含寻址　　B. 立即寻址　　C. 寄存器寻址　　D. 直接寻址

（8）某种格式的指令的操作码有4位，能表示的指令有（　　）条。

A. 4　　B. 8　　C. 16　　D. 32

（9）在下列寻址方式中取得操作数速度最慢的是（　　）。

A. 相对寻址　　B. 基址寻址　　C. 寄存器寻址　　D. 存储器间接寻址

（10）相对寻址方式的实际地址是（　　）。

A. 程序计数器的内容加上指令中形式地址值

B. 基址寄存器的内容加上指令中形式地址值

C. 指令中形式地址中的内容

D. 栈顶内容

（11）下面（　　）不是CISC的特点。

A. 指令的操作种类比较少　　B. 指令长度固定且指令格式较少

C. 寻址方式比较少　　D. 访问内存需要的机器周期比较少

（12）下面（　　）不是RISC的特点。

A. 指令的操作种类比较少　　B. 指令长度固定且指令格式较少

C. 寻址方式比较少　　D. 访问内存需要的机器周期比较少

3. 综合计算题

（1）某计算机有14条指令，其使用程度分别为0.15、0.5、0.14、0.13、0.12、0.11、0.04、0.04、0.03、0.03、0.02、0.02、0.01、0.01。问：

① 这14条指令的操作码用等长编码方式编码，其编码的码长至少为多少位？

② 若只用两种码长的扩展操作码编码，其编码的码长至少多少位？

（2）某指令系统指令长16位，每个操作数的地址码长16位，指令分为无操作数、单操作数和双操作数3类。若双操作数指令有*K*条，无操作数指令有*L*条，问单操作数指令最多可能有多少条？

4. 综合设计题

假设机器字长16位，主存容量128 KB，指令字长为16位或32位，共有128条指令，设计计算机指令格式，要求有直接寻址、立即寻址、相对寻址、基址寻址、间接寻址、变址寻址6种寻址方式。

二、提高题

（1）【2009年计算机联考真题】某机器字长为16位，主存按字节编址，转移指令采用相对寻址，由2个字节组成，第一字节为操作码字段，第二字节为相对偏移量字段。假定取指令时，每取一个字节 PC 自动加 1。若某转移指令所在主存地址为 2000H，相对偏移量字段的内容为06H，则该转移指令成功转移以后的目标地址是（　　）。

A. 2006H　　B. 2007H　　C. 2008H　　D. 2009H

（2）【2009年计算机联考真题】下列关于 RISC 说法中，错误的是（　　）。

A. RISC 普遍采用微程序控制器

B. RISC 大多数指令在一个时钟周期内完成

C. RISC 的内部通用寄存器数量相对 CJSC 多

D. RISC 的指令数、寻址方式和指令格式种类相对 CISC

（3）【2011 年计算机联考真题】下列给出的指令系统特点中，有利于实现指令流水线的是（　　）。

Ⅰ. 指令格式规整且长度一致

Ⅱ. 指令和数据按边界对齐存放

Ⅲ. 只有 Load/Store 指令才能对操作数进行存储访问

A. 仅Ⅰ、Ⅱ　　B. 仅Ⅱ、Ⅲ　　C. 仅Ⅰ、Ⅲ　　D. Ⅰ、Ⅱ、Ⅲ

（4）【2011 年计算机联考真题】偏移寻址通过将某个寄存器内容与一个形式地址相加而生成有效地址。下列寻址方式中，不属于偏移寻址方式的是（　　）。

A. 间接寻址　　B. 基址寻址　　C. 相对寻址　　D. 变址寻址

第 6 章　中央处理器

中央处理器是计算机的核心部件，相当于计算机的大脑。中央处理器的电路集成在一片或少数几片大规模集成电路芯片上，称这类大规模集成电路芯片为微处理器。本章主要介绍中央处理器的发展、组成、功能、主要寄存器及中央处理器的性能指标。

学习目的

① 了解中央处理器的性能指标。
② 理解中央处理器的组成、功能。
③ 了解中央处理器的主要寄存器。
④ 熟悉中央处理器的工作过程。

6.1　计算机工作过程

计算机的工作过程如图 6–1 所示，其中最为重要的是“执行程序”，其过程可以分为以下 4 个步骤：

① 启动机器，首先 PC（程序计数器）存放的是下一条将要执行的指令的地址，将这个地址送到地址寄存器中，并命令存储器执行读操作，然后将读取的内容送至数据寄存器，数据寄存器将指令送到指令寄存器中，完成获取指令过程；

② 指令寄存器存放当前指令，把当前指令由指令寄存器送到控制器，对指令进行分析，识别出指令码和地址码，完成分析指令任务；

③ 指令寄存器将地址码送至存储器，按地址从存储器读取数据，然后送至数据寄存器，再由数据寄存器送至运算器，完成执行指令任务；

④ PC=PC+1，读取下一条指令，继续上面的操作，直到获取停机指令，停止工作。

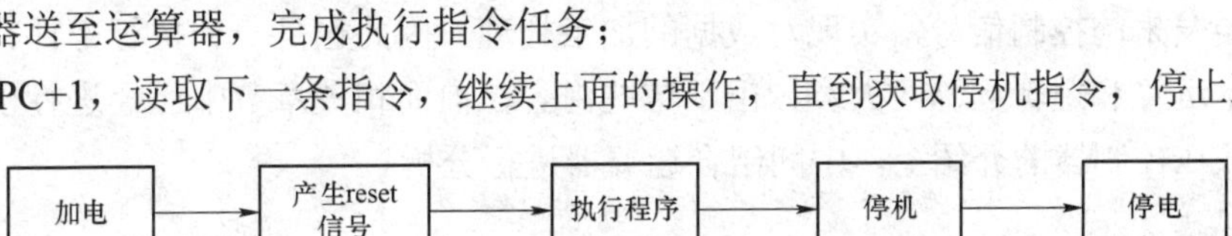

图 6–1　计算机的工作过程

从计算机的工作过程可以看出：程序的执行是在中央处理器（CPU）执行指令的过程中周而复始的，是 CPU 在协调并控制计算机各部件执行程序的指令序列。

6.2 CPU 的功能和基本结构

6.2.1 CPU 的功能

计算机能够处理和解决各类问题，是通过事先编制好的程序来实现的。程序是由指令序列组成的，告诉计算机如何完成一个具体的任务。计算机执行程序时，首先将程序和数据调入内存，自动完成取出指令和执行指令的任务，从而实现程序的功能，而这些工作是通过 CPU 来完成的。综上，一般可将 CPU 的功能划分为以下 4 个主要方面。

① 指令控制。指令控制所关注的是程序的执行顺序。由于程序是由指令序列组成的，指令之间存在严格的先后关系，不允许随意颠倒，所以要求 CPU 必须能够按照正确的顺序来执行各条指令，以保证最终功能的实现。

② 操作控制。每条指令能够完成一定的功能，这种功能往往不是一个操作信号就可以做到的，而是通过同时发出一组操作信号驱使各部件产生相应的操作来共同完成的。因此，CPU 需要依据每条指令的功能，产生所需的操作信号，并将这些信号送往相应的部件，从而控制这些部件按照指令的要求进行工作。

③ 时间控制。对各种操作实施时间上的定时，称为时间控制。完成指令的功能需要发出一组控制信号，但这些信号一般不是同时产生的，而是要遵守严格的时间关系。同样的一组控制信号，按照不同的时间顺序发出，可能会产生截然不同的结果。只有在恰当的时间产生所需的信号，才能正确实现指令的功能。

④ 数据加工。数据加工是指对送入 CPU 中的数据进行算术运算和逻辑运算。

以上 4 个功能中，前 3 个由控制器实现，第 4 个由运算器实现。

6.2.2 CPU 的组成

CPU 主要由三部分组成：运算器、控制器和寄存器组，如图 6–2 所示。

1. 运算器

运算器主要由算术逻辑运算单元（ALU）和一系列寄存器组成，ALU 是其核心部件。运算器接收控制器发来的控制信号，实现对数据的加工处理，因此也是一个执行部件。运算器中的运算包括算术运算和逻辑运算两大类，由于这些内容在前面相关章节中已经进行了介绍，因此本章将重点放在控制器的介绍上，中间结合运算器进行分析。

2. 控制器

控制器的基本功能，是依据当前正在执行的指令和指令所处的执行步骤，形成并提供在这

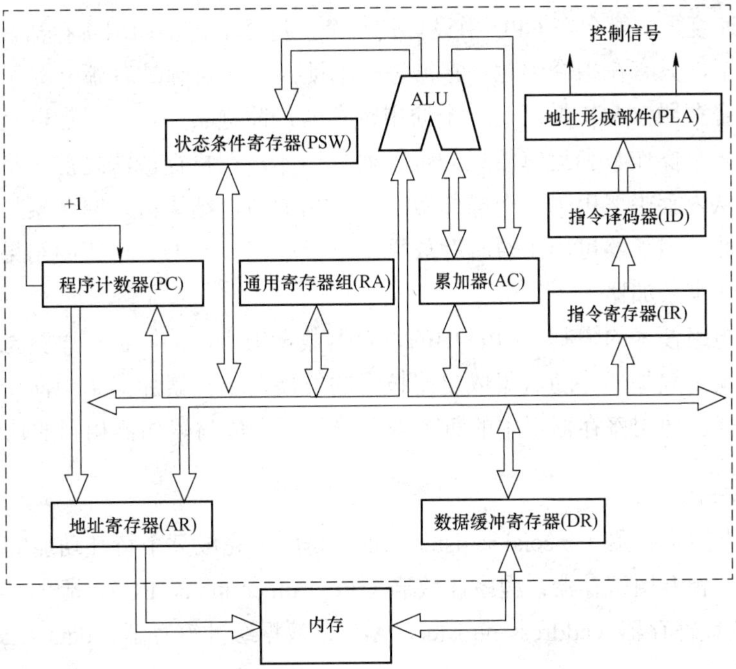

图 6-2　CPU 基本组成

一时刻计算机各部件所需要的控制信号。从指令的角度看，要完成一条指令的功能，需要先后经历取指令、分析指令和执行指令这 3 个阶段。除此之外，从计算机的运行控制上来说，还需要控制程序和数据的输入与结果输出，并完成对异常情况和某些请求的处理。

随着计算机应用领域的扩大和超大规模集成电路的发展，CPU 内部集成了更多的功能部件，如存储管理部件（MMU）、浮点处理单元（FPU）、高速缓冲存储器（Cache）和多媒体扩展部件（MMX）等，CPU 的结构也变得越来越复杂，但基本工作原理仍然不变。

3. 寄存器组

寄存器组通常由多个寄存器组成，是 CPU 中的一个重要部件。通用寄存器组主要用来暂存 CPU 执行程序时的常用数据或地址，以减少 CPU 芯片与外部的数据交换，从而提高 CPU 的执行速度。因此，可以把这组寄存器看成是 CPU 内部工作现场的一个小型快速的“RAM 存储器”。

6.2.3　CPU 中的主要寄存器

为了完成以上所描述的各类基本功能，CPU 中必须有各类具备不同处理功能的逻辑部件配合工作，其中的一类常用部件就是寄存器，用于暂时保存运算和控制过程中的中间结果、最终结果以及状态信息。CPU 中的寄存器一般可分为通用寄存器和专用寄存器两大类。

1. 通用寄存器

通用寄存器（general register，GR）的功能不唯一，可由程序设计者根据需要进行指定，如存放原始数据和运算结果，作为变址寄存器、计数器等。现代计算机中为了减少访问存储器的次数、提高运算速度，一般会在CPU中设置几十个，甚至上百个通用寄存器，形成通用寄存器组。在这种情况下，只有在指令中对寄存器进行编址，才能明确是对哪个寄存器的访问。

例如，累加寄存器（ACC）就是一个通用寄存器，简称累加器。累加器是专门存放算术运算或逻辑运算的一个操作数和运算结果的寄存器。例如，在执行加法之前，将其中一个操作数放在累加器中，从内存中取出另一个操作数，二者相加后，结果再送回到累加器，原先的操作数信息丢失。因此，累加器可用于暂时存放算术逻辑单元（ALU）运算的结果信息。显然，运算器中至少要有一个累加器。

过去受集成电路技术的限制，CPU中的寄存器数量很少，能够被程序员直接控制使用的寄存器只有一个，就是累加器。随着集成电路技术的发展，单一累加器结构演变成了前面提到的通用寄存器组形式。通用寄存器组中的每个寄存器都可完成与累加器相同的功能。

2. 专用寄存器

顾名思义，专用寄存器（special register，SR）是用于完成某个特殊功能的寄存器。CPU中至少应提供以下5种专用寄存器：程序计数器（program counter，PC）、指令寄存器（instruction register，IR）、地址寄存器（address register，AR）、数据缓冲寄存器（data register，DR）和状态条件寄存器（program status word，PSW）。

1）程序计数器

CPU的基本功能是可以自动取出指令并执行，因此必须有一种机制使CPU能够确定下一条指令的地址，程序计数器实现了这一功能。在程序开始执行时，需要将程序中第1条指令所在的内存单元地址送入PC，CPU依据PC中的地址信息取出指令加以执行。当程序顺序执行时，PC中的内容自动加1，指向下一条待执行指令的地址。当遇到需要改变程序执行顺序的情况时，如执行了转移指令，则依据指令中所提供的信息得到后继指令的地址，并将其送入PC，实现程序的转移。因此，程序计数器一般同时具有寄存信息和计数两种功能。

在一些计算机中，PC也可能用于存放当前正在执行的指令地址。另外，在具有指令预取功能的计算机中，还需要再增加一个程序计数器，存放下一条将要取出的指令地址。

2）指令寄存器

CPU根据PC中的信息取出指令，将其存放在指令寄存器中。在指令执行期间，指令寄存器中的内容不允许发生变化，以保证指令功能的正确和完整实现。

3）地址寄存器

地址寄存器用于暂时存放当前CPU所访问的内存单元的地址。由于主存和CPU之间存在速度差异，因此需要使用地址寄存器来暂时保存当前的地址信息，直到主存完成读写操作。

4）数据缓冲寄存器

数据缓冲寄存器用于暂时存放由主存读出的一条指令或一个数据字；反之，当向内存写入一条指令或一个数据字时，也将它们暂时存放在数据缓冲寄存器中。因此当CPU和主存进行信息交换时，无论是读还是写，都需要使用地址寄存器和数据缓冲寄存器；如果将I/O设备的设备地址当做内存的地址单元来看待，则CPU和I/O设备交换信息时也需要使用地址寄存器和数据缓冲寄存器。数据缓冲寄存器有时也简称为数据寄存器。

5）状态条件寄存器

状态条件寄存器也叫程序状态字寄存器，用于保存由算术指令和逻辑指令运行或测试的结果建立的各种条件码内容，如运算结果进位标志（C）、运算结果溢出标志（V）、运算结果为负标志（N）、运算结果为零标志（Z）等，这些标志位通常分别由一位触发器来保存。这些信息也称为程序状态字，表明程序和机器的运行状态，是参与控制程序执行的重要依据之一。除此之外，状态条件寄存器中还保存中断和系统工作状态等信息，以便使CPU和系统能及时了解计算机运行状态和程序运行状态。不同类型计算机的状态条件寄存器的位数和设置存在一定的差异。例如，8086计算机提供了9个标志，分别为溢出标志（OF）、符号标志（SF）、零标志（ZF）、辅助进位标志（AF）、奇偶标志（PF）、进位标志（CF）、方向标志（DF）、中断允许标志（IF）和单步标志（TF），其中前6个为状态标志，后3个为控制标志。

◎ **提示：**以上5种专用寄存器，连同累加寄存器，构成了CPU中必不可少的6种寄存器。

6.3 控制器的工作流程

6.3.1 取指令

当程序已经被送入存储器时，首先根据程序计数器（PC）中所给出的现行指令地址，从内存中取出该条指令的指令码并送到控制器的指令寄存器中。在后面的执行过程中，不断确定下一条指令的地址，取出下一条指令，直至程序执行结束或因意外情况终止。为了满足以上要求，在取指令阶段，需要进行以下操作：

① 将程序计数器（PC）中的内容送到地址总线（address bus，AB）；

② 由控制单元（control unit，CU）经控制总线（control bus，CB）向存储器发出读命令；

③ 存储器完成读操作，将读出的结果经数据总线（data bus，DB）送至指令寄存器（IR）；

④ 程序计数器（PC）中的内容递增，指向顺序执行情况时的下一条指令的地址。

可见，无论是什么指令，在读取阶段都要执行以上操作，因此这些操作也称为公共操作。完成此阶段操作所需要的时间称为取指周期。

6.3.2 分析指令

在分析阶段，首先要分析指令（也称为指令译码），明确该指令的功能，并产生相应的操作控制命令。如果参与操作的数据在存储器中，还需要形成操作数地址，获取操作数，所以分析指令阶段也称分析取数阶段。由于各条指令功能不同，寻址方式也不同，因此在分析取数阶段的操作也各不相同。

对于无操作数指令，只需要明确指令功能即可进入执行阶段，因此无须取数；对于含有操作数的指令，首先需要计算出操作数的地址，若操作数在通用寄存器中，可直接使用，否则需要访问主存。当寻址方式不同时，有效地址的计算方法也不同，有时需要多次访问主存才能取出操作数。

完成本阶段任务的时间称为间址周期，用于计算地址并访问存储器取出运算数据，由于指令译码所需的时间很短，一般不单独考虑译码时间。由此可见并非所有指令都存在间址周期。

6.3.3 执行指令

在执行阶段，根据分析指令时产生的操作命令和操作数地址，形成相应的操作控制信号序列，通过 CPU 及输入输出设备的执行，实现每条指令的功能，其中包括对运算结果的处理，以及下条指令地址的形成。完成此阶段操作所需要的时间称为执行周期。

计算机的基本工作过程就是不断地取指令、分析指令、执行指令。关于指令执行的过程，在不同教材上采用的说法略有出入，比如将间址周期和执行周期合并，仍称为执行周期，但其本质是相同的。

6.3.4 对异常情况和外部请求的处理

计算机在运行时，往往会遇到一些异常情况或某些来自外部的请求，虽然这些情况事先无法预测，但是一旦发生，CPU 应该立即对它们做出响应，这就要求控制器具有处理这类问题的功能。通常，当这些情况出现时，由相应部件或设备向 CPU 发出“中断请求”信号，待执行完当前指令后，CPU 响应中断请求，中止当前执行的程序，转去执行中断程序，以便处理这些异常。当异常处理完毕后，再返回原程序继续执行。

6.4 控制器的组成

控制器主要由指令部件、时序部件、控制单元组成。

6.4.1 指令部件

指令部件用于读取和分析指令，常用的指令部件有以下 4 种。

1. 程序计数器

程序计数器是用于存放下一条指令所在单元的地址的地方。

控制器能够取出指令的前提是知道待取指令在内存中的地址，因此需要将这个地址信息专门存放在一个寄存器中，这个寄存器就是程序计数器。

需要注意一点，我们经常说在顺序执行的情况下，要得到下一条指令的地址，则进行“PC+1”操作，这里的“+1”是指加一个单位，即指令字的字长。例如，若每条指令长度为 4，按字编址，则下一条指令的字节地址是在当前 PC 内容的基础上加 4 个字节。

2. 指令寄存器

指令寄存器是临时放置从内存里面取得的程序指令的寄存器。

控制器将所需读取的指令地址发送到存储器，同时发出读命令，存储器完成操作后返回指令内容。在指令执行期间，需要依据该指令的内容产生各种控制信号，因此需要将指令内容保存在一个专用寄存器中，这就是指令寄存器。

3. 指令译码器

指令译码器（instruction decoder，ID）用于对指令中的操作码字段进行分析解释，以确定操作的性质和方法。

指令寄存器中保存的是完整的指令内容。根据前面对指令格式的介绍，指令分成操作码和地址码两部分。操作码是一个二进制编码，需要送入指令译码器进行分析才能识别出这是一条什么样的指令，并产生相应的控制信号，提供给控制单元。

4. 地址形成部件

对于指令中的地址码部分，需要使用地址形成部件，根据不同的寻址方式来形成操作数的有效地址。在微型机中，也可以直接使用运算器来进行有效地址的计算，无须使用专门的地址形成部件。

6.4.2　时序部件

在明确了指令的功能后，需要产生操作控制信号发送给各个执行部件。需要注意的是，信号之间应满足一定的时序关系。例如，生活中一组人合作表演一个节目，只有当每个人按照预先编排的顺序做出自己的动作时，才能够体现出一个整体效果。如果每个人都完成自己的动作，但没有按照约定的顺序进行，则无法保证效果的实现。计算机中也是如此，需要通过时序部件产生一定的时序信号，保证各功能部件有节奏地进行信息传送、加工和存储。因此，除了前面所提到的 4 个部件之外，还应该提供以下部件。

1. 脉冲源

脉冲源产生一定频率和宽度的时钟脉冲信号，作为整个计算机的时钟脉冲，是机器周期和工作脉冲的基准信号。在计算机刚加电时，还应产生一个总清信号（reset）。当计算机的电源接通之后，脉冲源按照固定的频率重复发出时钟脉冲序列，直至电源关闭。

2. 节拍信号发生器

节拍信号发生器又称脉冲分配器，用于将脉冲源产生的脉冲信号转换为各个机器周期中所需的节拍信号，控制计算机完成每一步操作。

通过以上的时序部件，可以形成计算机工作的节拍。

6.4.3 控制单元

控制单元（control unit，CU）是 CPU 的指挥中心，负责程序的流程管理。

指令部件的输出是指明当前指令应该做什么，时序部件的输出是计算机的工作节拍，因此下一步要将指令发出的各种控制信号按节奏进行分配，这就是控制单元的工作。控制单元的别名很多，如微操作信号发生器、时序控制信号形成部件、操作控制器等。

当计算机启动后，在节拍的作用下，控制单元根据当前正在执行的指令的需要，以及其他有关的因素，产生相应的时序控制信号，并根据被控功能部件的反馈信号调整时序控制信号。例如，当前执行的是加减法运算，若结果未溢出，则将结果送入目的寄存器；若结果上溢，此时的结果没有意义，因此无须保存，而应转入对应的中断处理程序。计算机整机中的各硬件系统，正是在这些信号的控制下协同运行、产生预期的执行结果。控制单元是整个控制器中最复杂的一个部分。

6.5 时序系统与控制方式

当程序启动后，在 CLK 时钟作用下，根据当前正在执行的指令的需要，产生相应的时序控制信号，并根据被控制功能部件的反馈信号调整时序控制信号。

6.5.1 节拍和脉冲

1. 节拍

机器周期并非组织控制信号的最小单位。在一个机器周期中要完成一个相对独立的功能，这些功能是通过若干个操作来实现的，称为微操作。这些微操作有些可以同时进行，有些也需要按照先后次序执行。因此，把一个机器周期分为若干个相等的时间段，每个时间段对应一个电位信号，称为节拍电位信号，简称节拍。一个节拍的宽度取决于 CPU 完成一次微操作所需要的时间。

由于不同机器周期的任务不同，因此每个机器周期内需要完成的微操作内容和微操作数量也不同，即不同机器周期所需要的节拍数不同。为了确定所需节拍的数量，一般有以下几种方法。

1）统一节拍法

统一节拍法中，所有机器周期所需要的节拍数量是相同的。此时应当以最复杂的机器周期为准来确定节拍的数量，同时以最复杂的微操作来确定每个节拍所需时间的长短。这种方法采用统一的具有相等时间间隔和相同数目的节拍，使得所有机器周期的长度都是相等的，因此也称为定长 CPU 周期。

2）分散节拍法

统一节拍法的优点是控制简单，但对于比较简单的机器周期来说，只有其中一部分时间是在工作，其他时间都在等待，利用率较低。因此可根据每个机器周期的实际需要来为其安排节拍数量，提高利用率。这种方法也称为不定长 CPU 周期。

3）延长节拍法

分散节拍法需要对每个机器周期进行单独控制，管理复杂。一种折中的方法是照顾多数机器周期的需求，选取适当的节拍数作为基本节拍数。对于比较复杂的机器周期，难以在基本节拍数之内完成全部微操作，可延长 1～2 个节拍。这种方法也称为中央控制和局部控制相结合的方法。

2. 脉冲

节拍是一种电位信号，表示的是当前所处的位置。在节拍中执行的一些微操作，例如寄存器的写入、机器周期的状态切换等，都需要同步定时脉冲。

同步定时脉冲信号是由时钟发生器产生的，因此又简称时钟脉冲。在一个节拍中，通常需要设置一个或多个时钟脉冲，作为各种同步脉冲的同步源。

时钟脉冲是计算机的基本工作脉冲，控制着计算机的工作节奏。时钟频率越高，计算机的工作速度也就越快。

6.5.2　多级时序系统

在计算机中，通常将时序信号划分为多级，对应的时序系统称为多级时序系统。在多级时序系统中，通常会用到指令周期、机器周期、时钟周期、总线周期这几个概念。

1. 指令周期

指令周期是指从取指令、分析指令到执行完该指令所需的全部时间。由于各种指令的操作功能不同，有的简单，有的复杂，因此不同指令的指令周期不尽相同。

2. 机器周期

为便于管理，通常把一个指令周期划分为若干个机器周期，在每个机器周期内 CPU 完成一个基本操作。指令不同，所需的机器周期也不同，比如一个复杂指令可能需要很多个机器周期才能完成。

从执行指令的角度看，机器周期有取指周期、取数周期、执行周期和中断周期等。所以指令周期与机器周期之间具有以下关系：

$$指令周期=i\times 机器周期$$

式中，i 为指令周期中包含的基本操作数目。

3. 时钟周期

在计算机中，各项操作由统一的时序信号进行同步控制，其特征是将操作时间划分成若干个长度相同的时钟周期，在一个或几个时钟周期内完成一个微操作。

时钟周期指的是时钟信号的变化周期，又称作 T 周期，通常用 CPU 从主存中读取一个指令字所需的最短时间来表示。时钟周期是 CPU 和其他单片机的基本时间单位，可以用时钟晶振频率来表示。对 CPU 来说，在一个时钟周期内，CPU 仅完成一个最基本的动作。

一个机器周期中包含若干个时钟周期，其数量取决于机器周期内要完成多少微操作及相应功能部件的速度。确定基本时钟周期数之后，也可以根据需要插入等待时钟周期，用于等待外部慢速设备完成操作。在一个机器周期内，通常包含 12 个时钟周期，每一个时钟周期对应一个电平信号宽度。

在使用时钟周期的微型计算机中，一般不再独立设置工作脉冲，因为时钟周期信号可以作为电位信号，其前沿和后沿都可用作脉冲触发信号。

4. 总线周期

通常，把 CPU 通过总线对存储器和 I/O 接口进行一次访问所需的时间称为一个总线周期。一个总线周期包含 4 个时钟周期，这 4 个时钟周期分别对应 4 个状态，即：T_1，T_2，T_3，T_4。

图 6-3 是一个三级时序系统。其中，P 为时钟周期，T_1～T_4 为总线周期，M_1、M_2 为机器周期。

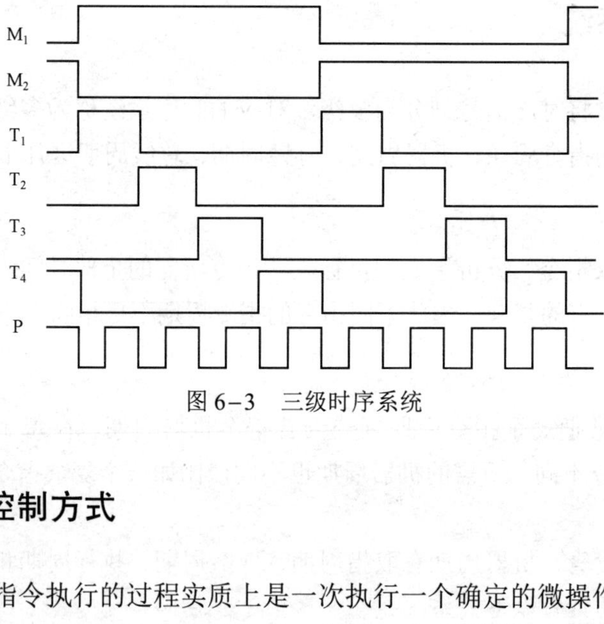

图 6-3　三级时序系统

6.5.3　控制器的控制方式

控制器控制一条指令执行的过程实质上是一次执行一个确定的微操作序列的过程，这在硬接线组合逻辑电路控制器和微程序控制器中是一样的。由于不同指令所对应的微操作数量及操作复杂度不同，所以每条指令和每个微操作所需的执行时间也不同。通常将如何形成不同微操作序列所采用的时序控制方式称为控制器的控制方式，常见的有同步控制、异步控制、联合控制及人工控制 4 种。

1. 同步控制

在程序运行时，任何指令的执行或指令中每个微操作的执行都受事先确定的时序信号的控制，每个时序信号的结束就意味着一个微操作或一条指令已完成，随即开始执行后续的微操作或自动转向下一条指令。同步控制方式下，任何一条已定的指令在执行时所需的机器周期数和节拍数都是固定不变的。

根据不同情况，同步控制方式可选用统一节拍法、分散节拍法和延长节拍法来确定机器周期。

2. 异步控制

在这种控制方式下，每条指令、每个微操作需要多少时间就占用多少时间，不采用统一的周期或节拍来控制，当控制器发出进行某一微操作的控制信号后，等待执行部件就执行该操作，完成后发回“回答”信号或“结束”信号，再开始新的微操作。用这种方式所形成的微操作序列，各部件间的信息交换采取“应答”方式，没有固定的周期和节拍，没有严格的时钟同步，而是按需要经济地安排时序，故加快了操作速度。在异步控制方式中，CPU 没有空闲等待的状态，但需要采用各种应答电路，因此控制比较复杂。

3. 联合控制

将同步控制和异步控制相结合，对不同指令的各个微操作实行大部分统一、小部分区别的方式，称为联合控制方式。即将大部分微操作安排在一个固定的机器周期内，并在同步时序信号的控制下进行，而对那些时间难以确定的微操作，则以执行部件完成该操作后发回的“回答”信号或“结束”信号作为结束依据。这也是现代计算机中普遍采用的控制方式。常见的设计思想是：在功能部件内部采用同步控制方式，在功能部件之间采用异步控制方式。

4. 人工控制

为了调机或出于软件开发的需要，在计算机面板或内部往往设置一些开关或按键以进行人工控制。常用的人工控制方法有以下 3 种。

1）Reset 按键

按下此键时产生 reset 信号，使计算机处于初始状态，当计算机处于死锁状态或无法继续运行时可按此键。在机器运行时按此键可能会破坏机器内部的某些状态而引起错误。有些计算机未设置此按键，当机器死锁时，一般采取停电再加电的办法重新启动计算机。

2）连续或单条转换开关

连续是指计算机按正常速度执行程序，单条则是指每执行一条指令后计算机自动停机，在调试硬件或调试程序时可观察每条指令的执行结果，因此需要设置连续或单条执行转换开关供用户选择。在计算机开始工作前，须先将此开关设置好，启动后就能按照预定状态工作。

3）符合停机开关

在计算机内设置有一组符合停机开关，用于指示存储器的位置。当程序运行到符合停机开关指示的地址时，计算机停止运行，称为地址符合停机。

目前，绝大部分用户都用高级语言编程，因此单条指令的工作方式和地址符合停机都不需要了，但是市场上出售的开发系统及单板机（微机）往往具有这种功能。在某些计算机中，为了调试或跟踪程序的执行，在程序状态字中设置一个专用的状态位，当该位为“1”时，每执行一条被测程序的机器指令就自动产生一个 trap 信号，进入中断程序进行处理。

6.6 数据通路

控制器中各个子系统通过数据总线连接形成的数据传送路径称为数据通路。数据通路的设计直接影响控制器的设计，同时也影响数字系统的速度指标和成本。一般来说，处理速度快的数字系统，其独立数据传送通路也较多。但是独立数据传送通路一旦增加，控制器的设计也就复杂了。因此，在满足速度指标的前提下，为使控制器结构尽量简单，一般小型机系统中多采用单一总线结构。在较大型系统中可采用双总线或三总线结构。

对单总线的系统来说，扩充是非常容易的，只要在总线上增加子系统即可。例如增加一个寄存器时，可将总线接到寄存器的数据输入端，由接收控制信号将数据打入。如果该寄存器的数据还需要发送到总线，则在寄存器的输出端加上三态门即可，或者干脆使用带三态门输出的寄存器。

6.7 微程序控制器

6.7.1 微程序控制器的基本概念

微程序控制器是一种控制器。同硬接线组合逻辑电路控制器相比，微程序控制器具有规整性、灵活性、可维护性等一系列优点，因而在计算机设计中逐渐取代了早期采用的组合逻辑控制器，并已得到广泛应用。在计算机系统中，微程序设计技术是利用软件方法来设计硬件的一门技术。

6.7.2 实现微程序控制器的基本原理

1. 基本概念

采用微程序控制方式的控制器称为微程序控制器，所谓微程序控制方式是指微命令不是由组合逻辑电路产生的，而是由微指令译码产生的。一条机器指令往往分成几步执行，将每一步操作所需的若干位命令以代码形式编写在一条微指令中，若干条微指令组成一段微程序，对应一条机器指令。在设计 CPU 时，根据指令系统的需要，事先编制好各段微程序，且将它们存入一个专用存储器（称为控制存储器）中。

2. 微程序控制器的组成

微程序控制器主要由控制存储器、微指令寄存器和地址转移逻辑 3 大部分组成。

1）控制存储器

控制存储器用来存放实现全部指令系统的微程序，它是一种只读存储器。一旦微程序固化，计算机运行时则只读不写。其工作过程是：每读出一条微指令，则执行这一条微指令；接着又读出下一条微指令，又执行这一条微指令；……读出一条微指令并执行微指令的时间总和称为一个微指令周期。通常，在串行方式的微程序控制器中，微指令周期就是只读存储器的工作周期。控制存储字长就是微指令字的长度，其存储容量视指令系统而定，即取决于微程序的数量。对控制存储器的要求是速度要快、读出周期要短。

2）微指令寄存器

微指令寄存器用来存放从控制存储器中读出的微指令信息，分微地址寄存器和微命令寄存器两种。其中，微地址寄存器决定将要访问的下一条微指令的地址，而微命令寄存器则用于保存一条微指令的操作控制字段，并判别测试字段的信息。

3）地址转移逻辑

在一般情况下，微指令从控制存储器读出后，直接给出下一条微指令的地址，通常我们将其简称为微地址，这个微地址信息就存放在微地址寄存器中。如果微程序不出现分支，那么下一条微指令的地址就直接由微地址寄存器给出。当微程序出现分支时，意味着微程序出现条件转移。在这种情况下，通过判别测试字段 P 和执行部件的“状态条件”反馈信息，去修改微地址寄存器的内容，并按改好的内容去读下一条微指令。地址转移逻辑就承担自动完成修改微地址的任务。

6.7.3　微程序设计技术

微程序设计是用规整的存储逻辑代替不规整的硬接线组合逻辑电路来实现计算机控制器功能的技术。每一条指令启动一个微程序。微程序存放在控制存储器中，修改控制存储器内容可以改变计算机的指令。

1. 简介

微程序是由若干条微指令组成的序列。在计算机中，一条机器指令的功能可由若干条微指令组成的微程序来解释和执行，因此计算机执行一条指令的过程，也就是执行一个相应的微程序的过程。

在计算机等数字系统中，控制器的典型功能是按时间节拍发出一定数量的控制信号，使系统完成若干基本操作，经过若干节拍后完成一种相对完整的功能，如一条机器指令的功能。在一般的控制器中，这些控制都是由硬接线逻辑来实现的，但在微程序控制器中这些基本操作则是由存放于控制存储器中的微程序段控制完成的。

2. 微程序设计方法

在进行微程序设计时，应考虑尽量缩短微指令字长，减少微程序长度，提高微程序的执行速度。这几项指标是互相制约的，应当全面地进行分析和权衡。

1）水平型微指令及水平型微程序设计

水平型微指令是指一次能定义并能并行执行多个指令的微指令。它的并行操作能力强，效率高，灵活性强，执行一条机器指令所需微指令的数目少，执行时间短；但微指令字较长，增加了控制存储器的横向容量，同时微指令和机器指令的差别很大，设计者只有熟悉了数据通路，才有可能编制出理想的微程序，一般用户不易掌握。由于水平型微程序设计是面对微处理器内部逻辑控制的描述，所以把这种微程序设计方法称为硬方法。

2）垂直型微指令及垂直型微程序设计

垂直型微指令是指一次只能执行一个指令的微指令；它的并行操作能力差，一般只能实现一个微操作，控制一两个信息传送通路，效率低；执行一条机器指令所需的微指令数目多，执行时间长。但是垂直型微指令与机器指令相似，容易掌握和利用，编程比较简单，不必过多地了解数据通路的细节，且微指令字较短。由于垂直型微程序设计是面向算法的描述，所以把这种微程序设计方法称为软方法。

3）混合型微指令

综合前述两者特点的微指令称为混合型微指令，它具有不太长的微指令字，又具有一定的并行控制能力，可高效地实现计算机的指令系统。

3. 微指令的执行方式

执行一条微指令的过程与执行机器指令的过程类似。第一步将微指令从控制存储器中取出，称为取微指令；对于垂直型微指令，这一步还应包括微操作码的译码。第二步执行微指令所规定的各个微操作。微指令的执行有串行和并行两种方式。

1）串行方式

在这种方式里，取微指令和执行微指令是顺序进行的，在一条微指令取出并执行之后，才能取下一条微指令。

一个微指令周期里，在取微指令阶段，控制存储器工作，数据通路等待；而在执行微指令阶段，控制存储器空闲，数据通路工作。

串行方式的微指令周期较长，但控制简单，所用的硬件设备较少。

2）并行方式

为了提高微指令的执行速度，可以将取微指令和执行微指令的操作重叠起来，从而缩短微指令周期。因为这两个操作是在两个完全不同的部件中执行的，所以这种重叠是完全可行的。

在执行一条微指令的同时，预取下一条微指令。假设取微指令的时间比执行微指令的时间短，就以较长的执行时间作为微指令周期。

由于执行一条微指令与预取下一条微指令是同时进行的，若遇到某些需要根据当前正在执行的微指令处理结果而进行条件转移的微指令，就不能并行地取出来。此种情况下最简单的办法就是延迟一个微指令周期再取微指令。

◎ **提示：** 除以上两种控制方式外，还有串、并行混合方式，即当待执行的微指令地址与现执行微指令处理无关时，采用并行方式；当其受现行微指令操作结果影响时，则采用串行方式。

6.8　51 单片机最小系统仿真实验

使用 Multisim 搭建的 80C51 的最小系统如图 6−4 所示，通过编写程序可以使 LED 小灯 X2 循环闪烁。51 单片机最小系统一般包括单片机、晶振电路、复位电路，本实训项目中的最小系统没有复位电路。

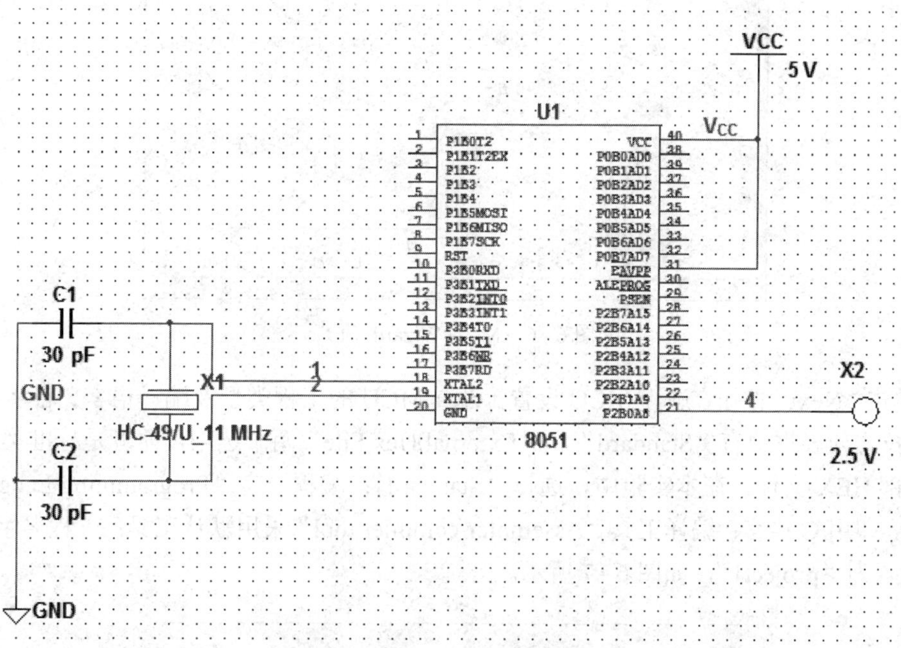

图 6−4　80C51 的最小系统

① 打开 Multisim 软件，选择“Place|Component”命令，弹出“Select a Component”对话框，选择 Group 为“MCU”，Family 为“805x”，Component 为“8051”，如图 6−5 所示。

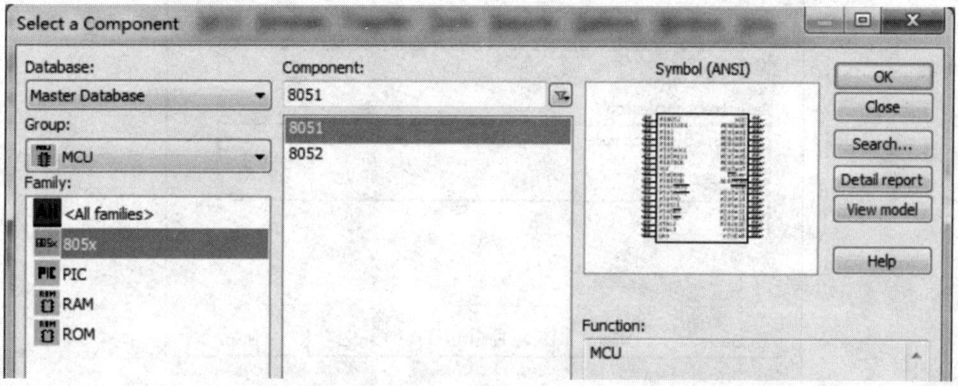

图 6−5　添加 MCU 器件

② 在对话框内选择好器件后，单击右上角的“OK”按钮，就可以将选中的 8051 器件放置

在原理图中，当放置好之后，会弹出 MCU Wizard 创建向导，如图 6-6 所示。

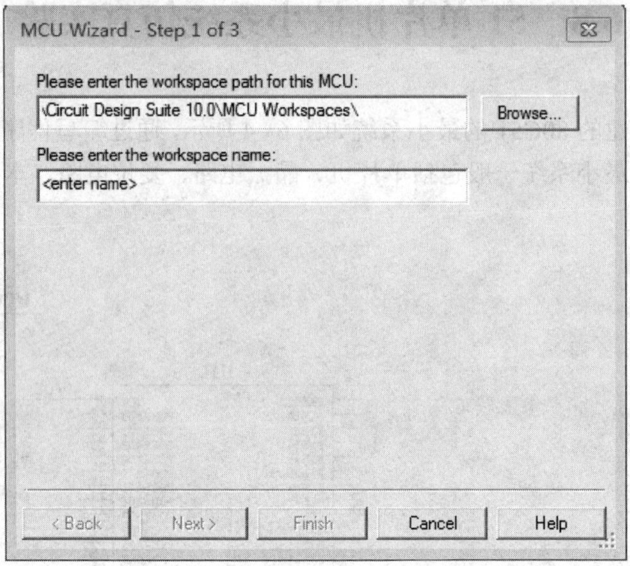

图 6-6　MCU Wizard（1）

③ 单击“Next”按钮，进行 MCU 设置。设置 MCU 的工程类型及编译语言、名字，“Project Type”下拉式列表框中有“Standard”和“External Hex File”两个选项，前者是标准类型，后者是导入外部 HEX 文件，在本实验中，选择“Standard”；编程语言“Programming Language”里选择“C”，即用 C 语言；编译工具“Assembler/compiler tool”采用默认工具；工程名字“Project name”设置为“project1”，如图 6-7 所示。

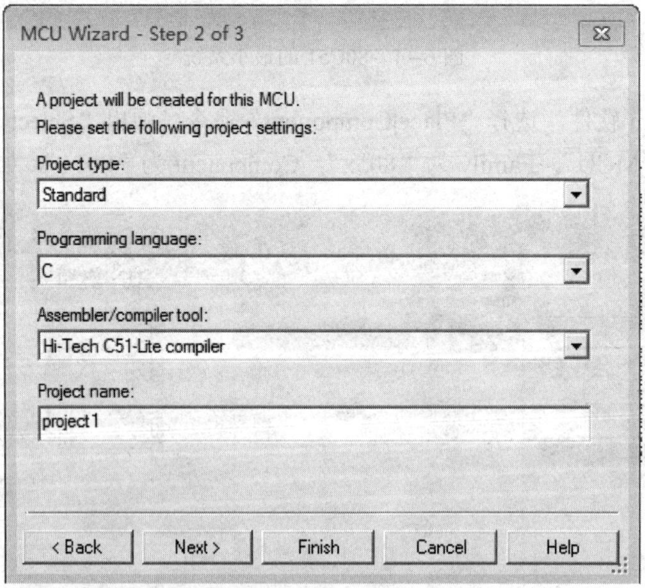

图 6-7　MCU Wizard（2）

④ 完成设置后，选择添加一个 main.c 文件，之后会进入代码编辑窗口，如图 6-8 所示。

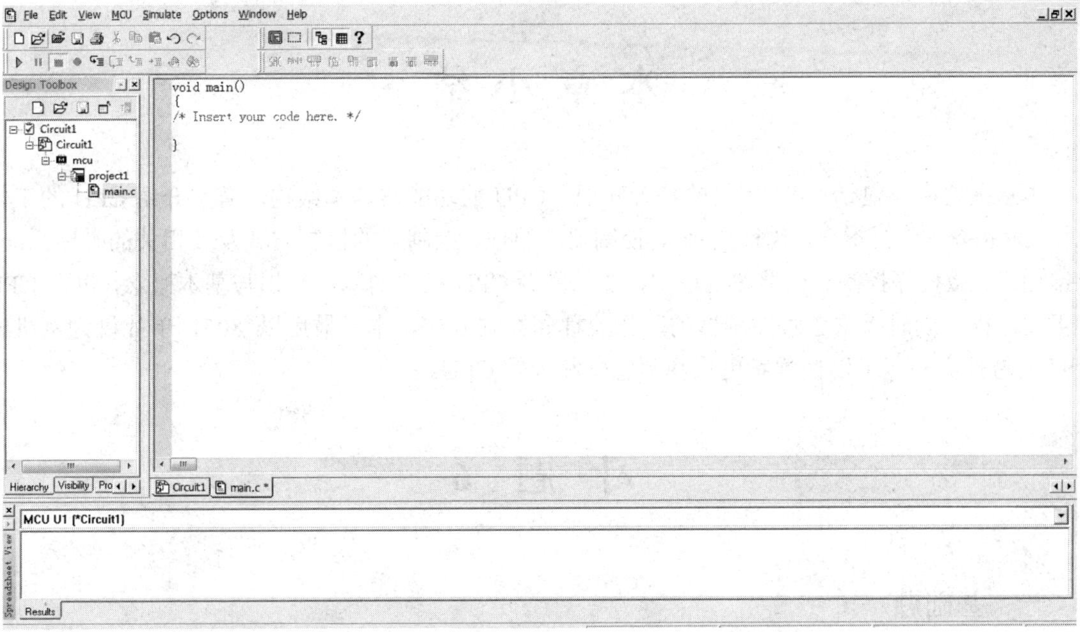

图 6-8 代码编辑窗口

⑤ 在代码编辑窗口，编写一段 C 语言代码，功能为：对 P2 口置 0，间隔一段时间后置 1，间隔同样时间后置 0，如此循环。完成后的代码如图 6-9 所示。

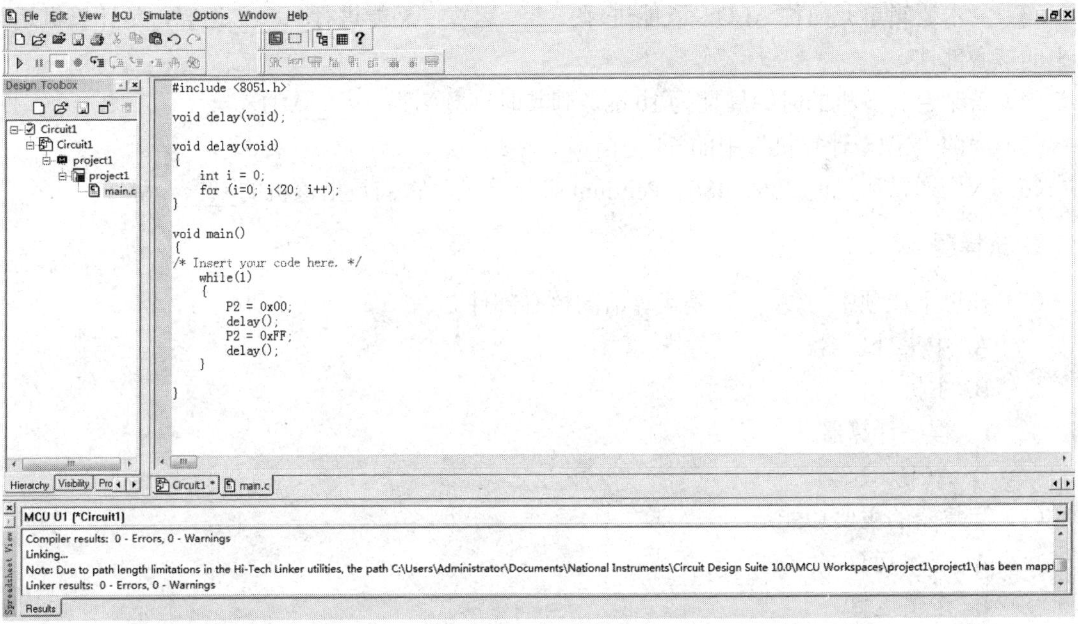

图 6-9 单片机 C 语言源代码

⑥ 完成上述步骤后，进行仿真，可以观察到小灯 X2 在不停地闪烁。

本 章 小 结

本章主要内容包括 CPU 相关的基础知识、CPU 的功能与基本结构，着重介绍 CPU 的工作流程（取指令、分析指令、执行指令），控制器的组成、控制器的控制方式及其相关的时序系统、数据通路、微程序控制。在学习过程中，要求掌握 CPU 相关的基础知识与基本概念，以及 CPU 的工作流程，同时要求了解控制器的工作流程和控制方式。本章最后以 8051 单片机为例讲解 CPU 的仿真实验，可以使读者更直观地感受和理解 CPU。

习 题 6

一、基础题

1. 填空题

（1）中央处理器主要是由______、______和______三部分组成。

（2）运算器主要由______、______、______和标志寄存器等组成。

（3）算术逻辑单元简称 ALU，既能进行______运算，又能进行______运算，是计算机运算器中的核心部件。

（4）若某台计算机的时钟周期为 10 ns，则其时钟频率为______MHz。

（5）“64 位微型计算机”中的 64 是指______。

（6）人们通常所说的 386、486、Pentium 等计算机，它们是指该机的______型号。

2. 选择题

（1）在以下选项中，（　　）是运算器的核心部件。

A. 中央处理器

B. 主机

C. 程序计算器

D. ALU

（2）运算器的主要功能是（　　）。

A. 算术运算

B. 逻辑运算

C. 算术运算和逻辑运算

D. 函数运算

（3）在下列选项中，不属于控制器组成部分的是（　　）。

A. 程序计数器

B. 指令寄存器

C. 时序部件

D. 标志寄存器

（4）取指令阶段，CPU 完成工作的步骤顺序为（　　）。

① 将程序计数器中的内容送到地址寄存器中；

② 将地址寄存器的地址送到译码器中；

③ 程序计数器的内容自动加 1；

④ 选中内存单元的内容，送至数据总线上；

⑤ CPU 发出“读”命令。

A. ①②③④⑤

B. ①③②⑤④

C. ①③②④⑤

D. ①②④③⑤

（5）在 CPU 中，溢出标志、零标志和负标志等一般保存在（　　）中。

A. 累加器

B. 程序计数器

C. 地址译码器

D. 状态条件寄存器

（6）CPU 包含（　　）。

A. 运算器

B. 控制器

C. 运算器、控制器和主存储器

D. 运算器、控制器和 Cache

（7）CPU 的控制总线提供（　　）。

A. 数据信号流

B. 所有存储器和 I/O 设备的时序信号及控制信号

C. 来自 I/O 设备和存储器的响应信号

D. 控制信号流

（8）由于 CPU 内部的操作速度较快，而 CPU 访向一次主存所花的时间较长，因此机器周期通常用（　　）来规定。

A. 从主存中读取一个指令字的最短时间

B. 从主存中读取一个数据字的最长时间

C. 向主存中写入一个数据字的平均时间

D. 从主存中读取一个数据字的平均时间

二、提高题

1. 问答题

（1）怎样降低指令译码难度？

（2）指令和数据都存放于寄存器中，CPU 如何区分它们？

2. 综合应用题

若某机主频为 200 MHz，每个指令周期平均为 25 CPU 周期，每个 CPU 周期平均包括 2 个主频周期，问：

（1）该机平均指令执行速度为多少？

（2）若主频不变，但每条指令平均包括 5 个 CPU 周期，每个 CPU 周期又包括 4 个主频周期，平均指令执行速度为多少？

（3）由此可得出什么结论？

第 7 章　输入输出系统

输入输出系统是计算机系统中的主机与外部进行通信的系统。它由 I/O 设备和输入输出控制系统两部分组成，是计算机系统的重要组成部分。本章首先介绍输入输出系统的基本概念、数据传送方式，重点介绍了中断方式；并且介绍了总线的基本概念、总线分类、总线标准、总线仲裁、总线信号、总线性能指标和操作，要求学生能对系统总线在计算机硬件结构中的地位和作用有所了解。

学习目的

① 了解 I/O 接口的功能和基本结构。
② 掌握总线的基本概念，以及片内总线、系统总线、通信总线的含义及其应用特点。
③ 掌握总线控制逻辑，要求学生能对系统总线在计算机中的地位和作用有所了解。
④ 掌握 RS232 串口通信总线的接口特点、电气特性和使用方法。

7.1 I/O 接口的功能和基本结构

要构成一台微型计算机，除了微处理器外，还需要有存储器、I/O 设备及一些辅助电路。计算机工作过程中，CPU 要不断地和这些部件进行信息交换。其中 CPU 和存储器可以直接进行信息交换；而 CPU 与 I/O 设备不可以直接进行信息交换，需要一个中间电路进行传送，这一电路称为 I/O 接口电路，简称 I/O 接口。I/O 接口在微型计算机中的地位如图 7-1 所示。

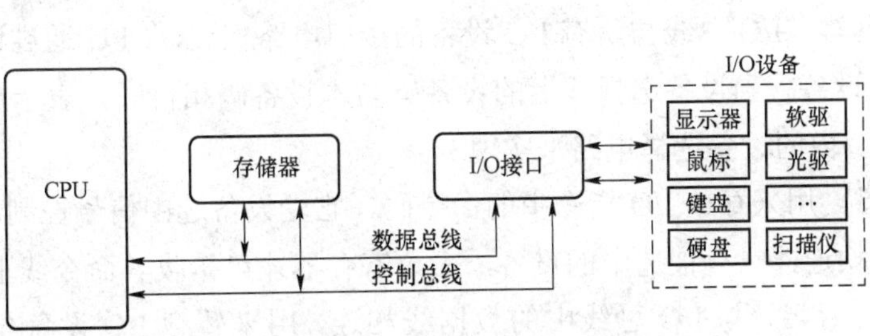

图 7-1　I/O 接口在微型计算机中的地位

I/O 接口是一种电子电路，由若干专用寄存器和相应的控制逻辑电路构成，是 CPU 和 I/O 设备之间交换信息的媒介和桥梁，I/O 接口具有如下的功能。

① 设置数据缓冲。用于解决两者速度差异所带来的不协调问题，避免多个 I/O 设备同时送数据至总线引起冲突。通常使用锁存器和缓冲器，以及适当的联络信号来实现这种功能。

② 设置信号电平转换电路。在 I/O 接口中设置电平转换电路来解决 I/O 设备和 CPU 之间信号电平的不一致问题。

③ 设置信号转换逻辑。I/O 设备传送的信息可以是模拟量、数字量、开关量，而计算机只能处理数字信号，因而需要通过设置信息转换逻辑来解决信息不一致问题。通常需要设置 A/D 和 D/A 转换电路，部分设备使用串行方式传送数据，计算机内部通常是并行传送数据，因此还需有串/并和并/串转换电路。

④ 设置时序控制电路。同步 CPU 和 I/O 设备的工作。

⑤ 提供地址译码电路。CPU 要与多个 I/O 设备打交道，一个 I/O 接口中通常包含若干个端口，而在同一时刻，CPU 只能与某一个端口交换信息，因而需要有 I/O 设备地址译码电路，使 CPU 在同一时刻只能选中某一个 I/O 端口。此外，接口电路中还有输入输出控制、读写控制及中断控制等逻辑。

CPU 与 I/O 设备通信传送的信息有：数据信息、状态信息和控制信息。在 I/O 接口中，这些信息分别进入不同的寄存器，通常将这些寄存器和它们的控制逻辑统称为 I/O 端口（port），CPU 可直接对 I/O 端口中的信息进行读写。I/O 接口的基本结构及其与 I/O 设备、CPU 的通信如图 7-2 所示。

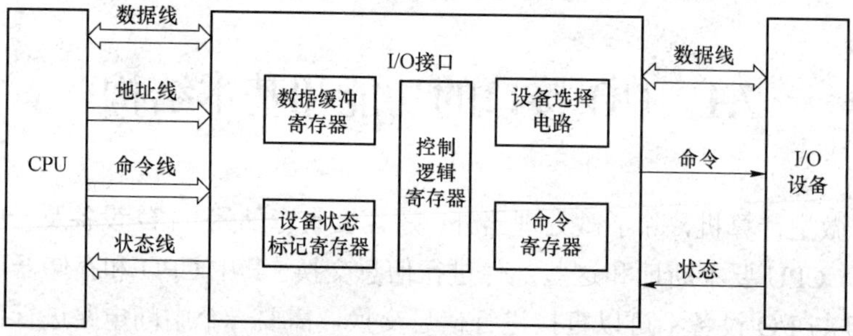

图 7-2　I/O 接口的基本结构及其与 I/O 设备、CPU 的通信

① 设备选择电路。I/O 总线与所有 I/O 设备的接口电路相连，CPU 通过设备选择线上的设备码来确定选哪台设备。当设备选择线上的设备码与本设备码相符时，表示选中该设备。这种功能可通过 I/O 接口内的设备选择电路来实现。

② 命令寄存器。用来存放 I/O 指令中的命令码，它受设备选中信号控制。命令线和 I/O 接口中的命令寄存器相连，只有被选中的设备，命令寄存器才可接收其命令线上的命令码。

③ 数据缓冲寄存器。与 I/O 总线中的数据线相连，用来暂存 I/O 设备与主机准备交换的信息。每个接口中的数据缓冲寄存器的位数可以各不相同，这取决于 I/O 设备的实际需要。

④ 设备状态标记寄存器。与 I/O 总线中的状态线相连，使 CPU 能及时了解各 I/O 设备的工作状态。

I/O 接口的基本功能如下：

① 实现主机和 I/O 设备之间的数据传送控制；

② 实现数据缓冲，以达到主机同 I/O 设备之间的速度匹配；

③ 接收主机的命令，提供设备接口的状态，并按照主机的命令控制设备。

7.2 I/O 方式概述

在微型计算机系统中，CPU 与 I/O 设备之间的数据传送方式包括：程序查询方式、程序中断方式、直接存储器存取方式、通道控制与外围处理机方式。程序查询方式和程序中断方式适用于数据传输率比较低的 I/O 设备，而直接存储器存取方式、通道控制和外围处理机方式适用于数据传输率比较高的设备。

程序查询方式（programed direct control），也称为程序直接控制方式，是通过程序来控制主机和 I/O 设备的数据交换。在程序中安排相应的 I/O 指令，直接向 I/O 接口传送控制命令，从 I/O 接口取得 I/O 设备和接口的状态，根据状态来控制 I/O 设备和主机的信息交换。

程序中断方式（program interrupt transfer），当 CPU 需要进行输入输出时，先执行相应的 I/O 指令，将启动命令发送给相应的 I/O 接口和 I/O 设备，然后 CPU 继续执行其他程序。

直接存储器存取（direct memory access，DMA）方式主要用于高速设备（如磁盘、磁带等）和主机的数据传送，这类高速设备采用成批数据交换方式，且单位数据之间的时间间隔较短。直接存储器存取方式需用专门的硬件（DMA 控制器）来控制总线进行数据交换。

通道控制（I/O channel control）与外围处理机（peripheral processor unit，PPU）方式用于大型计算机系统。为了获得 CPU 和 I/O 设备之间更高的并行性，也为了让种类繁多、物理特性各异的 I/O 设备能以标准的接口连接到系统中，大型计算机系统通常采用自成独立体系的通道结构或 I/O 处理器。在主存和 I/O 设备之间传送信息时，CPU 执行自己的程序，两者完全并行。

7.3 程序查询方式

程序查询方式一般采用状态驱动方式，工作流程如下：CPU 首先通过接口将命令字发给 I/O 设备，启动 I/O 设备工作。接着 CPU 等待 I/O 设备完成接收或发送数据的准备工作。在等待时间内，CPU 不断地用一条测试指令测试 I/O 设备的状态。一旦 CPU 检测到 I/O 设备处于“就绪”状态，就可以进行数据传送。程序查询方式的工作流程如图 7–3 所示。

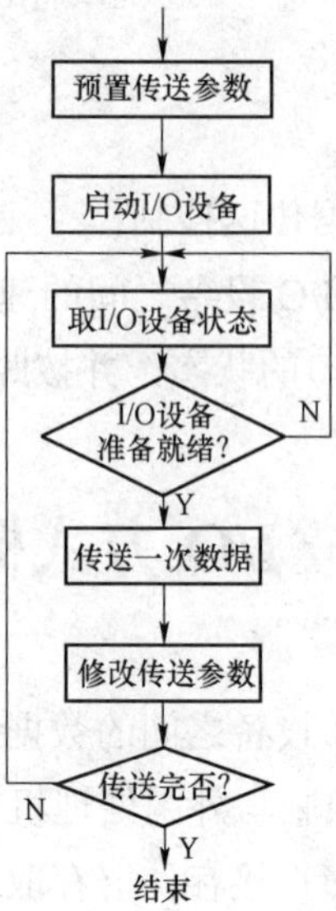

图 7-3　程序查询方式工作流程

从程序查询方式的工作流程可以看出，CPU 和 I/O 设备之间的同步控制由程序中的指令来实现，因此硬件接口电路简单。由于 I/O 设备的工作速度往往比 CPU 慢得多，CPU 要花很多时间在等待 I/O 设备准备数据上，而不能进行其他的操作，所以整机的工作效率较低。在实际的计算机系统中，往往有多台 I/O 设备。在这种情况下，CPU 在执行程序的过程中可周期性地调用各 I/O 设备的“询问”子程序，依次“询问”各个 I/O 设备的“状态”。如果某个 I/O 设备准备就绪，则转去执行这个 I/O 设备的服务子程序；如果某个 I/O 设备未准备就绪，则依次测试下一个 I/O 设备，图 7-4 给出了一种典型的程序查询的流程图。

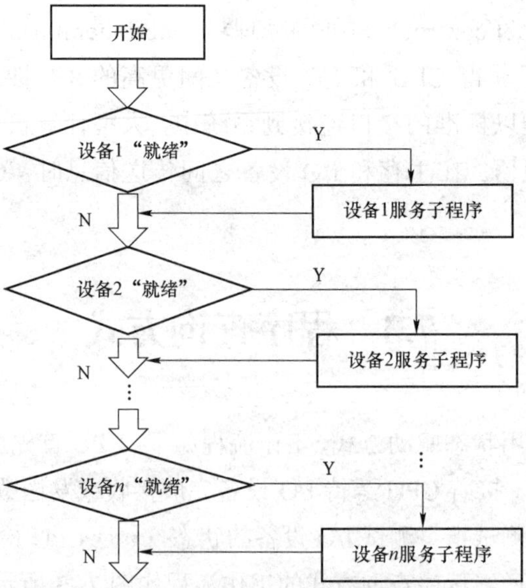

图 7-4　典型的程序查询流程图

设备服务子程序的主要功能如下。

① 实现数据传送。在数据输入时，由输入指令将设备的数据传送到 CPU 的某寄存器中，再由访存指令把寄存器中的数据存入内存某单元；在数据输出时，先由访存指令把内存单元的数据读到 CPU 的寄存器中，再由输出指令将寄存器中的数据送至 I/O 设备。

② 修改内存地址，为下一个数据传送做好准备。

③ 修改传送字节数，以便确定数据块传送是否完成。

某 I/O 设备的服务子程序执行完以后，接着查询下一个 I/O 设备，被查询的 I/O 设备的先后次序由询问程序确定。在图 7–4 中查询次序为 1，2，…，n。一般来说，CPU 总是先查询数据传输率高的 I/O 设备，然后再查询数据传输率低的 I/O 设备。

[例 7–1] 在程序查询方式的输入输出系统中，假设不考虑处理时间，每查询操作需要 100 个时钟周期，CPU 的时钟频率为 50 MHz。现有鼠标和硬盘两个设备，而且 CPU 必须每秒对鼠标进行 30 次查询，硬盘以 32 位字长为单位传输数据，即每 32 位被 CPU 查询一次，传输率为 2 MBps。求 CPU 对两个设备查询所花费的时间比率。

解：（1）CPU 每秒对鼠标进行 30 次查询，每次查询需要 100 个时钟周期，所以查询鼠标需要的时钟周期数为：

$$100\times30=3\,000$$

CPU 的时钟频率为 50 MHz，即每秒 50×10^6 个时钟周期，故对鼠标的查询占用 CPU 的时间比率为：

$$[3\,000/(50\times10^6)]\times100\%=0.006\%$$

可见，对鼠标的查询基本不影响 CPU 的性能。

（2）对于硬盘，每 32 位被 CPU 查询一次，即每 4 B 被 CPU 查询一次，故每秒查询次数为：

$$2\text{ MB}/4\text{ B}=512\text{ KB}$$

则每秒查询的时钟周期数为：

$$50\times2\times512\times1\,024=52.4\times10^6$$

故对磁盘的查询占用 CPU 的时间比率为：

$$[(52.4\times10^6)/(50\times10^6)]\times100\%=105\%$$

7.4　程序中断方式

程序查询方式中，I/O 设备与主机不能同时工作，各 I/O 设备之间也不能同时工作，且 CPU 需要查询等待 I/O 设备，因而系统效率很低。如果在设备准备的同时，CPU 无须等待查询，而是继续执行现行程序，I/O 设备在做好输入输出准备时，向主机发出中断请求，主机接到中断请求后就暂时中止现行程序，转去执行管理 I/O 设备的 I/O 服务子程序（中断服务子程序），会大大提高系统效率。这种改进后的 I/O 方式就是程序中断方式。

7.4.1 中断的概念与分类

1. 中断的概念

中断是现代计算机有效合理地发挥效能和提高效率的一个十分重要的功能，通常把实现这种功能所需的软硬件技术，统称为中断技术。

计算机在执行程序的过程中，当出现异常情况、I/O 设备请求等急需处理的事件时，计算机中止现行程序的执行，转向对这些异常情况或特殊请求的处理，处理结束后自动恢复原程序的执行，这就是“中断”。在中断服务子程序中，用输入输出指令在 CPU 和 I/O 设备之间进行一次数据交换，等输入输出操作完成后，CPU 又返回原来的程序继续执行。

2. 中断源

中断源是引起中断的事件，即发出中断请求的来源。产生于 CPU 外部的中断源主要有：

① I/O 设备，如显示器、键盘、打印机等；

② 数据通道，如软盘、硬盘、光盘等；

③ 实时时钟，如外部的定时电路等；

④ 用户故障源：如掉电、奇偶校验错误等。

产生于 CPU 内部的中断源主要有：

① 由 CPU 的运行结果产生，如除数为 0、结果溢出、单步执行等；

② 执行中断指令 INT；

③ 非法操作或指令引起异常处理。

3. 中断的分类

1）按中断源分类

中断分为外部中断和内部中断。

① 外部中断也称为硬件中断或硬中断，通常由外部中断源产生。硬件中断又分为不可屏蔽中断和可屏蔽中断，一旦不可屏蔽中断源提出中断请求，CPU 必须无条件响应，而对可屏蔽中断源的请求，CPU 可以响应，也可以不响应。

② 内部中断又称为软件中断或软中断，通常由 3 种情况引起：中断指令 INT 引起、由 CPU 的某些运算错误引起、由调试程序 debug 设置的中断引起。

2）按中断执行方式分类

根据中断执行能否被打断，可将中断分为单重中断和多重中断。

① 单重中断指的是从中断开始到中断结束只能完成一次中断。

② 多重中断也称中断嵌套，可以允许在一次中断未完成时去响应优先级更高的中断申请。

4. 中断处理顺序

一般情况下，在 CPU 正在处理某个中断时，与它同级的或优先级比它低的新中断请求不能中断它的处理，而是在处理完该中断返回主程序后，再去响应新中断。但比它优先级高的中断请求却能中断它的处理。

若中断请求产生后，由于某种条件的存在，CPU 不能终止现行程序的执行，则需要设置禁止中断，此时只要将“中断允许”触发器的状态设置为“0”即可。

7.4.2　计算机处理中断的流程

1. 中断检测

中断请求何时发生是随机的，因此 CPU 以一定频率检测 INTR 引脚，一旦检测到中断请求，在满足中断条件下（“中断允许”触发器为“1”时），CPU 响应中断，向 I/O 设备发出中断响应信号 INTA。

2. 保存断点和现场

为了在中断处理结束后能正确地返回到中断点，在响应中断时，必须进行断点保护。

3. 判别中断源，转向中断服务子程序

CPU 响应中断后，必须由中断源提供中断服务子程序入口地址信息，引导程序进入中断服务子程序，这些中断服务子程序的入口地址称为中断向量。

◎ **提示：** 根据中断事件是否提供中断服务子程序入口地址，中断又分为向量中断和非向量中断两种。向量中断是指那些中断服务子程序的入口地址是由中断事件自己提供的中断，中断事件在提出中断请求的同时，通过硬件向主机提供中断服务子程序入口地址，即向量地址。非向量中断的中断事件不能直接提供中断服务子程序的入口地址。

4. 开中断

开中断将允许更高级中断请求得到响应，实现中断嵌套。当有多个中断源请求中断时，中断系统判断中断申请的优先级，CPU 响应优先级别高的中断，挂起优先级别低的中断。单重中断在 CPU 执行中断服务程序的过程中不能再被打断。多重中断在 CPU 执行某个中断服务程序的过程中可以被打断，允许 CPU 去响应级别更高的中断请求，因而又称为中断嵌套。

5. 执行中断服务子程序

不同中断源的中断服务子程序是不同的，实际有效的中断处理工作是在此程序段中实现的。

6. 退出中断

中断服务子程序执行完毕，CPU 返回原执行程序的中断处继续向下执行，称为中断返回。

在退出中断时，应再次进入不可中断状态，即关中断，恢复现场，恢复断点，然后开中断，返回原程序执行。

计算机中断处理流程如图 7–5 所示。

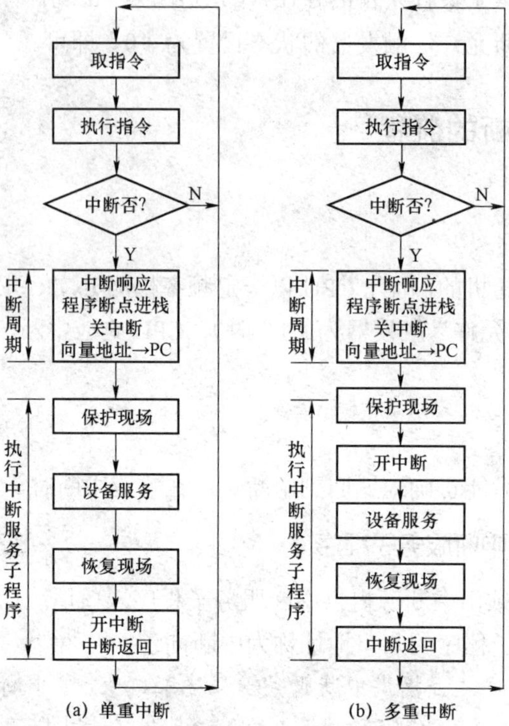

图 7–5 计算机中断处理流程

[**例 7–2**] 什么叫中断？为什么设置中断？

解： CPU 在执行程序过程中，会产生一些突发的偶然事件，需要 CPU 暂停当前执行的程序，为突发事件服务。CPU 为之服务完毕又自动返回，继续执行原程序，这个过程称为中断，因为处理过程是用程序实现的，所以又叫程序中断。

设置中断的原因如下：

① 提高 CPU 工作效率，把 CPU 从等待查询 I/O 状态的过程中解放出来，办法是 CPU 启动 I/O 后，I/O 设备开始工作，CPU 继续处理原来的程序，等待 I/O 工作完成后，再来请求 CPU 取走数据，这一情况可称为 CPU 与 I/O 并行工作；

② 多台 I/O 并行工作，提高 I/O 的运行速度；

③ 解决实时处理问题；

④ 实现多机系统或网络环境下计算机间的通信要求；

⑤ 提供人机联系的手段。

[**例 7–3**] CPU 在什么情况下响应中断？

解： 外部事件随机提出中断请求，CPU 也不是即刻就响应的，必须在一定条件下才可能暂时停止现行程序的执行，转去处理中断请求要做的事。在以下几种情况下主机可响应中断：

① CPU 允许中断；

② 有中断源请求中断；

③ 当前一条指令完成后才能响应中断；

④ 申请中断的中断源的优先级最高；

⑤ 申请中断的中断源未被屏蔽。

［例 7-4］说明中断处理过程。

解：中断处理过程分保护现场、中断服务和恢复现场 3 部分。

保存现场：

① CPU 响应中断进入中断周期，保存断点，关中断；

② 转入中断处理程序入口；

③ 保存 CPU 现场寄存器内容；

④ 进行中断排队，找出排上队并申请中断的中断源；

⑤ 开中断。

中断服务：不同的中断源中断处理的方法不相同，都有专门对应的中断服务子程序。根据中断排队与识别找出请求中断设备，用其设备编码作为该中断服务子程序入口地址的一部分，转入其对应服务子程序，完成规定的服务工作。

恢复现场：

① 关中断，在恢复现场阶段也不允许响应其他中断，打乱恢复现场的工作；

② 恢复 CPU 现场寄存器内容；

③ 开中断；

④ 返回断点，返回原程序。

7.5　DMA 方式

7.5.1　DMA 的基本概念

DMA 的中文含义是直接存储器存取，它的作用是不需要经过 CPU 便能在主存和 I/O 设备之间直接进行数据交换，其工作原理是通过专门的硬件装置（DMA 控制器，DMAC）来进行控制，并借用系统总线作为信息的传送通道。除设置 DMAC 需要 CPU 介入外，一旦启动 DMA 传送，则完全由硬件自动操作完成，整个传送过程不再需要 CPU 的干预。在微机系统中，DMAC 有双重身份：

① 在 CPU 掌管总线时，它是总线上的被控设备（I/O 设备），CPU 可以对它进行读写操作；

② 在 DMAC 接管总线时，它是总线的主控设备，通过系统总线来控制主存和 I/O 设备直接进行数据交换。

7.5.2 DMA 方式与程序中断方式的对比

DMA 在 I/O 设备和主存之间开辟了一条直接数据通路，在不需要 CPU 干预也不需要软件介入的情况下在两者之间进行高速的数据传送。DMA 方式与程序中断方式数据传送通路对比如图 7-6 所示。图中，"➔"为 DMA 方式数据传送通道，"⇨"为程序中断方式数据传送通路。

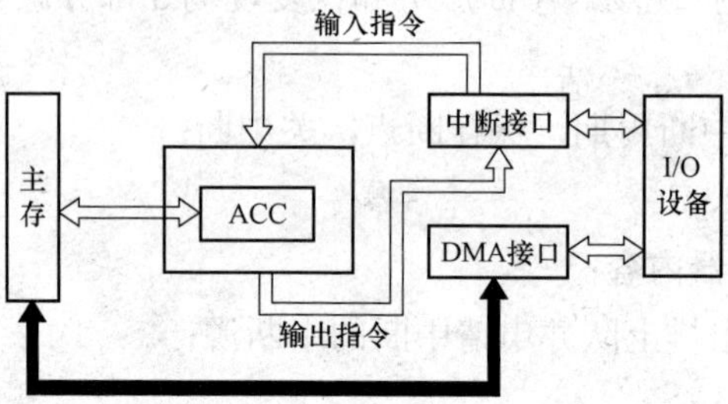

图 7-6 DMA 方式与程序中断方式数据传送通路对比

与程序中断方式相比，DMA 方式有如下特点：

① 从数据传送看，程序中断方式靠程序传送，DMA 方式靠硬件传送；

② 从 CPU 响应时间看，程序中断方式只能在一条指令执行结束时响应，而 DMA 方式可在指令周期内的任一存取周期结束时响应；

③ 程序中断方式有处理异常事件的能力，DMA 方式没有这种能力，它主要用于大批数据的传送，如硬盘存取、图像处理、高速数据采集系统等，可提高数据吞吐量；

④ 程序中断方式要中断现行程序，故须保护现场，DMA 方式不中断现行程序，无须保护现场；

⑤ DMA 方式的优先级比程序中断方式高。

7.5.3 DMA 的工作方式

在 DMA 方式中，由于 DMA 接口与 CPU 共享主存，这就有可能会出现两者争用主存的冲突。为了有效地分时使用主存，DMA 与主存交换数据时通常可采用如下 3 种方式：停止 CPU 访问主存、周期挪用、DMA 与 CPU 交替访存。

1. 停止 CPU 访问主存

当 I/O 设备要求传送一批数据时，由 DMA 接口向 CPU 发一个停止信号，要求 CPU 放弃地址线、数据线和有关控制线的使用权。DMA 接口获得总线控制权后，开始进行数据传送，在一批数据传送结束后，DMA 接口通知 CPU 可以使用主存，并把总线控制权交还给 CPU。在 DMA 传送过程中，CPU 基本上处于不工作状态或保持原状态。其时间分配示意图如图 7-7 所示。

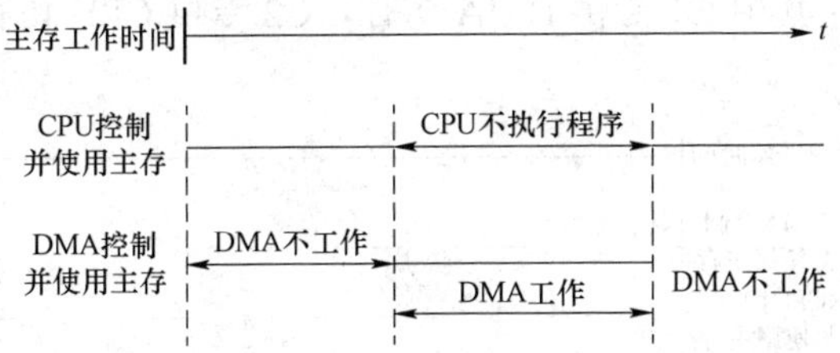

图 7-7　停止 CPU 访问主存方式的时间分配示意图

该种方式的优点是控制简单，适用于数据传输率很高的 I/O 设备实现成组数据的传送。缺点是在 DMA 接口访存时，内存的性能没有充分发挥，相当一部分内存工作周期是空闲的。

2. 周期挪用（或周期窃取）

周期挪用又称周期窃取，其工作方式是：一旦 I/O 设备发出 DMA 请求，I/O 设备便挪用或窃取总线占用权一个或几个主存周期；而 I/O 设备没有 DMA 请求时，CPU 仍继续访问主存。I/O 设备要求 DMA 传送时会遇到 3 种情况：

① CPU 不需要访问主存；

② CPU 正在访问主存；

③ CPU 也要求访问主存。

后两种情况下，就产生了访存冲突。通常的作法是，把 DMA 访存时间安排在 CPU 不访存的间隙。图 7-8 给出了 DMA 周期挪用方式的时间分配示意图。周期挪用方式尽可能利用 CPU 不访问主存的间隙进行数据传送，既实现了 I/O 传送，又较好地发挥了主存与 CPU 的效率，是一种广泛采用的方式。该方式比较适合于 I/O 设备的读写周期大于主存周期的情况。

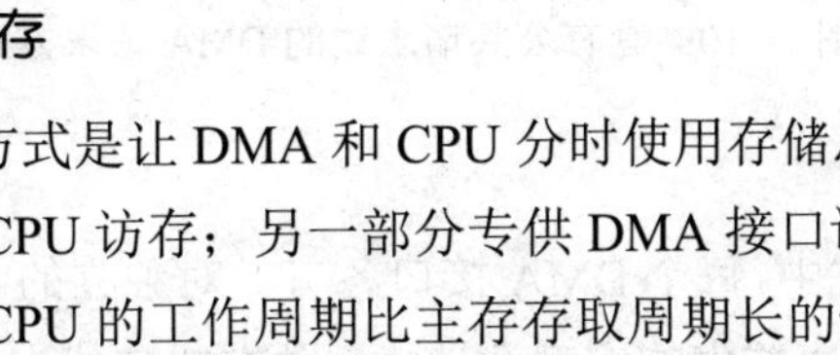

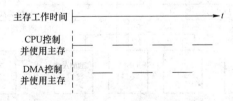

图 7-8　DMA 周期挪用方式的时间分配示意图

3. DMA 与 CPU 交替访存

DMA 与 CPU 交替访存方式是让 DMA 和 CPU 分时使用存储总线。为达此目的，将存储周期分成两部分：一部分专供 CPU 访存；另一部分专供 DMA 接口访存。两者交替地使用总线，互不干扰。这种方式适合于 CPU 的工作周期比主存存取周期长的情况。

在这种工作方式下，CPU 既不停止主程序的运行，也不进入等待状态，在 CPU 不知不觉中完成了 DMA 的数据传送，故又有“透明的 DMA 方式”之称，其相应的硬件逻辑也就变得更为复杂。

例如，CPU 的工作周期为 1.2 μs，主存的存取周期小于 0.6 μs，那么可将一个 CPU 周期分为 C1 和 C2 两个分周期，其中 C1 专供 DMA 访存，C2 专供 CPU 访存，如图 7-9 所示。

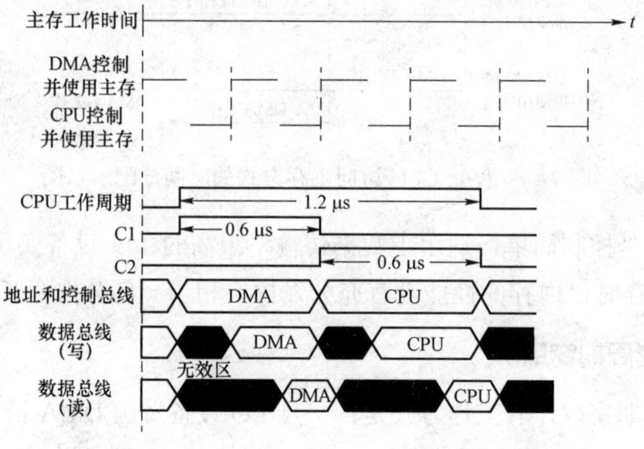

图 7-9　DMA 与 CPU 交替访存

7.5.4　DMA 的基本组成

1. 具有公共请求线的 DMA

具有公共请求线的 DMA 请求方式如图 7-10 所示。若干个 DMA 接口，通过一条公用的 DMA 请求线向 CPU 申请总线控制权。CPU 发出响应信号，用链式查询方式查询各 DMA 接口，首先被选中的 DMA 接口获得总线控制权，与其对应的设备可占用总线与主存传送信息。

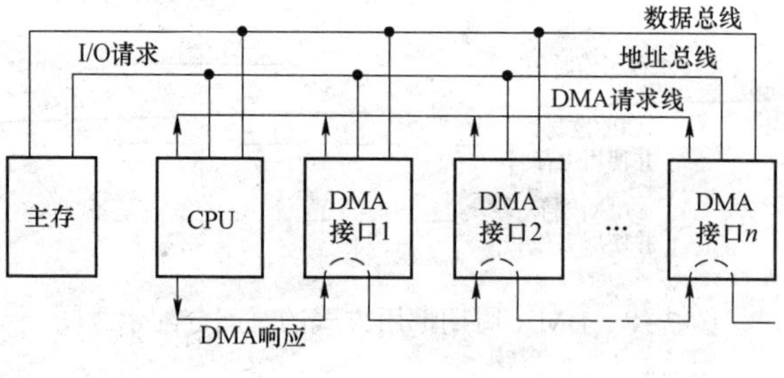

图 7-10　具有公共请求线的 DMA 请求方式

2. 独立的 DMA

在独立的 DMA 请求方式中，每个 DMA 接口各有一对独立的 DMA 请求线和 DMA 响应线，由 CPU 的优先级判别机构裁决首先响应哪个请求，并在响应线上发出响应信号，获得响应信号的 DMA 接口便可控制总线与主存传送数据。独立的 DMA 请求方式如图 7-11 所示。

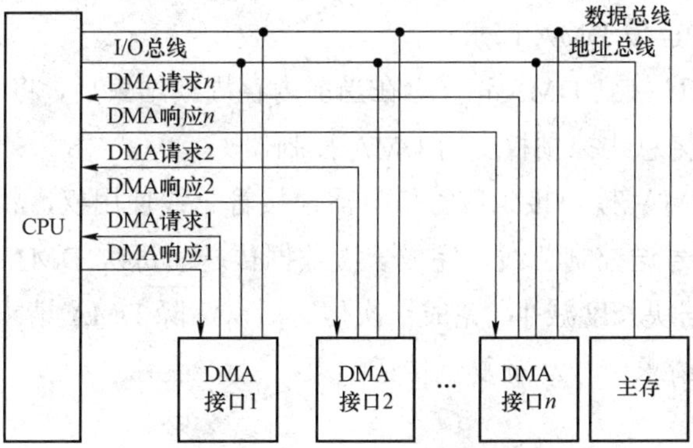

图 7-11　独立的 DMA 请求方式

7.5.5　DMA 数据传输过程

DMA 数据传输过程包括：初始化、DMA 传送、结束处理。

1. 初始化

DMA 初始化流程如图 7-12 所示。

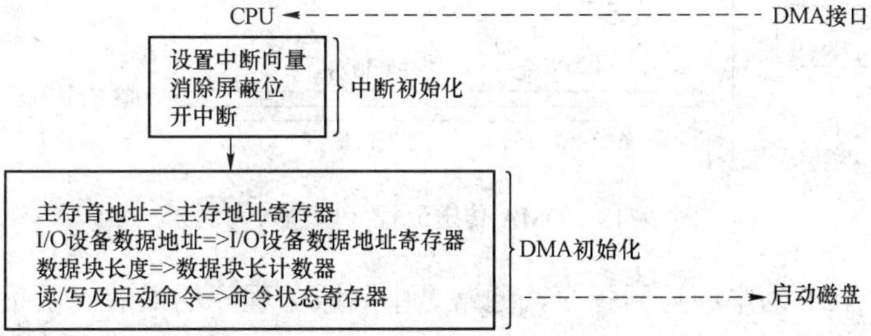

图 7-12　DMA 初始化流程

从初始化流程可以看出，DMA 数据传送初始化需要经历以下两个步骤：

① 中断初始化（设置中断向量、消除屏蔽位、开中断等）；

② DMA 初始化，需要设置以下 DMA 接口参数：

a）主存首地址；

b）传送的数据块长度；

c）I/O 设备数据地址；

d）启动命令及设置传送方向。

2. DMA 传送

DMA 传送需要经历 DMA 请求、DMA 响应、DMA 访存三个步骤。图 7-13 是以输入为例的 DMA 传送流程。

① DMA 请求。当输入数据已准备好，DMA 接口的数据缓冲寄存器已满时，DMA 接口通过 DMA 请求逻辑向 CPU 发 DMA 请求。

② DMA 响应。CPU 接到 DMA 请求，在当前内存周期结束后，将总线输出端置成高阻态，发出 DMA 应答信号，将总线控制权交给 DMA 控制器。

③ DMA 访存。DMA 接口接到应答信号后，接管总线使用权，将接口中主存地址送地址总线，将存储器读写信号送控制总线，完成一次数据传送。每次 DMA 传送后，接口中主存地址自增（或自减），数据块长度减 1。完成一次传送后，清除 DMA 请求信号。准备好下一批待传数据时，再发 DMA 请求信号。重复至传送结束。

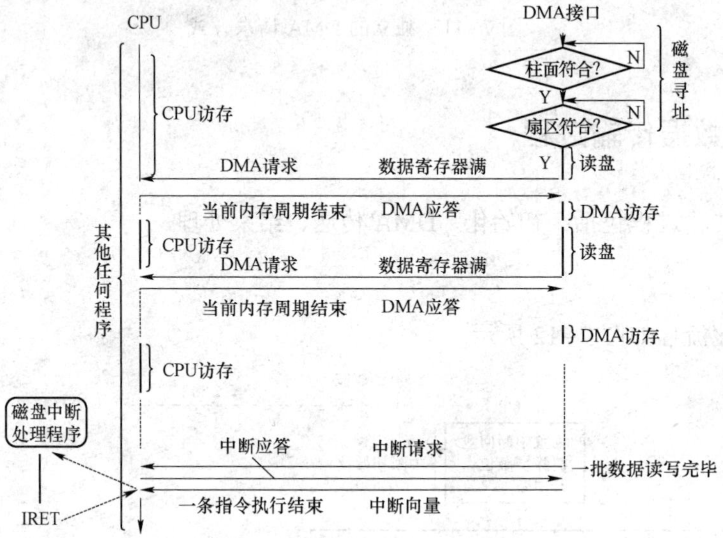

图 7-13　DMA 传送流程（以输入为例）

图 7-13 中，IRET 为中断返回指令，通常是中断服务程序的最后一条指令。

3. 结束处理

一批数据传送完毕后，发中断请求信号，CPU 进行中断处理。

7.6　通道控制与外围处理机方式

由于大型计算机系统的 I/O 设备种类繁多，台数也很多，而且各设备的性能和各项指标也差别很大，又由于所有设备并非同时工作，所以为每个设备配置一个接口会造成极大的资源浪费，而且也会加重 CPU 的负担。因此，在大型计算机系统中，通常采用处理机的方式来解决 I/O 设备与 CPU 的通信问题。

7.6.1　通道控制

1. 采用 DMA 方式存在的问题

① 如果众多的 I/O 设备都配置专用的 DMA 控制器，将大幅度增加硬件，进而提高成本，而且为解决众多 DMA 同时访问主存的冲突，将导致控制复杂化。

② 众多 I/O 设备均直接由 CPU 管理控制，由 CPU 进行初始化，势必会占用更多的 CPU 时间，而且频繁的周期挪用会降低 CPU 执行程序的效率。

2. 通道的概念

为了解决上述问题，必须在多个 I/O 设备之间共享 DMA 控制器，这样就形成了输入输出通道的概念。CPU 把数据传输任务下放给通道，通道则由通道命令来控制多个 I/O 设备并提供了 DMA 共享的功能，而 DMA 只能进行固定的数据传输操作。因此，通道是一种执行通道命令来管理 I/O 操作的控制器，它能使主机与 I/O 操作达到更高的并行程度。

3. 通道的功能

① 根据 CPU 要求选择某一指定 I/O 设备与系统相连，向该 I/O 设备发出操作命令，并进行初始化。

② 指出 I/O 设备读/写信息的位置，以及与 I/O 设备交换信息的主存缓冲区地址。

③ 控制 I/O 设备与主存之间的数据交换，并完成数据字的分拆与装配。

④ 指定数据传送结束时的操作内容，并检查 I/O 设备的状态（良好或有故障）。

4. 通道的种类

一台计算机中可以有多个通道，每个通道可以连接多个 I/O 设备，根据数据传送方式，通道可分成字节多路通道、选择通道和成组多路通道 3 种类型。

1）字节多路通道

字节多路通道是一种简单的共享通道，适用于连接大量的低速和中速、面向字符的 I/O 设备，如终端设备。它以字节为单位进行数据传送，要求每个设备分时占用一个很短的时间片，不同的设备在各自分得的时间片内与通道建立连接，实现数据的传输。

2）选择通道

选择通道可连接多个设备，但这些设备不能同时工作，在某一段时间内通道只能选择其中一个设备进行工作，且通道与设备之间的传输一直维持到设备请求的传输完成为止。选择通道的特性适合于信息以数据块的方式成组高速传输，主要用于连接高速 I/O 设备，如移动磁盘等。选择通道的缺点是设备申请使用通道的等待时间较长，通道利用率不高。

3）成组多路通道

成组多路通道把字节多路通道和选择通道的特点结合起来，它有多个子通道，既可以像字节多路通道那样同时执行多路通道程序，又可以用选择通道的方式高速传输数据。成组多路通道以数据块为单位进行数据传送，既保留了选择通道高速传输数据的优点，又能充分利用控制操作的时间间隔为其他设备服务，使通道效率得到充分发挥，因此成组多路通道在实际系统中应用较多。

[例 7-5] 假设有 A、B 和 C 三个设备，它们传输的信息分别为 a_1，a_2，…，a_m；b_1，b_2，…，b_n；c_1，c_2，…，c_k。对于这 3 个设备来说，把它们连接在不同类型的通道中，会出现不同的信息传输状态。其中 a_i、b_i、c_i 各为一个字节。试写出 3 种不同类型通道的传输过程，并比较各自的优缺点。

解：

① 字节多路通道以字节为单位进行数据传送，各设备交替进行，所以本例在字节多路通道方式下的数据传输过程如下：

$a_1b_1c_1$，$a_2b_2c_2$，…

② 选择通道方式一次只能传送一个设备的数据，传送完成后才能传送下一个设备的数据，所以本例在选择通道方式下的数据传输过程如下：

$a_1a_2\cdots a_m$，$b_1b_2\cdots b_n$，$c_1c_2\cdots c_k$

③ 成组多路通道兼具另两种通道的优点，以数据块为单位进行数据传送，所以本例在成组多路通道方式下的数据传输过程如下：

$a_1a_2\cdots a_i$，$b_1b_2\cdots b_i$，$c_1c_2\cdots c_i$；

$a_{i+1}a_{i+2}\cdots a_{i+j}$，$b_{i+1}b_{i+2}\cdots b_{i+j}$，$c_{i+1}c_{i+2}\cdots c_{i+j}$

…………

相同点：都是多路通道，在一段时间内可以交替地执行多个设备的通道程序，使这些设备同时工作。

不同点：首先，成组多路通道允许多个设备同时工作，但只允许一个设备进行传输型操作，而其他设备进行控制型操作；而字节多路通道不仅允许多个设备同时操作，而且允许它们同时进行传输型操作。其次，成组多路通道与设备之间的数据传送的基本单位是数据块，通道必须为一个设备传送完一个数据块以后才能为别的设备传送数据块；而字节多路通道与设备之间的数据传送基本单位是字节，通道为一个设备传送一个字节之后，又可以为另一个设备传送一个字节，因此各设备与通道之间的数据传送是以字节为单位交替进行的。

7.6.2　通道型 I/O 处理机举例

本节以 8089 I/O 处理机（I/O processor，IOP）为例进行介绍。8089 I/O 处理机是一种单片式的通用 I/O 处理机，它把微处理机的处理功能和 DMA 控制器结合在一起。因此，它除了具有通常的 DMA 数据传送功能外，还能够在传送数据的过程中对数据进行翻译和比较，并可以设置多种结束数据传送的条件。

8089 IOP 提供 2 个 I/O 通道。每个通道都有各自的寄存器组，以便进行各自的 DMA 传送和处理各自的通道程序。8089 IOP 的基本结构如图 7-14 所示。

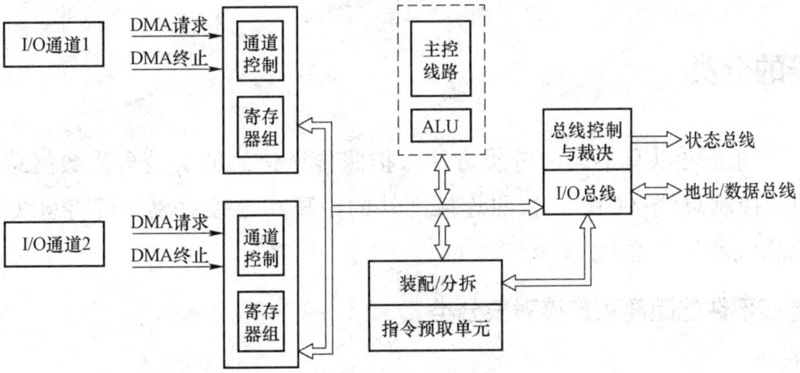

图 7－14　8089 IOP 的基本结构

7.7　总　　线

总线是连接多个部件或设备的用于信息传输的一组信号线，是各个部件共享的传输介质。如果两个或两个以上部件同时向总线发送信息，则导致信号冲突，传输失败。因此，总线上同一时间只允许一个部件发送信息，而多个部件可以同时接收信息。总线上连接的部件或设备进行信息传输操作时，能够发起操作的部件或设备叫主设备，如 CPU；只可以响应操作的部件或设备叫从设备，如主存、I/O 设备等。

7.7.1　总线的基本概念

总线，指能为多个功能部件服务的一组信息传输线，它是计算机中模块与模块之间、部件与部件之间进行信息传送的公共通路。总线的特点在于其公用性，即它是同时连接多个模块或部件的。如果两个模块或部件之间采用的是专用的信号线，则不能称为总线。因此，总线是一种内部结构，它是 CPU、内存、输入输出设备传递信息的公用通道，主机的各个部件通过总线相连接，外部设备通过相应的接口电路再与总线连接，从而形成了计算机硬件系统。

计算机为什么要使用总线呢？计算机中各功能部件的连接方式有两种，一种是分散连接，即各部件间使用单独的信号线连接，这种方法的优点是多对部件可同时通信，通信性能好；缺点是可扩展性差，不能实现部件与外部操作的标准化。另一种是总线连接，即各部件连接到一组公共的信号线上，其优点是可扩展性好，能够实现部件操作标准化；缺点是多对部件间不能同时通信，总线易成为通信瓶颈。随着计算机应用领域的不断扩大，I/O 设备的种类和数据量也越来越多，可扩展性成为计算机系统必备的特性，因此，总线连接是最常用的连接方式，而总线连接的缺点可以通过相关技术得以缓解。

7.7.2 总线的分类

总线从不同角度可以有不同的分类方法。按照传送信息的类型分为数据总线（DB）、地址总线（AB）、控制总线（CB）。按照连接部件的距离和连接对象还可将总线分为 3 类：片内总线、系统总线和通信总线。

1. 按照连接部件的距离和连接对象分类

1）片内总线

片内总线是指芯片内部的总线，如在 CPU 芯片内部，寄存器与寄存器之间、寄存器与算术逻辑单元（ALU）之间都用总线连接。

2）系统总线

系统总线是指 CPU、主存、I/O 设备（通过 I/O 接口）各大部件之间的信息传输线，又称为板级总线（在一块电路板上各芯片间的连线）或板间总线。

3）通信总线

这类总线用于计算机系统之间或计算机系统与其他系统（如控制仪表、移动通信系统等）之间的通信，主要包括串行通信总线和并行通信总线两种。

2. 按照传输信息的不同分类

1）数据总线

数据总线用来传输各功能部件的数据信息，是双向传输总线，其位数与机器字长、存储字长有关，一般为 8 位、16 位或 32 位。数据总线的条数称为数据总线宽度，它是衡量系统性能的一个重要参数。

2）地址总线

地址总线主要用来指出数据总线上的源数据或目的数据在主存中的地址，是单向传输总线，其位数与存储单元个数有关，如地址线为 20 根，则对应的可以访问的存储单元个数为 2^{20}。

3）控制总线

控制总线是用来发出各种控制信号的传输线。对任一控制线而言，它的传输只能是单向的；但对于控制总线总体来说，又可认为是双向的。因此总体而言，控制信号既有出又有入。

3. 其他分类

如果按照实际计算机总线连接内部部件和外部设备来进行分类，可以分为如下两类：一类是连接计算机内部各模块的总线，如连接 CPU、存储器和 I/O 接口的总线，常用的有 ISA 总线、EISA 总线、PCI 总线等；另一类是系统之间或系统与外部设备之间连接的总线，如 EIA–RS232C 串行总线、IEEE–488 并行总线和 USB 总线。

7.7.3 总线标准

所谓总线标准，可视为系统与模块、模块与模块之间的一个互联的标准界面。这个界面对它两端的模块都是透明的，按总线标准设计的接口可视为通用接口。总线的标准化是计算机模块化、产业化的产物。

总线标准很多，目前常用的总线标准有以下几种：ISA 总线、EISA 总线、PCI 总线、EIA-RS232C 总线、IEEE-488 总线、USB 总线。

1. ISA 总线

ISA 总线（industrial standard architechture bus，工业标准体系结构总线）是 IBM 公司为其生产的 PC 系列微型计算机制定的总线标准，又称 PC 总线。ISA 总线是以前 XT/AT 机延用下来的总线，所以又分 XTISA 总线（XT 主板 8 位 I/O 插槽）和 ATISA 总线（AT 主板 16 位 I/O 插槽）。PC/AT 总线是在 8 位的 PC 总线的基础上，又增加了 36 条信号线，扩展成 16 位的总线结构，PC/AT 总线示意图如图 7-15 所示。

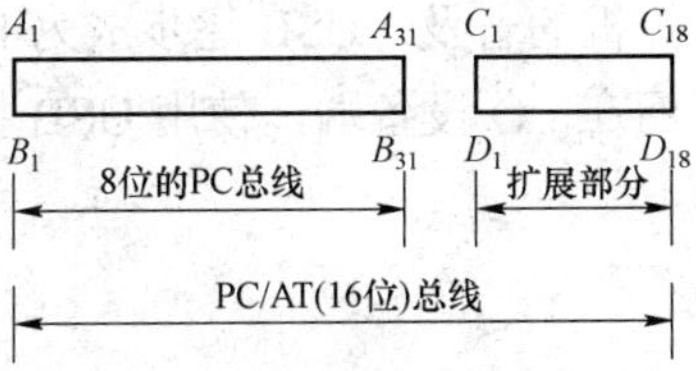

图 7-15　PC/AT 总线示意图

2. EISA 总线

EISA 总线（enhanced industrial standard architecture bus，增强的工业标准体系结构总线）是对 ISA 总线的扩充。EISA 总线的主板 I/O 插槽为 32 位，与 ISA 总线 I/O 插槽共用，但 ISA 总线在上层，EISA 总线在下层，此种总线市面较少用。

3. PCI 总线

PCI 总线（peripheral component interconnection bus，外设部件互联总线），是由 Intel、IBM、DEC 公司提供的总线标准，PCI 总线与 CPU 之间有一个桥接器（bridge）电路，不直接与 CPU 相连，故其稳定性和匹配性较佳，提升了 CPU 的工作效率，扩展槽可达 3 个以上，为 32 位/64 位的总线，是 586/686 主板及 I/O 设备使用的标准接口。

4. EIA-RS232C 总线①

EIA-RS232C 总线（electronic industry association-recommeded standard 232C bus），是目前最常用的一种串口总线，在 1970 年由美国电子工业协会（EIA）联合贝尔实验室、调制解调器厂家及计算机终端生产厂家共同制定，该标准包括按位串行传输的电气和机械方面的规定，适用于数据终端设备（DTE）和数据通信设备（DCE）。传统的 EIA-RS232C 总线的标准接口有 22 根线，采用标准 25 芯 D 形插座。后来的 PC 上使用简化了的 9 芯 D 形插座，现在应用中 25 芯插座已很少采用。现代的计算机一般有两个串行口（COM1 和 COM2），很多手机数据线或者物流接收器都采用 COM 接口与计算机相连。EIA- RS232C 串行总线适用于慢速 I/O 设备或远

① EIA-RS232C 中，RS 代表推荐标准（recommended standard），232 是标识号，C 代表 RS232 的最新一次修订。

距离 I/O 设备与主机的数据传输。

5. IEEE−488 总线

IEEE–488 总线（institute of electrical and electronics engineers−488 Bus，标准并行总线接口）用来连接系统，它按照位并行、字节串行双向异步方式传输信号。IEEE–488 总线使用 24 针插座，其中有 8 根地址线、16 根信号线，地址线与数据线复用，信号线中有 3 根字节传送控制线和 5 根接口控制线，利用发送设备和接收设备的“握手”信号（字节传送控制线）来控制数据的传送。

6. USB 总线

USB 总线（universal serial bus，通用串行总线）由 Intel、Microsoft 等领导世界计算机硬件和软件的大公司主导制定，目标是解决各种 I/O 设备接头不统一的问题。

随着大量支持 USB 的个人计算机的普及，USB 逐步成为 PC 的标准接口。在主机端，最新推出的 PC 几乎 100%支持 USB；而在 I/O 设备端，使用 USB 接口的设备也与日俱增。

7.7.4 RS232 串行总线

1. RS232

目前，RS232 是 PC 与通信工业中应用最广泛的一种串行接口，是一种在低速率串行通信中增加通信距离的单端标准。RS232 采取不平衡传输方式，即所谓的单端通信。RS232 连接引脚如图 7−16 所示，其引脚意义如表 7−1 所示。

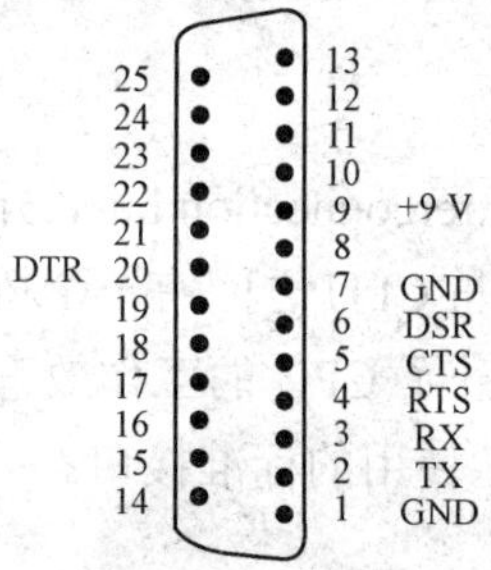

图 7−16 RS232 连接引脚

表 7−1 RS232 连接引脚说明

9 针串口（DB9）			25 针串口（DB25）		
针号	功能说明	缩写	针号	功能说明	缩写
1	载波检测	DCD	8	数据载波检测	DCD
2	接收数据	RXD	3	接收数据	RXD
3	发送数据	TXD	2	发送数据	TXD
4	数据终端准备好	DTR	20	数据终端准备好	DTR

续表

9 针串口（DB9）			25 针串口（DB25）		
针号	功能说明	缩写	针号	功能说明	缩写
5	信号地	GND	7	信号地	GND
6	数据准备好	DSR	6	数据准备好	DSR
7	请求发送	RTS	4	请求发送	RTS
8	清除发送	CTS	5	清除发送	CTS
9	响铃指示	RI	22	响铃指示	RI

注：25 针串口部分仅给出了与 9 针串口定义相对应的针号。

收、发端的数据信号是相对于信号地的，如从 DTE 设备发出的数据在使用 DB25 连接器时是 2 脚相对 7 脚（信号地）的电平。典型的 RS232 信号在正、负电平之间摆动，在发送数据时，发送端驱动器输出的高电平电压范围为+5～+15 V，低电平电压范围为－15～－5 V。当无数据传输时，线上电平为 TTL，从开始传送数据到传送结束，线上电平从 TTL 电平到 RS232 电平再返回 TTL 电平。接收器典型的工作电压范围为+3～+12 V 与－12～－3 V。因为发送电平与接收电平的电压差仅为 2～3 V，所以其共模抑制能力差，再加上双绞线上的分布电容，其传送距离最大约为 15 m，最高速率为 20 kbps。RS232 是为点对点（即只用一对收发设备）通信而设计的，其驱动器负载为 3～7 kΩ，所以 RS232 适合本地设备之间的通信。

2. RS232 串口通信接线方法（三线制）

首先，串口传输数据只要有接收数据引脚和发送引脚就能实现：同一个串口的接收引脚和发送引脚直接用线相连，两个串口相连或一个串口与多个串口相连。同一个串口的接收引脚和发送引脚直接用线相连时，无论对 9 针串口和 25 针串口，均是 2 与 3 直接相连；两个不同串口（不论是同一台计算机的两个串口还是不同计算机的串口，以及其他非标准设备，如接收 GPS 数据或电子罗盘数据的串口）相连，只须记住一个原则：接收数据引脚（或线）与发送数据引脚（或线）相连，彼此交叉，信号地对应相接。

7.7.5　总线仲裁

总线上所连接的各类设备，按其对总线有无控制权可分为主设备和从设备两种。主设备对总线有控制权，从设备只能响应从主设备发来的总线命令。决定哪个总线主设备将在下次得到总线控制权的过程称为总线仲裁。进行总线仲裁有多种方案。根据总线仲裁电路的位置不同，仲裁方式可分为集中式总线仲裁与分布式总线仲裁两类。

1. 集中式总线仲裁

集中式总线仲裁的控制逻辑基本集中在一处，需要中央仲裁器，分为链式查询方式、计数器定时查询方式、独立请求方式。

1）链式查询方式

在链式查询方式中，除了一般的地址总线和数据总线以外，还有以下 3 根控制总线，如图 7-17 所示。

① BS（忙）。该线有效，表示总线正在被某 I/O 设备使用。

② BR（总线请求）。该线有效，表示至少有一个 I/O 设备请求使用总线。

③ BG（总线允许）。该线有效，表示总线控制部件响应总线请求（BR）。

链式查询方式中的优先级由主设备在总线上的位置决定，要求拥有总线使用权的高优先级设备能简单地拦截总线允许信号，不让优先级低的设备收到该信号。控制线中有 3 根线用于总线控制（BS——总线忙、BR——总线请求、BG——总线允许），BG 从最高优先级的设备依次向最低优先级的设备串行相连，如果 BG 到达的设备有总线请求，BG 信号就不再往下传，该设备建立总线忙（BS）信号，表示它已获得了总线使用权。

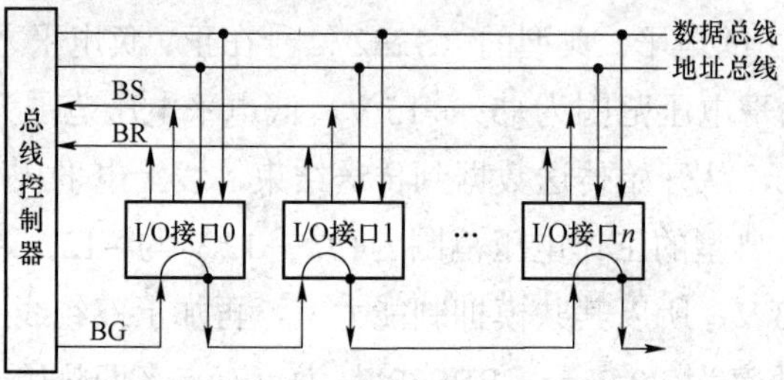

BS—总线忙；BR—总线请求；BG—总线允许。

图 7-17　链式查询方式

链式查询方式的优点是：只要很少几根线就能按照一定优先次序实现总线仲裁，很容易扩充设备；缺点是：不能保证公平性，物理位置决定了优先次序，一个低优先级的请求可能永远得不到允许，而且对电路故障敏感，一个设备的故障会影响到后面设备的操作。

2）计数器定时查询方式

与链式查询方式相比，计数器定时查询(简称计数器查询)方式多了一组设备地址线，少了一根总线允许线（BG），如图 7-18 所示。总线控制器接收到 BR 送来的总线请求信号后，在总线未被使用（BS=0）的情况下，由计数器开始计数，计数值通过设备地址线向各设备发出。当设备地址线上的计数值与请求总线的设备地址一致时，该设备便获得总线使用权，终止计数查询，此时得到使用权的设备称为“中止点”，同时该设备建立总线忙（BS=1）信号。

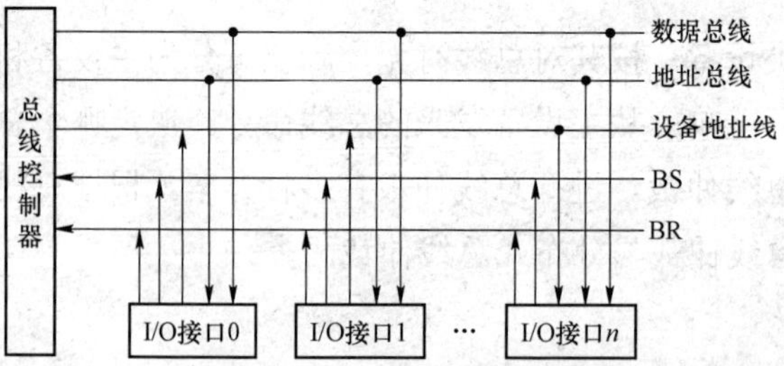

BS—总线忙；BR—总线请求。

图 7-18　计数器定时查询方式

优点：具有灵活的优先级，它对于电路故障也不如链式查询方式那样敏感。

缺点：增加了一组设备地址线，并且每个设备都要对设备地址线信号进行译码处理，因而控制也较复杂。

3）独立请求方式

独立请求方式使用一个中心裁决器从请求总线的一组设备中选择一个，其结构如图 7–19 所示。

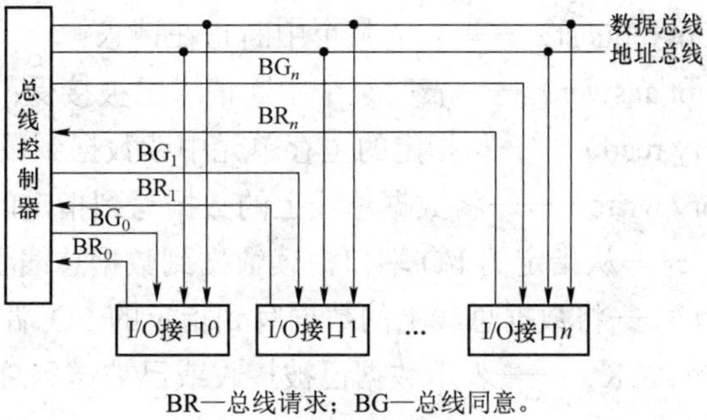

图 7–19　独立请求方式

当某个设备请求使用总线时，就通过其对应的总线请求线（BR）发出请求信号。总线控制器中的判优电路根据各个设备的优先级决定首先响应哪个设备的请求，给设备以授权信号(BG)。每个共享总线的设备都有一对总线请求线(BR)和总线允许线(BG)，各个设备独立地请求总线。

2. 分布式总线仲裁

与集中式总线仲裁相比，分布式总线仲裁不需要设置一个集中的总线仲裁器，各设备都设有自己专用的仲裁电路设备，各设备之间通过仲裁总线竞争使用总线，如图 7–20 所示。

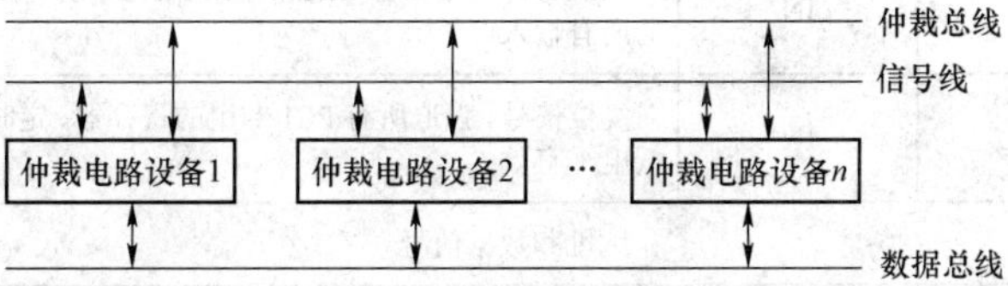

图 7–20　分布式总线仲裁

与集中式总线仲裁相比，分布式总线仲裁要求的总线信号更多，控制电路也更复杂，但它能有效地防止总线仲裁时间上的浪费。

7.7.6　系统总线的信号组成

1. 系统总线信号基本组成

一个系统总线通常由一组控制总线、一组数据总线和一组地址总线构成。数据总线用来承载在源部件和目的部件之间传输的信息。地址总线用来给出源数据或目的数据所在的主存单元或 I/O 端口地址。控制总线用于数据线或地址线的访问和使用。

典型的控制信号包括：

① 时钟（clock）——用于总线同步；
② 复位（reset）——初始化所有设备；
③ 总线请求（bus request）——表明发出该请求信号的设备要使用总线；
④ 总线允许（bus grant）——表明接收到该允许信号的设备可以使用总线；
⑤ 中断请求（interrupt request）——表明某个中断正在请求；
⑥ 中断回答（interrupt answer）——表明某个中断请求已被接受；
⑦ 存储器读（memory read）——从指定的主存单元中读数据到数据总线上；
⑧ 存储器写（memory write）——将数据总线上的数据写到指定的主存单元中；
⑨ I/O 读（I/O read）——从指定的 I/O 端口中读数据到数据总线上；
⑩ I/O 写（I/O write）——将数据总线上的数据写到指定的 I/O 端口中；
⑪ 传输确认（transfer ACK）——表示数据已被接收或已被送到总线上。

2. PCI 总线信号组成

PCI（peripheral component interconnect）总线，即外部组件互联总线，是由 Intel 公司于 1991 年推出的一种高带宽、独立于处理器的局部总线。

1）信号组成

PCI 信号可分为必备和可选两大类。表 7-2 给出了 PCI 主要信号的说明。

表 7-2　PCI 主要信号的说明

信息名称	信号线数	类型	描　述
			系统信号
CLK	1	IN	系统时钟信号。33 MHz 或 66 MHz，系统在 CLK 上升沿采样 PCI 上设备的所有输入信号
RST#	1	IN	复位信号。强迫所有 PCI 专用的寄存器、定时器和信号复位为初始化状态，低电平有效
			地址和数据信号
AD[31::0]	32	T/S	复用的地址/数据信号线
C/BE[3::0]#	4	T/S	定义了总线操作类型，或者作为字节使能信号，指出当前寻址的双字中传送的字节和用于传送数据的数据通道
PAR	1	T/S	地址或数据的校验位
			接口控制信号
FRAME#	1	S/T/S	周期帧信号：由当前主设备驱动，表示交换的开始和持续的时间，即指明 AD 和 C/BE 信号已发出
IRDY#	1	S/T/S	当前主设备准备好信号：读操作时，该信号有效指出主设备已准备好接收来自当前寻址从设备的数据；写操作时，该信号有效表示主设备已将数据放到数据总线上

续表

信息名称	信号线数	类型	描　述
TRDY#	1	S/T/S	从设备就绪：读操作时，该信号有效表明从设备正在将有效数据放到数据总线上；写操作时，该信号有效表明从设备准备好接收来自主设备的数据
STOP#	1	S/T/S	停止信号：表明从设备希望主设备停止正在进行的操作
LOCK#	1	S/T/S	锁定信号：表明到指定的 PCI 设备的访问被封锁，但是到 PCI 其他设备的访问仍然可以进行
IDSEL	1	IN	初始化设备选择：通过参数配置读写操作期间的芯片选择
DEVSEL#	1	IN	设备选择信号：由当前被选中的从设备驱动；信号有效时，说明总线上有某个设备被选中
总线仲裁信号			
REQ#	1	T/S	总线仲裁信号：向总线仲裁器申请总线使用权
GNT#	1	T/S	总线仲裁响应信号：向设备指明总线仲裁器允许其使用总线，这是一条各设备都有的专用的点对点信号线
错误报告信号			
PERR#	1	S/T/S	奇偶校验错：在数据传送时，表示检测到数据校验有错
SERR#	1	O/D	系统错误：用于报告地址奇偶校验错误和其他系统错误

2）总线仲裁

PCI 总线使用的是集中式 PCI 总线仲裁器、设备独立请求方式，如图 7-21 所示。

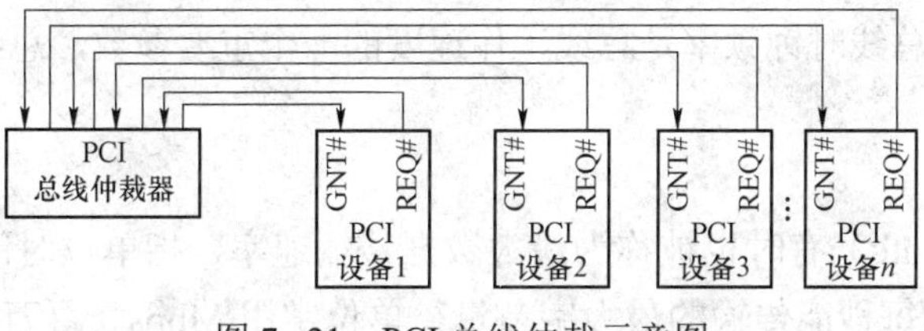

图 7-21　PCI 总线仲裁示意图

每个 PCI 设备都有独立的请求（REQ）和允许（GNT）线连接到 PCI 总线仲裁器。总线仲裁器一般都设置在某个搭桥芯片上。REQ 信号线用于设备发出总线请求，而 GNT 信号线用于接收总线仲裁器响应信号。

7.7.7　总线的特性与性能指标

总线是两个或两个以上源部件传送信息到一个或多个部件的一组传输线，其物理实现如图 7-22 所示。

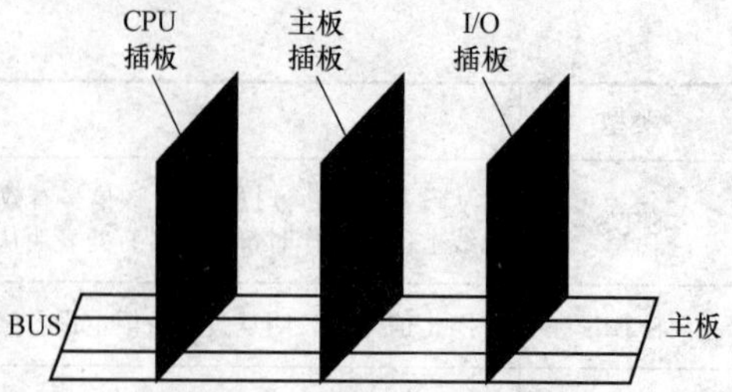

图 7-22　总线的物理实现

1. 总线的特性

① 机械特性，指总线在机械连接方式上的一些特性。

② 电气特性，指总线的每一条传输线上信号的传递方向和有效电平范围。

③ 功能特性，指总线中每一条传输线的功能。

④ 时间特性，指任何一条传输线在什么时间有效。总线上的各种信号相互之间存在一种有效时序关系，即只有规定了总线上各信号有效的时序关系，CPU 才能正确无误地使用。时间特性，一般可以用信号时序图来描述。

2. 总线的性能指标

总线的性能指标主要有 4 个：总线宽度、总线时钟频率、总线带宽、总线负载能力。

1）总线宽度

总线宽度指总线的位数，即总线可以同时传输的二进制位数，单位用 bit（位）表示，总线宽度有 8 位、16 位、32 位和 64 位之分。总线的数据传输量与总线宽度成正比。

2）总线时钟频率

总线时钟频率指控制同步总线操作时序的基准时钟频率，单位用 MHz 表示，如 33 MHz、100 MHz、400 MHz、800 MHz 等。1 Hz 表示 1 s 内完成 1 次数据传输；1 MHz 表示 1 s 以内完成 1×10^6 次数据传输。总线时钟频率是总线工作速度的一个重要参数，总线时钟频率越高，总线速度越快。

3）总线带宽

总线带宽（bandwidth）有时也被称为最大数据传输速率，指单位时间内总线上可传输数据的最大位数，即总线中每秒能传输的最大字节量，单位常用 Mbps（百万位每秒）或 MBps（百万字节每秒）表示。用公式可表示为：

$$\text{总线带宽}=\frac{\text{总线宽度}}{8}\times\text{总线时钟频率}$$

4）总线负载能力

总线负载能力指总线上保持信号逻辑电平在正常范围内时所能直接连接的部件或设备数量，常用个数表示。这个指标反映总线的驱动能力，通常不太关注该指标。

［例 7-6］某总线有 104 条信号线，其中数据总线 32 条，地址总线 25 条，控制总线 47 条，总线时钟频率为 33 MHz。问该总线宽度是多少？其传输率是多少？

解：尽管总线有 104 条信号线，但其中数据总线为 32 条，所以总线宽度是 32 位，总线工作时钟频率为 33 MHz，所以：

传输率=33×32/8=132（MBps）

［例 7-7］假设某系统总线在一个总线周期中并行传输 4 字节信息，一个总线周期占用 2 个时钟周期，总线频率为 10 MHz，则总线带宽为多少？

解：一个时钟周期为 10^{-7} s，一个总线周期为 2×10^{-7} s，一个总线周期传输 4 个字节，则每秒钟传输的最大字节量为 4/［2×1/10］=20（MB）。

7.7.8　总线操作和定时

1. 总线操作

按照数据传输方向，总线操作可以分为总线读操作和总线写操作。总线读操作是指 CPU 从存储器或 I/O 端口读取数据，包括取指、存储器读、I/O 读，中断应答操作也可以看成特殊的总线读操作。总线写操作是指 CPU 将数据写入存储器或 I/O 端口的操作，包括存储器写、I/O 写。

总线一次信息传送的操作大致分为 5 个阶段：

① 请求总线——需要使用总线的主设备提出申请；

② 总线仲裁——在提出总线请求的主设备中确定哪一个取得总线控制权；

③ 寻址（目的地址）——对相应的从设备进行寻址；

④ 信息传送——找到目的地址后再开始进行信息传送；

⑤ 状态返回（或错误报告）——最后需要进行数据传送的错误检查。

2.定时

1）同步定时协议

同步定时协议要求总线上的所有模块由统一的时钟脉冲控制操作过程，如图 7-23 所示。同步定时的特点如下：

① 用公共的时钟信号进行同步，具有较高的传输率；

② 适用于总线长度较短、各功能模块存取时间比较接近的情况；

③ 同步定时不需要应答信号。

2）异步定时协议

异步定时是一种应答方式的定时协议。图 7-24 给出了读数据的定时异步时序，从图中可以看出，异步定时没有统一的时钟信号，也没有固定的时间间隔，完全依靠传送双发相互制约的“握手”信号来实现定时控制。

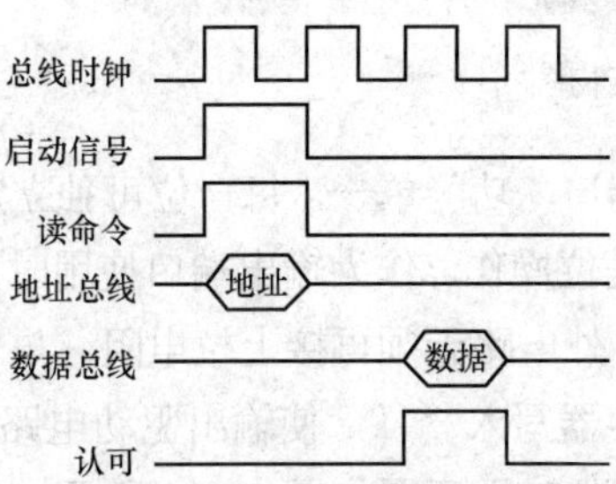

图 7-23　定时同步时序

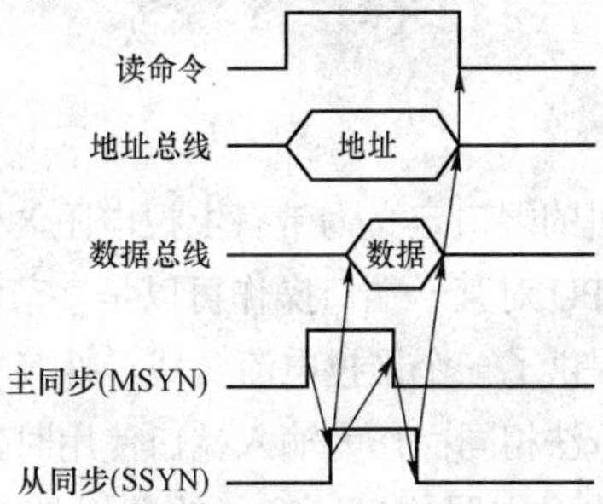

图 7-24　读数据的定时异步时序

异步定时协议的特点如下：

① 不需要统一的公共时钟信号，灵活性很强；

② 总线周期长度可变；

③ 适用于存取时间不同的部件之间的通信；

④ 控制方式要复杂一些，成本也高一些。

7.8 单片机查询和中断仿真实验

1. 实验目的

上一次仿真实验已完成以单片机为基础的微型计算机编程仿真。本次实验要实现的功能为：通过检测 51 单片机 P3 端 I/O 口的状态，来控制 P2 端 I/O 口的状态。通过查询和中断两种方式，分别完成单片机的功能程序，对比其中的差异性，体会查询和中断的不同。

2. 实验要求

P3 端口的 2 脚作为输入口，通过选择开关分别外接 5 V 和地两种信号；P2 端口的 0 脚作为输出口，外接一只发光二极管 LED，其输出端为高电平时发光二极管点亮。控制系统通电或复位后，当 P1 端口 0 脚外接 5 V 时，发光二极管 LED 发亮；外接低电平时，发光二极管 LED 灭。通过连接电路图和编写程序实现。

3. 实验原理

此实验是一个基于单片机最小系统的系统设计实验，是单片机应用系统中一个比较简单而直观的控制系统。它包括了单片机控制系统硬件线路及控制软件的设计，是一个完整的小型控制系统。单片机 4 个并行端口 P0、P1、P2、P3 有着不同的结构特点和功用，其引脚分布如图 7–25、图 7–26 所示。

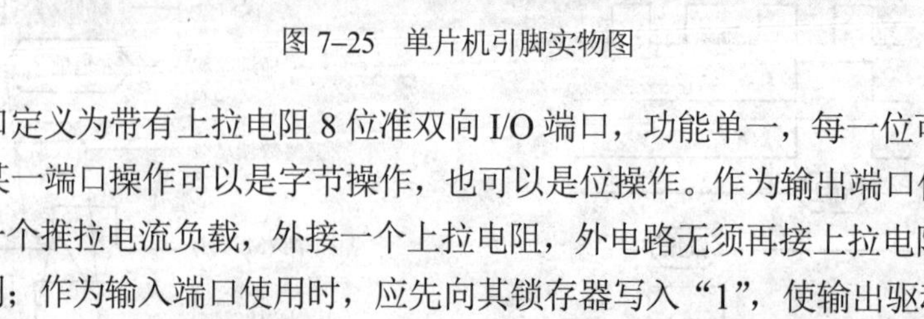

图 7–25 单片机引脚实物图

单片机的端口定义为带有上拉电阻 8 位准双向 I/O 端口，功能单一，每一位可独立定义为输入或输出，CPU 对某一端口操作可以是字节操作，也可以是位操作。作为输出端口使用时，它的内部电路已经提供了一个推拉电流负载，外接一个上拉电阻，外电路无须再接上拉电阻，与一般的双向端口使用方法相同；作为输入端口使用时，应先向其锁存器写入“1”，使输出驱动电路的 FET 截止。若不先对它置“1”，读入的数据是不准确的。1 位端口原理图如图 7–27 所示。

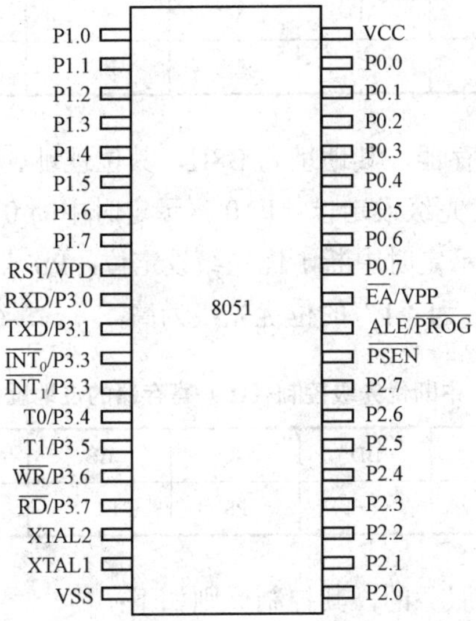

图 7-26　单片机引脚分布图

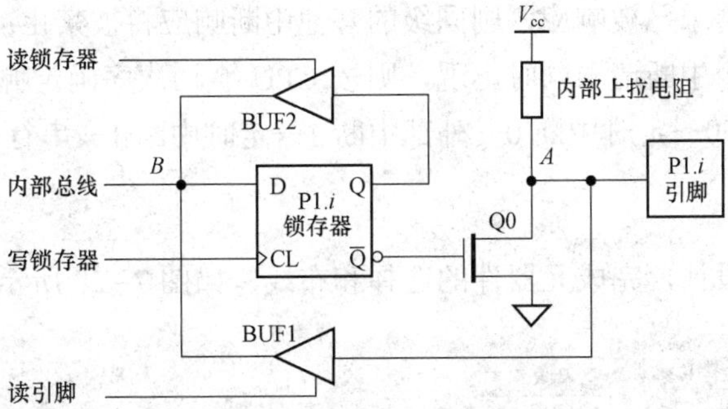

图 7-27　1 位端口原理图

MCS-51 是一种多中断源的单片机，以 8051 为例，有三类共 5 个中断源，分别是两个外部中断源、两个定时器中断源和一个串行中断源。外部中断是由外部原因引起的，共有两个中断源，即外部中断 0 和外部中断 1。它们的中断请求信号分别由引脚（P3.2）和（P3.3）引入；外部中断请求信号有两种，即低电平有效方式和脉冲后沿负跳有效方式。中断控制是提供给用户使用的中断控制手段，实际上就是控制一些寄存器。51 系列单片机用于此目的的控制寄存器有四个：TCON、IE、SCON 及 IP。

中断允许寄存器（IE），其地址为 A8H，其位地址、位符号如表 7-3 所示。其中位符号 EA 表示中断允许总控制位；EA=0 表示中断总禁止，禁止所有中断；EA=1 表示中断总允许；EX0 表示外部中断 0 允许控制位；ET0 表示定时/计数中断 0 允许控制位；EX1 表示外部中断 1 允许控制位；ET1 表示定时/计数中断 1 允许控制位；ES 表示串行中断允许控制位。总之，为“0”的位为禁止中断，为“1”的位为允许中断。

表 7-3　中断允许（IE）寄存器的位地址、位符号

位地址	AF	AE	AD	AC	AB	AA	A9	A8
位符号	EA	–	–	ES	ET1	EX1	ET0	EX0

中断优先级控制（IP）寄存器，其地址为 B8H，其位地址、位符号如表 7-4 所示。其中，位符号 PX0 表示外部中断 0 优先级设定位；PT0 表示定时中断 0 优先级设定位；PX1 表示外部中断 1 优先级设定位；PT1 表示定时中断 1 优先级设定位；PS 表示串行中断优先级设定位。总之，为“0”的位优先级为低；为“1”的位优先级为高。

表 7-4　中断优先级控制（IP）寄存器的位地址、位符号

位地址	BF	BE	BD	BC	BB	BA	B9	B8
位符号	—	—	—	PS	PT1	PX1	PT0	PX0

中断优先级是为中断嵌套服务的，其控制原则如下：

① 低优先级中断请求不能打断高优先级的中断服务，但高优先级中断请求可以打断低优先级的中断服务，从而实现中断嵌套；

② 如果一个中断请求已被响应，则同级的其他中断响应将被禁止；

③ 如果同级的多个中断请求同时出现，则按 CPU 查询次序确定哪个中断请求被响应，其查询次序为：外部中断 0—定时中断 0—外部中断 1—定时中断 1—串行中断。

4. 实验步骤

① 首先进行电路设计，完成元器件的选择和布线，如图 7-28 所示。

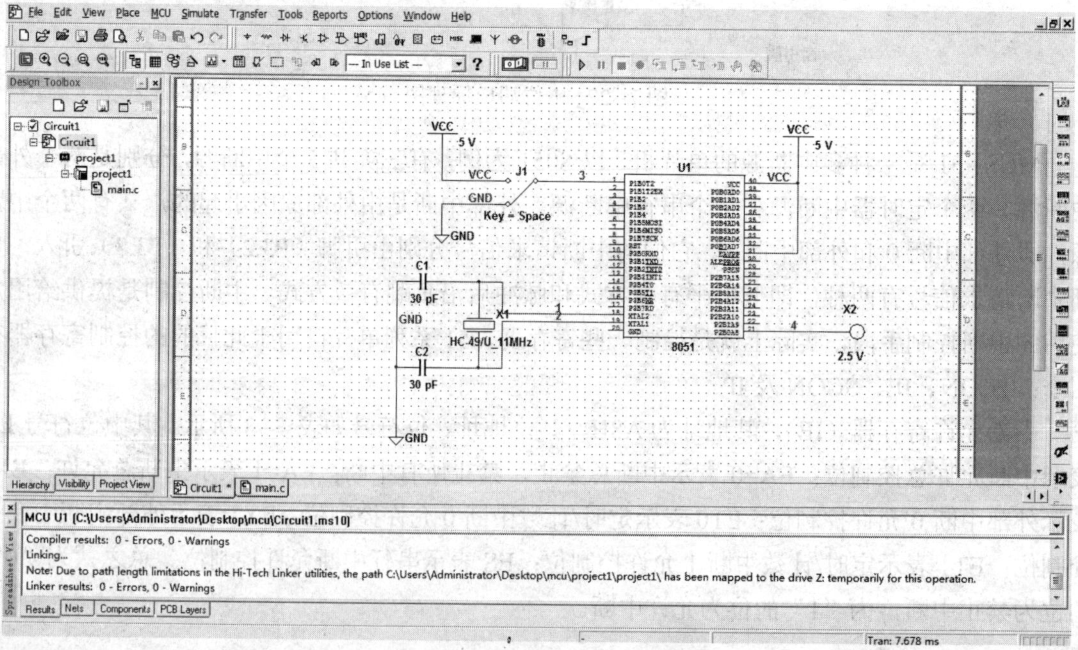

图 7-28　单片机查询和中断仿真电路

② 完成单片机查询程序编写，首先对单片机的 P3 端口进行轮询，如果发现 P3 端口的 2 脚变化，则对 P2 端口进行设置。当 P3 端口的 2 脚状态变为 1 时，则设置 P2 端口输出 1，反之则输出 0，如图 7–29 所示。

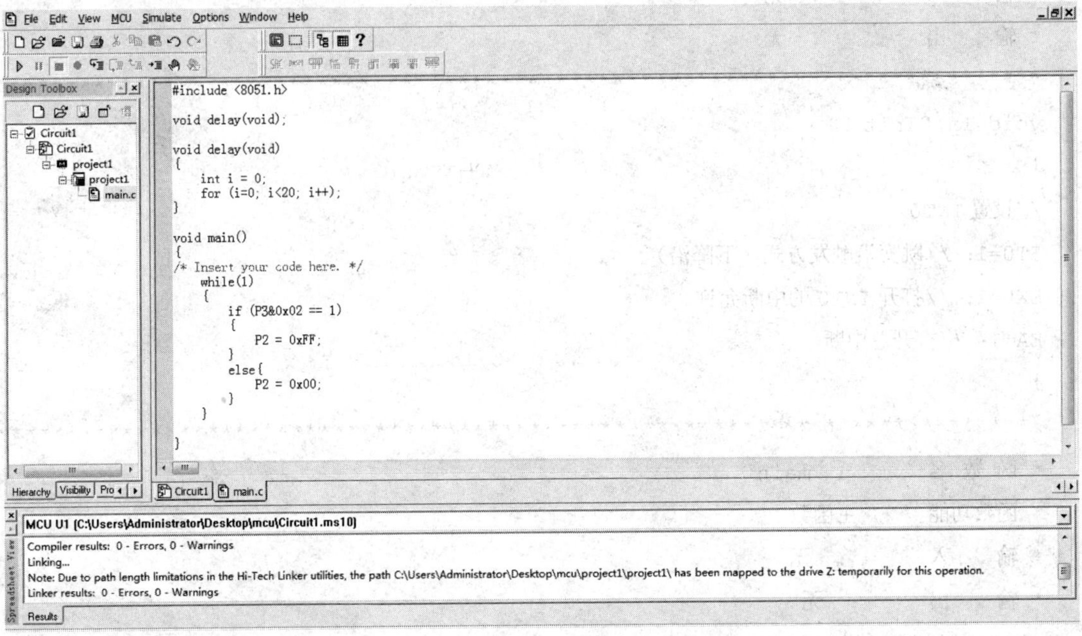

图 7–29　单片机查询程序

运行程序，可以发现，当将开关拨动到接 5 V 时，LED 灯发光；当将开关拨动到接地时，LED 灯灭。

③ 完成单片机中断程序编写。注意，因为 Multisim 版本原因，无法仿真中断程序，可以在单片机开发板上验证代码，完成实验。

```
#include "reg52.h"    //此文件中定义了单片机的一些特殊功能寄存器
typedef unsigned int u16;    //对数据类型进行声明定义
typedef unsigned char u8;
sbit k3=P3^2;   //定义按键 K3
sbit led=P2^0;   //定义 P2 端口是 LED
/**********************************************************************
* 函 数 名        :  delay
* 函数功能     :  延时函数，i=1 时，大约延时 10 μs
**********************************************************************/
void delay (u16 i)
{
while (i- -) ;
}
```

```
/*******************************************************************************
* 函 数 名      ： Int1Init ()
* 函数功能      ： 设置外部中断 1
* 输    入      ： 无
* 输    出      ： 无
*******************************************************************************/
void Int0Init ()
{
//设置 INT0
IT0=1; //跳变沿触发方式（下降沿）
EX0=1; //打开 INT0 的中断允许。
EA=1; //打开总中断
}
/*******************************************************************************
* 函 数 名      ： main
* 函数功能      ： 主函数
* 输    入      ： 无
* 输    出      ： 无
*******************************************************************************/
void main ()
{
Int0Init () ;   // 设置外部中断 0
while (1) ;
}
/*******************************************************************************
* 函 数 名      ： Int0 () interrupt 0
* 函数功能      ： 外部中断 0 的中断服务函数
* 输    入      ： 无
* 输    出      ： 无
*******************************************************************************/
void Int0 () interrupt 0  //外部中断 0 的中断服务函数
{
delay (1000) ;   //延时消抖
if (k3==0)
{
  led=~led;
}
}
```

5. 思考题

给程序加入延时，同时观察，如果是查询方式，那么开关状态的切换与 LED 的变化是否同步？如果加大延时又会如何？

本 章 小 结

本章在介绍输入输出系统时，重点讲解了 I/O 接口的功能和基本结构，并针对查询、中断和 DMA 这三种方式进行详细说明。本章也介绍了总线系统，对计算机总线的类别及其通信方式进行了详细介绍。通过本章的学习，读者应对计算机输入输出系统的基本概念、数据传送方式及总线有一个全面了解。

习 题 7

一、基础题

1. 选择题

（1）主机、I/O 设备不能并行工作的方式为（　　）。

A. 程序查询方式　　B. 程序中断方式

C. 通道方式　　D. 外围处理机方式

（2）在关中断状态，不可响应的中断是（　　）。

A. 硬件中断　　B. 软件中断

C. 可屏蔽中断　　D. 不可屏蔽中断

（3）禁止中断的功能可由（　　）来完成。

A. 中断触发器　　B. 中断允许触发器

C. 中断屏蔽触发器　　D. 中断禁止触发器

（4）在微机系统中，主机与高速硬盘进行数据交换一般用（　　）方式。

A. 程序中断控制　　B. DMA 方式

C. 程序直接控制　　D. 通道方式

（5）常用于大型计算机的控制方式是（　　）。

A. 程序中断控制　　B. DMA 方式

C. 程序直接控制　　D. 通道方式

（6）DMA 数据的传送是以（　　）为单位进行的。

A. 字节　　B. 字　　C. 数据块　　D. 位

（7）DMA 是在（　　）之间建立的直接数据通路。

A. CPU 与 I/O 设备　　B. 主存与 I/O 设备

C. I/O 设备与 I/O 设备　　　　　D. CPU 与主存

（8）成组多路通道数据的传送是以（　　）为单位进行的。

A. 字节　　　　B. 字　　　　C. 数据块

（9）通道是特殊的处理器，它有自己的（　　），故并行工作能力较强。

A. 运算器　　　　B. 存储器　　　　C. 指令和程序　　　　D. 以上均有

（10）下列控制方式中，主要由程序实现的是（　　）。

A. PPU（外围处理机）　　　　B. 中断方式

C. DMA 方式　　　　D. 通道方式

（11）产生中断的条件是（　　）。

A. 一条指令执行结束　　　　B. 机器内部发生故障

C. 一次 I/O 操作开始　　　　D. 一次 DMA 操作开始

（12）对于低速输入输出设备，应当选用的通道是（　　）

A. 成组多路通道　　　　B. 字节多路通道

C. 选择通道　　　　D. DMA 专用通道

2. 填空题

（1）CPU 与 I/O 设备通信，主要传送以下 3 类信息：_______、_______、_______。

（2）I/O 接口主要由_______、_______、_______组成。

（3）CPU 响应中断时最先完成的两个步骤是_______和_______。

（4）内部中断是由_______引起的，如运算溢出等。

（5）外部中断是由_______引起的，如输入输出设备产生的中断。

（6）DMA 的含义是_______，用于解决_______________________________。

（7）DMA 数据传送过程可分为_______、_______和_______三个步骤。

（8）在中断服务中，开中断的目的是允许_______。

（9）中断向量对应一个_______。

（10）通道是一个特殊功能_______，它用自己的_______专门负责数据输入输出的传送控制，CPU 只负责_______的功能。

3. 判断题

（1）所有的数据传送方式都必须由 CPU 控制实现。

（2）屏蔽所有的中断源，即为关中断。

（3）一旦中断请求出现，CPU 应立即停止当前指令的执行，转去受理中断请求。

（4）CPU 响应中断时，暂停运行当前程序，自动转移到中断服务子程序。

（5）中断方式一般适合于随机出现的服务。

（6）DMA 设备的中断级别比其他 I/O 设备高，否则可能引起数据丢失。

（7）CPU 在响应中断后可立即响应更高优先级的中断请求（不考虑中断优先级的动态分配）。

（8）DMA 控制器和 CPU 可同时使用总线。

（9）DMA 是主存与 I/O 设备之间交换数据的方式，也可用于主存与主存之间的数据交换。

（10）为保证中断服务子程序执行完毕以后，能正确返回到被中断的断点继续执行程序，必须进行现场保存操作。

4. 计算题

（1）若输入输出系统采用字节多路通道控制方式，共有 8 个子通道，各子通道每次传送一个字节，已知整个通道最大传送速率为 1 200 Bps，求每个子通道的最大传输速率；若是成组多路通道，求每个子通道的最大传输速率。

（2）某字节多路通道共有 6 个子通道，若通道最大传送速率为 1 500 Bps，求每个子通道的最大输速率。

（3）假定某 I/O 设备向 CPU 传送信息最高频率为 40 kHz，而相应中断处理子程序的执行时间为 40 μs，问该 I/O 设备能否用中断方式工作？

5. 简答题

（1）程序查询方式、程序中断方式、DMA 方式各自适用的范围是什么？下面这些结论正确吗？

① 程序中断方式能提高 CPU 利用率，所以在设置了中断方式后就没有再应用程序查询方式的必要了。

② DMA 方式能处理高速外部设备与主存间的数据传送，高速工作性能往往能覆盖低速工作要求，所以 DMA 方式可以完全取代程序中断方式。

（2）什么是总线？总线传输有何特点？

（3）为什么要设置总线仲裁？常见的集中式总线仲裁有几种？各有何特点？哪种方式响应速度最快？

（4）解释下列概念：总线宽度、总线的主设备、总线的从设备。

（5）为什么要设置总线标准？

（6）画一个具有双向传输功能的总线逻辑图。

二、提高题

1. 单项选择题

（1）【2009 年计算机联考真题】下列选项中，能引起外部中断的事件是（　　）。

A. 键盘输入　　B. 除数为 0　　C. 浮点运算下溢　　D. 访存缺页

（2）【2011 年计算机联考真题】假定不采用 Cache 和指令预取技术，且机器处于“开中断”状态。则在下列有关指令执行的叙述中，错误的是（　　）。

A. 每个指令周期中 CPU 都至少访问内存一次

B. 每个指令周期一定大于或等于一个 CPU 周期

C. 空操作指令的指令周期中任何寄存器的内容都不会改变

D. 当前程序在每条指令执行结束时都可能被外部中断打断

（3）【2011 年计算机联考真题】在系统总线的数据线上，不可能传输的是（　　）。

A. 指令　　B. 操作数　　C. 握手（应答）信号　　D. 中断类信号

（4）【2009 年计算机联考真题】假设某系统总线在一个总线周期中并行传输 8 字节信息，一个总线周期占用 2 个时钟周期，总线时钟频率为 10 MHz，则总线带宽是（　　）。

A. 10 MBps　　B. 20 MBps　　C. 40 MBps　　D. 80 MBps

（5）【2010 年计算机联考真题】下列选项中的英文缩写均为总线标准的是（　　）。

A. PCI、CRT、USB、EISA　　B. ISA、CP、VESA、EISA

C. ISA、SCSI、RAM、MIPS　　D. ISA、HSA、PCI、PCI-Express

（6）关于总线的叙述，以下正确的是（　　）。

Ⅰ. 总线忙信号由总线控制器建立

Ⅱ. 计数器定时查询方式不需要总线同意信号

Ⅲ. 链式查询方式、计数器查询方式、独立请求方式所需控制线路由少到多排序是：链式查询方式、独立请求方式、计数器查询方式

A. Ⅰ、Ⅲ　　B. Ⅱ、Ⅲ　　C. 只有Ⅲ　　D. 只有Ⅱ

2. 综合应用题

（1）某总线的时钟频率为 6 MHz，在一个 64 位总线中，总线数据传输的周期是 7 个时钟周期传输 6 个字的数据块。试问：

① 总线的数据传输率是多少？

② 如果不改变数据块的大小，而是将时钟频率减半，这时总线的数据传输率是多少？

（2）某总线支持二级 Cache 块传输方式，若每块 6 个字，每个字长 4 字节，时钟频率为 100 MHz，试问：

① 读操作时，第一个时钟周期接收地址，第二、三个为延时周期，另用 4 个周期传送块，读操作的总线传输率为多少？

② 写操作时，第一个时钟周期接收地址，第二个为延时周期，另用 4 个周期传送一个块，写操作的总线传输率是多少？

③ 设在全部的传输中 70%用于读、30%用于写，则该总线在本次传输中平均传输率是多少？

参 考 文 献

[1] 张燕平，赵姝，陈洁. 计算机组成原理与系统结构[M]. 北京：清华大学出版社，2012.
[2] 布赖恩特. 深入理解计算机系统[M]. 龚奕利，贺莲，译. 北京：机械工业出版社，2016.
[3] 谢树煜. 计算机组成原理[M]. 北京：清华大学出版社，2009.
[4] 陈泽宇. 计算机组成原理与系统结构[M]. 北京：清华大学出版社，2009.
[5] 袁春风，余子濠. 计算机系统基础[M]. 2 版. 北京：机械工业出版社，2018.
[6] 石磊. 计算机组成原理[M]. 3 版. 北京：清华大学出版社，2012.
[7] 克莱门茨. 计算机组成原理[M]. 沈立，王苏峰，肖晓强，译. 北京：机械工业出版社，2017.
[8] 唐朔飞. 计算机组成原理[M]. 2 版. 北京：高等教育出版社，2008.